新型工业化·新计算·计算机学科系列

机器学习理论与应用

Machine Learning Theory and Applications

王开军　罗天健　方莹/编著

扫一扫书中二维码
观看配套视频资源

新形态·立体化
融入课程思政

電子工業出版社
Publishing House of Electronics Industry
北京·BEIJING

内 容 简 介

本书是机器学习的入门书，深入浅出地讲解机器学习的基础理论与应用，不仅注重给理论添加浅显易懂的解释和详述，而且探讨何种创新思维或科学思维可以产生或引导出某个理论，让学习者在学习理论过程中自然地培养创新思维与科学思维。本书知识点包括回归分析、*k*-近邻算法、决策树、贝叶斯分类器、支持向量机、模型性能评估、集成学习、降维方法、聚类、EM 算法与高斯混合模型、神经网络与深度学习等。本书每章都设计手工计算的应用例题，以演示理论解题和计算过程，帮助学习者理解和掌握理论。每章配有编程实践的实例，不仅示范解题的 Python 代码，还示范解题思路、步骤和结果分析，培养学习者解决实际问题的能力。每章自然地融入科技强国、弘扬中华智慧与文化等内容。此外，每章的习题可巩固知识，对应的在线课程（中国大学 MOOC，课程名：机器学习）可引领学习。

本书的配套教学资源有教学大纲、教学课件、源代码、习题解答和案例素材等，读者可登录华信教育资源网免费下载；编程实例所用数据集在书中标注了下载途径。

本书可作为人工智能、计算机相关专业的教材，或供机器学习理论与应用的学习者使用参考。

图书在版编目（CIP）数据

机器学习理论与应用 / 王开军，罗天健，方莹编著.
北京 : 电子工业出版社，2025. 4 （2025. 11 重印）. -- ISBN 978-7-121-50019-0

Ⅰ. TP181

中国国家版本馆 CIP 数据核字第 20251Z0B66 号

责任编辑：刘　瑀
印　　刷：三河市兴达印务有限公司
装　　订：三河市兴达印务有限公司
出版发行：电子工业出版社
　　　　　北京市海淀区万寿路 173 信箱　　　邮编：100036
开　　本：787×1092　1/16　印张：12.75　字数：326.4 千字
版　　次：2025 年 4 月第 1 版
印　　次：2025 年 11 月第 2 次印刷
定　　价：49.00 元

凡所购买电子工业出版社图书有缺损问题，请向购买书店调换。若书店售缺，请与本社发行部联系，联系及邮购电话：（010）88254888，88258888。

质量投诉请发邮件至 zlts@phei.com.cn，盗版侵权举报请发邮件至 dbqq@phei.com.cn。

本书咨询联系方式：liuy01@phei.com.cn。

前言

PREFACE

机器学习课程已成为高等学校人工智能专业、计算机专业和相关工科专业的重要课程。机器学习的理论和方法涉及计算机科学、统计学和许多数学分支，其理论内容具有一定的深度和难度。

本书在理论讲解、方法应用、练习巩固和编程实践方面具有鲜明的特色。特色一是将有深度和难度的理论讲解得浅显易懂，并配备例题与习题巩固所学；注重于给理论添加浅显易懂的解释，理清来龙去脉。特色二是突出理论和方法的应用，设计应用例题演示理论及其使用，即每章均有手工计算的应用例题，示例如何使用理论进行解题，演示理论或方法对应的计算过程，以达到学习者掌握和使用理论的目的。特色三是强调将理论落到实践，每章均有编程实践的例题（对应 10 个真实数据集），示例如何解题的思路，示例如何通过编程实现运用理论解决实际问题，供学习者参考实例开展实践。

本书更突出的特色是主线创新，科学思维、创新思维与思政作为主线引领每章的理论与知识内容，同时将科技强国、创新发展、弘扬中华智慧与文化等习近平新时代中国特色社会主义思想自然地融入相关的知识。在绪论后的每章都有专门的篇幅讨论本章理论知识的来由，讨论何种创新思维可以产生本章的理论，或者何种科学思维能够引导出本章的理论。这样的主线编排可以培养学习者的创新思维和科学思维，引导学习者崇尚科学和科技强国的志向。

本书的内容和深度适合普通高等学校的学生和初学者，编写目标是使学习者容易学习和理解知识，在理论学习中培养创新思维和科学思维，能够运用机器学习的理论与方法解决应用问题，通过编程实践培养解决实际问题的实践能力。在编者所在的高校，已经给 3 届本科生讲授过本书的主要内容。

本书的实践例题使用 Python 语言实现，读者在学习这部分前需要学习过 Python 语言，在学习本书时安装 Anaconda，了解其中的科学计算与机器学习模块。

本书由王开军、罗天健和方莹编写，方莹编写了第 10 章，罗天健和王开军共同编写了第 12 章，罗天健编写了第 13 章，其余章节由王开军编写。

本书的配套在线课程已在“中国大学 MOOC”上线，本书的配套教学资源可在华信教育资源网免费下载。

由于编者水平有限，书中难免有不妥之处，敬请同行专家和广大读者批评指正，提出宝贵意见。

编　者

2025 年 1 月

在线课程　　配套资源

目录

CONTENTS

第 1 章 绪论

近年来，人工智能技术的发展让人们领略到人工智能的巨大成果和潜力。我们可以关注到许多人工智能应用的实例，例如，围棋程序 AlphaGo 具有与人类顶级围棋手进行博弈的水平，它于 2016 年战胜人类的围棋世界冠军（参见图 1-1），这标志着人工智能在围棋博弈方面已经能与人类智能抗衡；体现人工智能技术的中国无人驾驶出租车在北京、武汉、广州和长沙等城市已开展商业运营（参见图 1-2）；服务机器人开始进入家庭，反映出环境感知、自然语言处理、多模态交互和决策执行等人工智能技术的成功应用。对话生成预训练模型（ChatGPT）是一种基于人工智能语言模型的智能对话系统，这种 ChatGPT 系统包括美国 OpenAI 开发的 ChatGPT、中国杭州深度求索开发的 DeepSeek 大模型、中国百度开发的文心一言大模型（参见图 1-3）、中国科大讯飞推出的讯飞星火认知大模型和中国阿里推出的通义千问大模型等，它们都展现出高水平的人工智能，具有强大的自然语言处理能力、理解上下文信息的能力、推理和分析能力、自我学习进化的能力和解决复杂场景问题的能力等。上述人工智能技术所展示的成就，在很大程度上得益于机器学习理论和技术的发展，机器学习是人工智能的核心研究领域之一。

图 1-1　2016 年围棋程序 AlphaGo 与围棋世界冠军李世石进行人机围棋博弈示意图

人类可以通过对日常活动或现象的信息累积，学习出关于事物或活动的规律与经验，并使用这些规律对未来或未知进行预测。例如，人们在积累了多次天空乌云密布出现之后会下雨的现象后，会学习出关于乌云与下雨之间的关联规律，并能通过观察天空乌云情况来预测是否下雨。学习能力是人类具有的重要能力，人们通过对客观世界的学习，可以获取新知识和新技能，并解决关于客观世界的各种问题。随着科技的发展，我们希望以计算机为核心的机器也能具有这种学习能力。

图 1-2　在多个城市运营的中国无人驾驶出租车

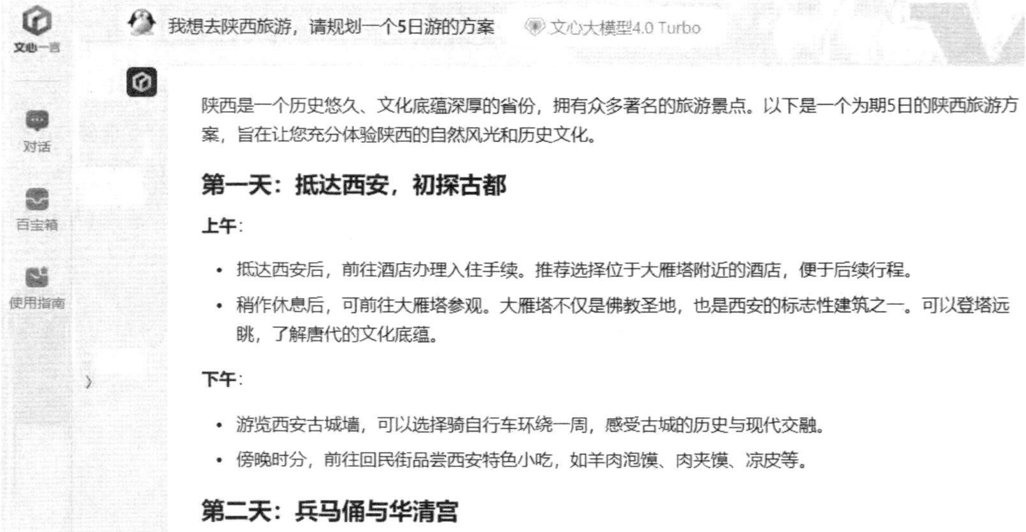

图 1-3　文心一言大模型回答问题并提供方案

1.1　机器学习简介

机器学习（machine learning，ML）的一种经典定义是利用经验来改善计算机系统自身的性能。对于一个计算机系统，经验对应于存储在计算机中的数据，这种数据是对事物进行观测获得的关于事物的历史数据，例如，科学实验数据、摄像头记录的视频数据、互联网数据；计算机系统对应于完成指定工作的软硬件系统，其中机器学习方法的实现算法和机器学习模型是计算机系统的主导工作模块；计算机系统的性能对应于计算机系统对数据的处理能力和水平，这种数据处理能力由系统硬件以及机器学习模型和算法来体现。因而，机器学习模型和算法的有效实施能够改善计算机系统的性能。

机器学习研究机器怎样模拟人类的学习行为，研究一些关于学习行为的学习方法或算法来实现对人类学习行为的模仿。简略地说，机器学习研究一些机器学习的理论、方法和模型，用以分析和处理数据，寻找和揭示数据中的潜在规律和知识。

1. 机器学习理论的发展

学习能力是人类智能的核心部分，对应的机器学习就成为人工智能的核心部分。当今的机器学习理论兼收了多种数学理论，其中朴素贝叶斯分类器所依据的贝叶斯理论诞生于 1763 年。机器学习早期的发展有：机器学习理论中著名的人工神经网络的单个神经元形式——感知机（参见图 1-4），它产生于 1957 年，20 世纪 60 年代出现了多层神经网络，最近邻算法于 1967 年产生。

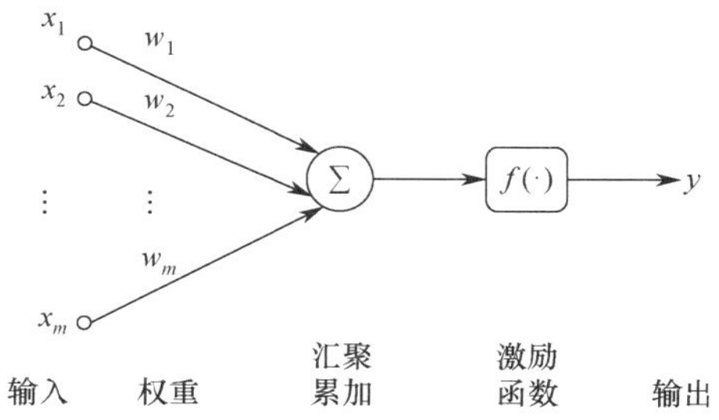

图 1-4　感知机示意图

到 20 世纪 80 年代，机器学习成为独立学科领域并快速发展，相关的标志性事件有：1980 年在卡内基梅隆大学举行了第一届机器学习研讨会，1986 年期刊 *Machine Learning* 创刊。此期间产生的重要机器学习方法包括：循环神经网络、神经网络的反向传播算法、强化学习方法和全局逼近定理等。这些发展一直延续到 20 世纪 90 年代，人工神经网络的研究取得了较多的成果，展现出良好的学习能力和逼近能力，成为常用的机器学习模型；但其主要研究局限于浅层的网络结构和小规模网络（参见图 1-5）。

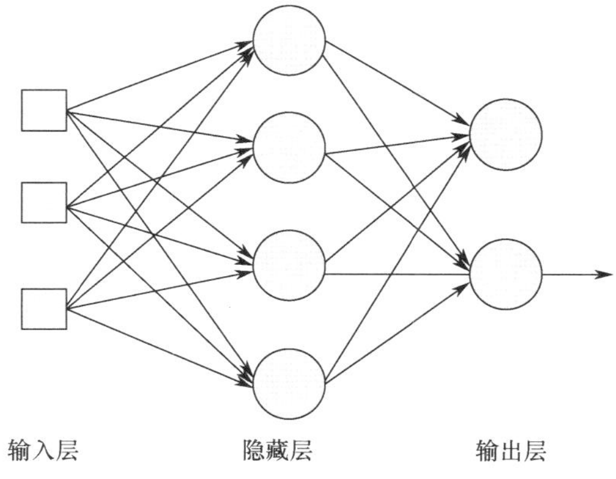

图 1-5　二层神经元（隐藏层和输出层）组成的人工神经网络示意图

20 世纪 90 年代，Michael Jordan 推动了机器学习的进一步发展，将统计学方法引入了机器学习理论，推动了统计机器学习理论框架的建立，成为机器学习理论的一个重要分支。Vladimir N. Vapnik 于 1995 年提出了统计学习理论，以此理论为基础的支持向量机（参见图 1-6）成为著名的机器学习方法。同时期诞生了以串行方式提升学习效果的集成学习的

Boosting 算法，1996 年 Leo Breiman 提出了以并行方式提升学习效果的集成学习 Bagging 算法，开启了集成学习的发展期。人工神经网络的研究也有发展，1997 年 Jürgen Schmidhuber 提出了解决长短时的时间序列问题的长短期记忆网络。

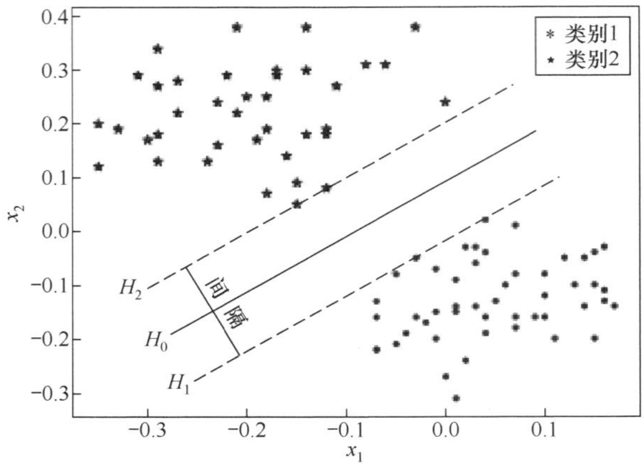

图 1-6　支持向量机以二类间隔最大求出分类线（实线）

进入 21 世纪，机器学习研究得到了蓬勃发展，各种机器学习理论和方法不断涌现，特别是统计机器学习获得了大发展。集成学习迎来了其重要发展期，2001 年，Leo Breiman 正式发表了集成多个决策树模型的随机森林算法。随后，出现了具有优秀学习性能的集成学习算法 XGBoost 和 LightGBM，并在国际知识发现和数据挖掘竞赛（KDD-CUP）中多次摘得桂冠。采用集成学习模式的集成神经网络也能展现优秀的学习性能。

21 世纪，机器学习的另一个重要发展是深度学习技术的突破。2012 年，Alex Krizhevsky 和 Geoffrey Hinton 等提出深度卷积神经网络方法，设计了具有卷积、池化和 dropout 等技术的 8 层网络，该方法的分类性能大幅提高，并获得了当年 ImageNet 计算机视觉挑战赛的冠军。2016 年，IEEE 国际计算机视觉与模式识别（CVPR）会议最佳论文奖的中国学者何恺明和张祥雨等提出了深度残差学习方法，将神经网络的训练深度从最多 22 层推深至上百层，解决了深度网络训练时的梯度传递问题。自此，深度神经网络能够具有很多的隐层，能学习到更复杂的特征，深度学习成为机器学习理论的一个重要分支，并在计算机视觉、语音识别和自然语言处理等领域获得了广泛的应用。例如，智能对话系统 ChatGPT 的主要框架是基于自注意力机制的深度学习架构 Transformer 模型，该模型能够对输入文本推断文本含义和上下文并进行响应。

当代机器学习的发展中，强化学习和迁移学习等也获得了广泛的研究。强化学习是通过与环境交互的一种目标导向的学习方法，以获取最大化奖励为导向，学习如何做出最优决策。迁移学习的目的是将某个任务中获得的预训练模型重新用在另一个任务中，将已经学习得到的强大技能迁移到相关的问题上。多标签分类算法也获得深入研究，它可以预测具有多个标签的数据点的标签。这样具体的机器学习方法还有很多，都得了研究和发展。

总之，在本世纪 20 多年的机器学习研究中，统计机器学习是主流的机器学习研究分支，与深度学习分支一并成为众人瞩目的研究和应用热点。机器学习理论和方法的发展中，引入和融入了概率论、统计学、最优化理论、算法复杂度和多种数学理论等，使得自身的学科体系和理论更加完善。

2．机器学习技术的应用

机器学习的成果和发展，提高了回归、分类和聚类等机器学习方法的性能，提升了有关应用问题的解决效果，促进了以机器学习技术为核心的人工智能应用技术和产品走进大众的社会生活。在我们的日常生活中，可以看到许多应用了机器学习技术的例子。例如，在互联网上进行网页或内容搜索的搜索引擎工具，属于生物特征识别的指纹识别（图 1-7）和人脸识别，购物网站或应用软件上的个性化商品推荐，新闻阅读软件上的个性化新闻推荐。

图 1-7　智能手机具有的指纹识别功能

一个利用机器学习技术的典型应用系统是汽车的自动驾驶系统，例如，中国百度的 Apollo 自动驾驶系统，通过积累的人类驾驶汽车的行为数据，由机器学习技术从中学习人类的驾驶行为和模式，能进行包括道路环境识别、路径规划、车辆控制和决策等操作。

基于机器学习技术的人工智能大语言模型系统在生活中的应用非常广泛，涵盖了从内容创作到娱乐互动等多个方面。例如，它可以作为学习辅助工具提供答疑解惑和学习资料，为患者提供医疗信息和解答健康问题，可以生成文章、故事和诗歌等文本内容，可以制作办公文档及其内容，解答生活中的一些问题，也能解答一些科学和技术方面的问题，这些应用逐渐渗透到人们生活的各方面。

这些典型的生活场景的应用系统都采用了机器学习技术作为系统工作的主导和关键技术，机器学习技术及其应用是创新驱动社会发展的具体体现。

1.2　机器学习方法的分类

机器学习理论面对的求解任务是：给定关于某事物的数据，设计某种机器学习方法对数据进行分析和探索，建立数据中潜在规律和知识的表达模型或模式。面对不同的工作任务类型，需要设计不同的机器学习方法来完成，而不同种类机器学习方法的设计所依据的理论基础和方法范式有所不同。

机器学习方法的工作目标是发掘数据中潜在的信息、结构和规律。机器学习方法的工作对象是数据，获取数据可以通过观测事物的属性来获得相应的观测数据。例如，测量一本纸质书的长度、宽度和厚度属性，获得的 3 个数值（长 269mm、宽 185mm 和厚 15mm）构成这本书的观测数据。属性值（269,185,15）代表这本书，称为一个**样本**或者一个**样例**，许多本书的观测数据组成一个**数据集**。数据集的元素是样本或样例，许多样本可以组成一个数据集。

1. 按工作任务分类

机器学习相关的工作任务包括回归任务、分类任务、聚类任务和其他任务，对应的机器学习方法可以分为回归算法、分类算法、聚类算法和其他算法。

回归任务对应的回归分析工作主要研究两个或多个变量之间的相关关系。典型的回归任务如已知某地区一些房屋的价格、面积、房型和房龄等数据，求某个房屋价格的预测值。回归算法将建立房屋价格与房屋属性之间的关系模型。

分类任务需要对某个事物的类别进行判别。典型的分类任务如已知许多正常电子邮件和许多垃圾电子邮件的数据，判别一个新电子邮件的类别（正常或垃圾）。分类算法将该电子邮件归类到定义好的某个类别（正常或垃圾）。

聚类任务需要发掘数据中潜在的自然分组结构（参见图 1-8）。聚类方法将数据集划分为若干个不相交的子集（称为**簇**），并使得同一簇中的数据样本尽可能相似，而不同簇中数据样本的差异尽可能大。

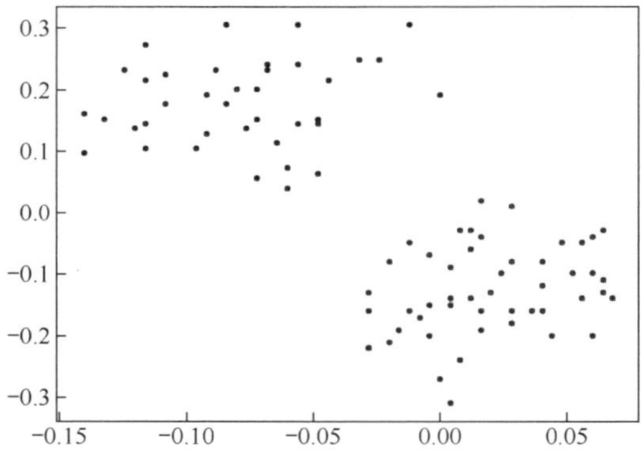

图 1-8　数据本身展现出两个分组（两个簇）的结构

2. 按模型输出值类型分类

按照机器学习的模型输出值类型的不同，机器学习的问题求解模式可以分为分类问题（模式）和回归问题（模式）。

当机器学习模型的输出值为离散值或离散值的概率时，对应的问题求解模式称为**分类问题**。典型的分类问题例如，输入一朵花的图片或属性数据，机器学习模型输出花的类别；输入医学病理组织图片，机器学习模型输出代表正常或异常的类别值；输入一段文本（文字），机器学习模型输出其归属于哪种主题的类别（经济、体育或科技）。

当机器学习模型的输出值为连续值时，对应的问题求解模式称为**回归问题**。典型的回归问题如对某城市过去 20 年的出生人口数据建立时间与人口数量的回归模型，该模型输出下一年出生人口数量的预测值。

分类问题和回归问题的主要区别在于：分类问题的模型输出事物所属的类别，回归问题的模型输出关于事物的值；分类结果是对事物类别的划分，回归的结果是对事物真实值的一种逼近预测。在某些情况下，应用问题既可以通过分类问题进行求解，也可以通过回归问题进行求解；此时分类问题与回归问题可以相互转化。

3．按学习方式分类

根据如何利用数据产生模型的范式角度，即按学习方式分类，机器学习方法可以分为有监督学习、无监督学习、半监督学习和强化学习等。

有监督学习，也称监督学习，通过使用带有正确标签的数据进行学习得到一个模型（这个过程称为**训练**），其中所使用的数据称为训练样本集；然后，用这个得到的模型对输入的未知标签的样本计算其标签的预测值。从模型映射角度可以说，已知输入和输出，训练出一个拟合输入与输出之间关系的模型，将输入映射到输出。

无监督学习，也称非监督学习，使用没有标签的数据进行学习，从数据中学习或归纳出关于数据的分布、结构、特征、模式、内在关联或模型；得到的模型可以用于预测。

半监督学习，同时使用有标签数据和无标签数据进行学习。通常的情况是只有少量有标签的数据，采用有监督学习方法不足以获得好的模型；同时拥有的大量无标签数据可以被充分利用来改善模型的性能。

它们的区别是有监督学习中的训练数据是带标签的，而无监督学习中的训练数据是不带标签的；半监督学习使用的部分训练数据有标签且剩余训练数据无标签。

强化学习利用了与环境的交互并获得反馈来学习行动策略，通过接收环境对动作的反馈（奖励）获得学习信息并更新行动相关模型及其参数。

1.3　机器学习框架

机器学习的一种典型工作模式是利用数据集构建一个揭示数据潜在规律的模型，这包括设计模型的结构或者公式，使用数据求解模型中的未知参数；参数的求解由基于数据的学习方法（或算法）和求解方法来实现，这个求解过程称为**学习**或**训练**。

1．机器学习工作的组成

典型的机器学习工作是设计一种有效的基于数据的学习方法，建立模型表达出给定数据集中数据的潜在规律，得到的模型可用于预测。这些工作主要包括三方面的内容：数据、方法与模型、模型性能评价。

1）数据方面

数据是工作的对象，包含着潜在的事物规律和潜在知识。常见的观测数据可能存在缺失值、异常值、冗余数据、不一致数据、不同量纲等情况，会干扰机器学习工作的效果。因而，对数据进行预处理来解决这样的数据不良问题是必要的，以更好地保障机器学习工作的效果。

2）方法与模型方面

方法是开展工作的工具，设计各种有效的机器学习方法或算法来实施对数据的处理和分析，实施对数据中潜在规律的归纳和发现，以获得工作任务所需的结果。模型是数据潜在规律的表达形式，可用于对新数据的规律进行预测；模型一般需要利用数据并使用有效的机器学习方法来获取与求解。

3）模型性能评价方面

模型性能的优劣需要某种性能评价指标和方法进行评估，性能好的模型方可用于实际工作任务。选用何种性能度量和评价方法取决于任务的需求，回归任务、分类任务和聚类任务所使用的性能度量指标和评价方法是不同的。

2. 有监督学习模型的产生范式

对于有监督学习的方法，有生成式模型与判别式模型这两种不同的范式。**生成式模型**建立关于整体数据的分布模型，即联合概率分布或者类条件概率模型；然后由该模型计算某个样本属于每个类别的条件概率（也称类后验概率），将样本归属为概率大的类别。**判别式模型**则是直接建立一个判别模型或者类后验概率模型，由该模型判别样本的类别。

这两种范式的不同特点是：生成式模型侧重于表达整体数据的分布情况，构建了整体数据的分布模型，需要使用更多的样本，样本数量较少时倾向于分类效果不佳；而判别式模型侧重于反映异类数据之间的差异，构建了判别这种差异的模型，无须捕获整体数据的分布，其优点是样本数量较少时也能有好的分类效果。

3. 机器学习的工作框架

下面对部分经典的机器学习类型的工作框架进行简单介绍，以供了解经典机器学习方法的基本工作框架。

1）有监督学习

设带有类别标签的数据集$\{x_i, y_i\}$中任意个样本用x_i或x_j表示，对应的类别分别用y_i和y_j表示。

分类问题的工作框架（参见图 1-9）是：将带有类别标签的数据集划分为训练数据集和测试数据集，由某个机器学习方法利用训练数据集建立分类模型$y = f(x)$；然后，对获得的模型用测试数据集进行性能评价，若模型性能未达到要求，则调整方法重新建立模型，若模型性能符合要求，则可以应用模型对新样本进行类别预测。

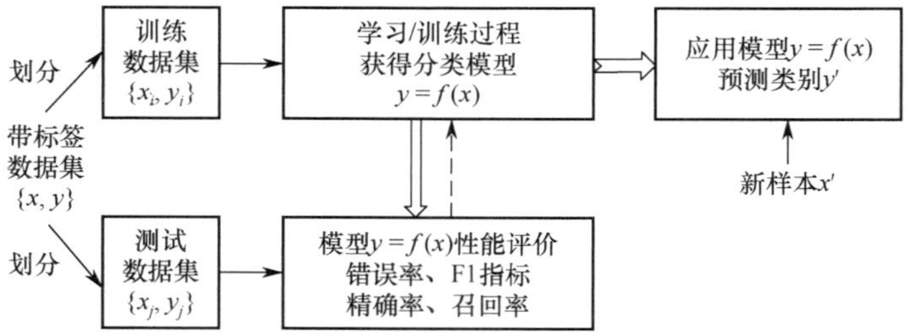

图 1-9　分类问题的工作框架

设给定数据集$\{x_i, y_i\}$中的一个样本包含的自变量用x_i表示，包含的因变量用y_i表示。

回归问题的工作框架是：由某个回归分析方法利用给定数据集建立因变量与自变量之间的回归模型$y = f(x)$；然后，对获得的模型进行性能评价，若模型性能未达到要求，则调整方法重新建立模型，若模型性能符合要求，则可以应用模型对新样本预测其因变量的值。

对于某些回归任务，也需要将数据集划分为训练数据集和测试数据集，用训练数据集建立回归模型，然后用测试数据集对模型进行性能评价。

2）无监督学习

无监督学习的工作框架是：给定无标签的数据集，采用某种无监督学习方法从该数据集中发现或归纳出数据的分布、分组结构或内在关联等潜在规律，获得求解结果；然后，若求解结果有对应的性能评价指标，进行性能评价，若结果的性能未达到要求，则调整方法重新求解。

总之，机器学习是人工智能学科的重要研究分支，属于当今蓬勃发展的前沿科学研究领域，其知识内容既有经典的机器学习理论和方法，也有很多新发展的机器学习理论和方法。

1.4　Python 的机器学习开发环境

Python 编程语言的生态系统包含许多关于机器学习和数据科学的库和框架，其中著名的库有：机器学习库 Scikit-learn、深度学习库 TensorFlow 与 PyTorch、数值计算扩展库 NumPy、数据分析与处理库 Pandas、算法与数学库 SciPy、数据可视化库 Matplotlib 等。这些资源极大地简化了机器学习模型的构建、训练和评估过程。

本书的实践例题使用 Python 语言实现，读者需要先学习 Python 语言；在学习实践例题时学习和了解上述 Python 科学计算与机器学习库。

1．Python 的集成开发环境 Anaconda

Anaconda 是一个开源的 Python 集成开发环境，是一个 Python 的包管理器和环境管理器；它不仅包含了 Python 解释器，还集成了 Conda 包管理器以及大量科学计算和数据科学库（包括上述著名的库），提供了一个便捷、高效的工作环境。读者在学习实践例题时需要安装集成开发环境 Anaconda，学习有关的安装和使用教程。

2．Python 的集成开发工具

Jupyter Notebook 是一种基于浏览器的交互式开发环境，支持 Python、R、Julia 等编程语言；能够直接调用 Anaconda 环境和库资源，允许用户逐行或逐块地执行代码，并立即查看结果。这种即时反馈的编程方式非常适合数据分析和探索性编程。在安装 Anaconda 时，Jupyter Notebook 是随 Anaconda 自动安装的。

Spyder 是一个 Python 集成开发环境，具有代码编写、调试、测试和可视化等功能；能够直接调用 Anaconda 环境和库资源。它的特点包括交互式 Python 解释器、显示工作环境中变量值的变量浏览器、文件浏览器、调试工具和绘图功能。在安装 Anaconda 时，Spyder 是随 Anaconda 自动安装的。

PyCharm 是一款功能丰富、强大的 Python 开发环境和工具集，具有代码编写、调试、测试、项目管理和可视化等功能；能够调用 Anaconda 环境和库资源。如果用户的计算机配置不高，可能出现 PyCharm 占用内存大和速度慢的现象。初学者可使用 PyCharm 的免费社区版（community edition）。

我们只需使用一种开发工具进行实践例题的代码编写和代码执行。对于初学者，需要查找有关的教程来学习集成开发工具的使用；前两种开发工具容易使用，而 PyCharm 需要花费更多时间来熟悉和使用。

3. 机器学习库 Scikit-learn

Scikit-learn（简称为 sklearn）是一个基于 Python 的开源机器学习库，它建立在 NumPy 和 SciPy 等科学计算库之上，提供了许多机器学习相关的工具，其主要功能模块如下。

（1）分类：提供了多种分类算法，如支持向量机、逻辑回归、随机森林、决策树等。

（2）回归：提供了多种回归算法，如线性回归、岭回归、套索回归等。

（3）聚类：提供了多种聚类算法，如 *k*-均值聚类、谱聚类、DBSCAN 聚类等。

（4）数据降维：提供了主成分分析、非负矩阵分解等算法。

（5）模型选择：提供了交叉验证、格点搜索（Grid Search）等工具。

（6）数据预处理：提供了标准化、归一化、缺失值处理、编码等方法。

1.5 习题

一、简答题

1．什么是有监督学习？什么是无监督学习？什么是半监督学习？三者的主要区别是什么？

2．什么是分类问题？什么是回归问题？二者的主要区别是什么？

3．典型的机器学习工作主要包括哪三方面？

4．什么是生成式模型？什么是判别式模型？各自的特点是什么？

5．分类问题的工作框架是什么？

6．无监督学习的工作框架是什么？

二、填空题

1．机器学习研究一些关于学习行为的学习方法或算法来实现对人类________行为的模仿。

2．机器学习的理论、方法和模型用以寻找和揭示________中的潜在规律和知识。

3．21 世纪，机器学习研究得到了蓬勃发展，特别是________机器学习获得了大发展。

4. 21 世纪，________技术使得神经网络能够具有更多的隐层，能学习到更复杂的特征。

5. 强化学习是通过与________交互的一种目标导向的学习方法，以获取最大化________为导向，学习如何做出最优________。

6．智能对话系统 ChatGPT 的主要框架是基于________机制的深度学习架构________模型，该模型能够对输入文本推断文本含义和上下文并进行响应。

第 2 章 回归分析

2

某位房产销售代理拿来一些他经手销售的近期的房屋交易数据，这些交易数据包括几十套房屋的面积和对应的房屋交易价格。该销售代理希望我们找出房屋面积与交易价格之间的规律，以便他利用找到的规律更合理或更多地达成房屋交易。显然，销售代理认为交易价格与房屋面积之间具有某种规律或关系。面对此任务，我们需要研究如何利用房屋的交易数据，建立一种符合房屋交易数据内在规律的关系式。

我们采用数理思维，选择数学公式建立交易价格与房屋面积之间的关系式，进行数学定量分析。我们尝试用简单的数学公式来表达交易价格与房屋面积之间的关系，例如，一元一次方程：$y=w_0+w_1x$，其中自变量 x 代表房屋的面积，因变量 y 代表交易价格，w_0 和 w_1 是参数。这个数学公式称为两个变量之间的线性回归方程。从机器学习的视角看，房产销售代理所给出的问题是一个简单的机器学习任务，即从房屋交易数据中学习出交易价格与房屋面积之间的关系式（或称为模型），这个关系式或模型代表着房屋交易数据的一种隐含规律或知识。

上述任务的解决方法属于回归分析的内容。回归分析主要研究一些变量之间的关系问题，是研究和发现多个变量之间依赖关系的一种重要方法。回归分析可以分为只有 1 个自变量的一元回归分析和具有多个自变量的多元回归分析，按照变量间是否为线性关系可以分为线性回归分析与非线性回归分析。非线性回归通过变换可以转化为线性回归，从而可以利用线性回归的方法进行求解。属于非线性回归的多项式回归模型通过自变量的替换转化为线性回归模型。广义线性回归模型是对一般的线性回归模型的推广，扩展了模型的假设和应用范围。逻辑回归模型通过对因变量的变换处理将线性回归模型应用于分类任务，属于广义线性回归模型。

2.1 一元线性回归

由**因变量**（dependent variable）y 与**自变量**（independent variable）x 的一元一次方程构成的**一元线性回归方程**（公式）如下：

$$y = w_0 + w_1x \tag{2-1}$$

其中，w_0 和 w_1 是回归系数，w_0 属于常数项。

一元线性回归（simple linear regression）公式表达出两个变量之间的影响关系，其含义是自变量 x 的变化引起因变量 y 的变化，x 的值以比例 w_1 影响 y 的值；也可以说回归方程反映出自变量的取值对因变量 y 取值的影响规律。从几何视角看，上述公式是直角坐标系 xOy 平面上任意一条直线的方程，其中 w_1 是直线的斜率，w_0 是截距。

因变量的常见名称包括响应变量（response variable）、被解释变量（explained variable）、被预测变量（predicted variable）；用来解释因变量变化的变量称为自变量，自变量的常见名称包括解释变量（explanatory variable）、预测变量（predictor）、回归量（regressor)。

回归分析（regression analysis）的主要内容包括：寻找数据中隐含的变量 y 与 x 之间的最适合关系，建立变量之间的回归关系式，并量化这种关系的强度；当输入自变量 x 的一个值时，使用建立的回归关系式预测对应的因变量值，或者依据关系式解释变量之间的关系。

问题：设已知 n 个观测样本的数据集 $D=\{(x_i, y_i)\}$ $(i=1,2,3,\cdots,n)$ 中隐含着变量 x 与 y 之间的某种关系，请分析和求出这种关系，并求出符合这种关系的新样本 x_j 对应的 y_j 值。

解题思路：这里使用一元线性回归分析方法解决该问题。首先，利用给定数据集建立一个线性回归关系式来描述数据中所隐含的变量间关系，然后使用建立的回归公式预测 x_j 对应的 y_j 值。

1．一元线性回归关系式的建立

选用一元线性回归公式来描述数据中所隐含的变量之间的关系，公式中的未知量是回归系数，可以利用数据集求出，这需要推导回归系数的求解方法。将数据集 D 代入公式（2-1），获得 n 个方程组：

$$y_i = w_0 + w_1 x_i \qquad (i=1,2,3,\cdots,n)$$

求解上述超定方程组关于回归系数的近似解需要设定求解准则。当希望观测值 y_i 与方程的计算值 $w_0+w_1x_i$ 之间的差值（称为**残差**）尽可能小，可以设定**求解准则**为所有残差平方的总和（称为**残差平方和**，属于平方误差）最小。

这里的求解计算采用统计计算，通过数据的统计计算建立一个线性回归模型，其默认的**假设条件**是：残差（误差项）是独立同分布的且服从正态分布。

实施此求解准则需要用到应用数学中的优化理论（关于寻找函数最小值或最大值的理论）。这里采用**最小二乘法**求解上面的方程组，通过求目标函数最小化，获得回归系数 w_0 和 w_1 的显式计算公式。首先，将残差平方和作为目标函数（或称损失函数）：

$$J(w) = \sum_{i=1}^{n}(y_i - w_0 - w_1 x_i)^2 \tag{2-2}$$

然后，通过最小化这个目标函数来求出回归系数 w_1 和 w_0 的值。可以看出，目标函数的下界为 0。

依据微积分中关于函数极值的定理，寻找目标函数取极值时的 w_1 和 w_0 的值，可令目标函数对系数变量 w_1 和 w_0 的偏导数为零：

$$\frac{\partial J(w)}{\partial w_1} = \sum_{i=1}^{n} -2x_i(y_i - w_0 - w_1 x_i) = 0$$

$$\frac{\partial J(w)}{\partial w_0} = \sum_{i=1}^{n} -2(y_i - w_0 - w_1 x_i) = 0$$

从中可解出回归系数 w_1 和 w_0 的显式计算公式：

$$w_1 = S_{XY} / S_{XX}$$
$$w_0 = \overline{y} - w_1\overline{x} \tag{2-3}$$

其中，变量 x 和 y 上的短横线表示均值的含义，S_{XY} 和 S_{XX} 由如下公式计算：

$$S_{XX} = \sum_{i=1}^{n}(x_i - \overline{x})^2 = \sum_{i=1}^{n}x_i^2 - \frac{1}{n}\left(\sum_{i=1}^{n}x_i\right)^2$$

$$S_{XY} = \sum_{i=1}^{n}(x_i - \overline{x})(y_i - \overline{y}) = \sum_{i=1}^{n}x_i y_i - \frac{1}{n}\sum_{i=1}^{n}x_i\sum_{i=1}^{n}y_i$$

利用数据集 D 和公式（2-3）计算出 w_1 和 w_0 的估计值，就完成了回归关系式的建立，获得回归系数已知的回归公式（2-1），该公式代表数据中所隐含的变量之间的关系。

2．使用回归公式进行预测

利用所求得的一元线性回归公式（2-1），可以预测新样本 x_j 对应的 y_j 值。对于自变量 x 的新样本 x_j，将 x_j 代入所求得的回归公式，计算出实际值的一个预测值（估计值）$\hat{y}_j$：

$$\hat{y}_j = w_0 + w_1 x_j \tag{2-4}$$

例 2-1　现有房屋面积和对应交易价格的房屋交易数据（见表 2-1），请使用回归分析方法求出房屋面积与交易价格之间的关系公式，并使用该公式预测面积为 300m² 的房屋价格。

表 2-1　房屋交易数据

交易编号	1	2	3	4	5	6
面积/m²	100	120	150	200	220	250
价格/万元	570	610	645	745	798	845

解：这里采用一元线性回归公式描述房屋面积变量与交易价格变量之间的关系。

（1）分析题目确定回归公式：首先，利用房屋面积与价格的数据画出如图 2-1 所示的散点图并进行观察。

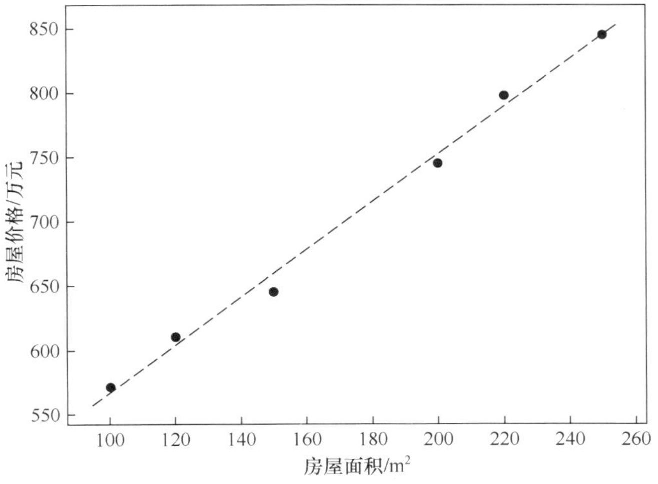

图 2-1　房屋面积与价格的散点图

从图中可以看到，数据所展现的关系接近一条直线，这属于线性关系。然后，选用一元线性回归方程（$y = w_0 + w_1x$）作为关系公式。题目要求预测房屋价格，将价格用因变量 y 代表，面积用自变量 x 代表。

（2）回归系数的求解方法：目标函数采用公式（2-2）（残差平方和最小），求解方法采用最小二乘法，计算 w_0 和 w_1 使用前文给出的回归系数计算公式。

（3）回归系数的计算：将面积与价格的数据代入回归系数的计算公式，具体计算如下。

$\overline{x} = (100+120+150+200+220+250)/6 = 173.3$

$\overline{y} = (570+610+645+745+798+845)/6 = 702.1$

$x_i - \overline{x}$ 分别为−73.3, −53.3, −23.3, 26.7, 46.7, 76.7

$y_i - \overline{y}$ 分别为−132.2, −92.2, −57.2, 42.8, 95.8, 142.8

$S_{XX} = (-73.3)^2 + (-53.3)^2 + (-23.3)^2 + 26.7^2 + 46.7^2 + 76.7^2 = 17533.3$

$S_{XY} = -73.3\times(-132.2) + -53.3\times(-92.2) + -23.3\times(-57.2) + 26.7\times42.8 + 46.7\times95.8 + 76.7\times142.8$
$= 32506.7$

$w_1 = S_{XY}/S_{XX} = 32506.7/17533.3 = 1.85$

$w_0 = \overline{y} - w_1\overline{x} = 702.1-1.85\times173.3 = 380.8$

（4）获得房屋的面积与价格之间的线性回归方程：$y = 380.8 + 1.85x$。

（5）使用获得的线性回归方程预测面积 300m^2 的房屋价格：380.8 + 1.85×300 = 935.8（万元）。

2.2 多元线性回归

多元线性回归（multivariate linear regression）分析研究一个因变量与多个自变量之间线性相关关系，能够分析多个自变量对因变量的影响情况，能够描述现实中多个现象之间的相互关系。一个因变量 y 与 k 个自变量$(x_1, x_2,\cdots, x_k)$的多元线性回归方程（公式）为

$$y = w_0 + w_1x_1 + w_2x_2 + \cdots + w_kx_k \tag{2-5}$$

其中，$(w_0, w_1, w_2,\cdots, w_k)$是回归系数，$w_0$ 属于常数项。

记增广向量 $\boldsymbol{x}=(1, x_1, x_2,\cdots, x_k)$，列向量 $\boldsymbol{w}=(w_0, w_1, w_2,\cdots, w_k)^{\mathrm{T}}$，上式可以写为向量形式：

$$y = \boldsymbol{xw} \tag{2-6}$$

给定 n 组观测样本的数据集$\{(x_{i1}, x_{i2},\cdots, x_{ik}, y_i)\}$，其中 i=1,2,3,⋯,n。虽然多元线性回归公式有多个自变量，但求解方法与一元线性回归公式相同。设定求解准则为所有残差平方的总和最小，则最小化如下目标函数（损失函数）：

$$\begin{aligned} J(w) &= \sum_{i=1}^{n}(y_i - w_0 - w_1x_{i1} - w_2x_{i2} - \cdots - w_kx_{ik})^2 \\ &= \sum_{i=1}^{n}(y_i - \boldsymbol{x}_i\boldsymbol{w})^2 \end{aligned} \tag{2-7}$$

目标函数的求解与一元线性回归方程类似，可以对目标函数采用微积分的求极值方法，求出回归系数。这里使用线性代数的知识，使用更简洁的数学描述和求解模式，即使用数据向量和数据矩阵，然后推导矩阵形式的解法。

数据集可以写为列向量 $\boldsymbol{y}$ 与增广矩阵 $\boldsymbol{X}$ 的形式：

$$\boldsymbol{y}=\begin{bmatrix} y_1 \\ y_2 \\ \vdots \\ y_n \end{bmatrix},\quad \boldsymbol{X}=\begin{bmatrix} 1 & x_{11} & x_{12} & \cdots & x_{1k} \\ 1 & x_{21} & x_{22} & \cdots & x_{2k} \\ \vdots & \vdots & \vdots & & \vdots \\ 1 & x_{n1} & x_{n2} & \cdots & x_{nk} \end{bmatrix}$$

将 n 组观测样本代入多元线性回归方程，并采用上面的列向量与增广矩阵形式表达，获得的 n 个方程组可以写为如下的关系式（其中，$\boldsymbol{y}$ 是数值列向量，$\boldsymbol{X}$ 是数值矩阵，列向量 $\boldsymbol{w}$ 是待求的回归系数向量）：

$$\boldsymbol{y}=\boldsymbol{X}\boldsymbol{w} \tag{2-8}$$

将上式用于目标函数，则有向量与矩阵形式的目标函数：

$$J(\boldsymbol{w})=(\boldsymbol{y}-\boldsymbol{X}\boldsymbol{w})^{\mathrm{T}}(\boldsymbol{y}-\boldsymbol{X}\boldsymbol{w}) \tag{2-9}$$

通过对上式最小化求解回归系数向量，同样采用微积分的求极值方法，令目标函数 $J(\boldsymbol{w})$ 对 $\boldsymbol{w}$ 的偏导数为零，通过正规方程的推导，可获得回归系数向量的计算公式：

$$\boldsymbol{w}=(\boldsymbol{X}^{\mathrm{T}}\boldsymbol{X})^{-1}\boldsymbol{X}^{\mathrm{T}}\boldsymbol{y} \tag{2-10}$$

这涉及矩阵求逆的运算，矩阵的可逆条件为矩阵满秩，或者矩阵的特征值均不为零，或者矩阵的行列式不为零（即非奇异矩阵）。当矩阵 $\boldsymbol{X}^{\mathrm{T}}\boldsymbol{X}$ 可逆时，上式存在唯一解；而可逆条件不满足时会出现多个解的情况，无法使用上式。

当 $\boldsymbol{X}^{\mathrm{T}}\boldsymbol{X}$ 不可逆时，不能使用上式计算回归系数，可采取一些解决方法。例如，样本数量太少，少于样本特征个数，此时 $\boldsymbol{X}$ 行的秩小于 $\boldsymbol{X}$ 列的秩，导致 $\boldsymbol{X}^{\mathrm{T}}\boldsymbol{X}$ 的秩不是满秩，则删除一些不重要的特征，使得 $\boldsymbol{X}$ 列的秩等于 $\boldsymbol{X}$ 行的秩。又例如，某些特征之间有线性相关关系（即共线性现象），这些特征存在冗余性，导致 $\boldsymbol{X}$ 列的秩不是满秩，则找出冗余特征并删除，使得 $\boldsymbol{X}^{\mathrm{T}}\boldsymbol{X}$ 满秩。

有多种求解方法可以实现求解目标函数并获得回归系数。上面采用微积分中求极值方法，通过推导正规方程获得回归系数的表达式，是一种回归系数的求解方法。当 $\boldsymbol{X}^{\mathrm{T}}\boldsymbol{X}$ 无法满足满秩条件，或者样本的特征向量（$\boldsymbol{X}$ 的列）的维数较大，导致 $\boldsymbol{X}^{\mathrm{T}}\boldsymbol{X}$ 和求逆的计算量较大，可考虑求解回归系数的其他方法。

采用数值近似计算方法求目标函数的最小值，同时获得对应的回归系数，也是求解回归系数的一类方法。例如，**梯度下降法**是机器学习中求目标函数（损失函数）最优解的一类常用方法，可以用于求解回归系数。梯度下降法的优点是广泛适用于各种模型和目标函数，但它不保证求得非凸的目标函数的全局最优解。考虑求目标函数的最小值，从几何角度看，对该函数的偏导数就是梯度，该函数的值下降最快的方向是负梯度方向。梯度下降法求回归系数的思路是：朝着负梯度方向迭代计算目标函数的值并更新回归系数，逐步逼近目标函数的极小值，并获得极小值点收敛时对应的回归系数。

当矩阵 $\boldsymbol{X}^{\mathrm{T}}\boldsymbol{X}$ 可逆时，需要关注其数值计算的特殊情况。当某些特征之间的线性相关性比较大时，$\boldsymbol{X}^{\mathrm{T}}\boldsymbol{X}$ 的行列式接近于 0，很可能出现病态矩阵现象（即矩阵中某个元素的很小的变动引起计算结果的误差很大），导致公式（2-10）的数值计算缺乏稳定性与可靠性。一种解决方法是使用能处理共线性和病态矩阵问题的岭回归算法。岭回归算法的思路是：给损失函数增加一个 L_2 范数正则项，其效果相当于矩阵 $\boldsymbol{X}^{\mathrm{T}}\boldsymbol{X}$ 的所有主对角线元素被加上一个非负的数 k（作为新矩阵 $\boldsymbol{X}^{\mathrm{T}}\boldsymbol{X}+k\boldsymbol{I}$），降低了新矩阵成为奇异矩阵的风险，从而使回归系数的估计稍有偏差，而估计的稳定性却提高。

2.3 多项式回归

前文的线性回归公式里都是自变量的 1 次方项，表达因变量 y 与自变量 x 之间的线性关系。例如，一元线性回归方程由一元一次方程构成，其中自变量项是 x 的 1 次方。若回归公式里出现自变量的 2 次（或大于 2 次）方项，则是多项式回归（polynomial regression）。多项式回归分析提供了一种描述变量之间非线性关系的手段。

一元 r 次方程只有一个自变量 x，且方程中出现的最高次**幂**项是 r（$r \geqslant 2$）次方的自变量 x^r，该方程称为**一元多项式回归方程**，r 称为多项式的**阶次**，即

$$y = w_0 + w_1 x + w_2 x^2 + \cdots + w_r x^r \tag{2-11}$$

当多项式回归关系式中的自变量有多个时，称为多元多项式回归。二元二次多项式回归方程如下：

$$y = w_0 + w_1 x_1 + w_2 x_2 + w_3 x_1^2 + w_4 x_2^2 + w_5 x_1 x_2 \tag{2-12}$$

多项式回归研究一个因变量与一个或多个自变量间的多项式回归关系；多项式回归关系式具有 2 次幂或以上的自变量形式，从而可以表达变量之间的非线性关系。当两个变量对应的数据在散点图上展现出非线性的关系时，就可以尝试使用一元多项式回归方程来描述数据之间的关系。

中国古人会运用类比推理，揭示不同事物之间的共同特征，例如，荀子在《劝学》篇以“不积跬步，无以至千里；不积小流，无以成江海”来类比学习的方法与成果。从类比思维的角度分析，多项式回归公式与多元线性回归公式在形式上是相似的，可以使用相同的求解方法。多项式回归问题可以通过变量替换的方式（技巧）转化为多元线性回归问题来求解。对于一元多项式回归方程，进行变量替换，令 $x_1=x, x_2=x^2, \cdots, x_r=x^r$，则一元 r 次多项式回归方程就转化为如下的 r 元线性回归方程：

$$y = w_0 + w_1 x_1 + w_2 x_2 + \cdots + w_r x_r \tag{2-13}$$

对于二元二次多项式回归方程，进行变量替换，令 $z_1=x_1, z_2=x_2, z_3=x_1^2, z_4=x_2^2, z_5=x_1 x_2$，则多项式回归方程就转化为如下的五元线性回归方程：

$$y = w_0 + w_1 z_1 + w_2 z_2 + w_3 z_3 + w_4 z_4 + w_5 z_5 \tag{2-14}$$

多项式回归方程转化为多元线性回归方程后，就可以使用多元线性回归的分析与求解方法，求解出线性回归方程的回归系数，这些系数也是多项式回归方程的回归系数。

例 2-2 现有一小岛某年的月份降水量数据（见表 2-2），请使用回归分析方法求出降水量与月份之间的关系公式，并使用该公式预测该年 10 月份的降水量。

表 2-2 降水量数据

月份	2	3	4	5	6	7	8	9
降水量/mm	51	45	48	43	58	72	88	97

解：这里按照学过的回归算法的原理进行解题。

（1）分析题目，确定回归公式：首先，利用降水量与月份的数据画出如图 2-2 所示的散点图并进行观察。

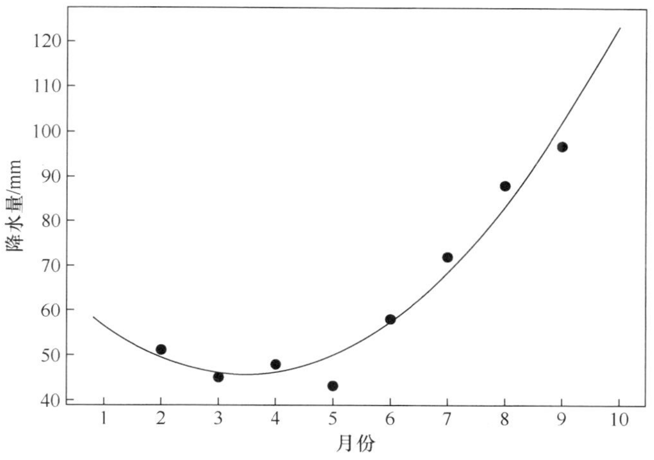

图 2-2　降水量与月份的散点图与回归曲线

从图中可以看到，数据呈现出曲线关系的特点，这属于非线性关系。然后，尝试用一元二次多项式回归方程（$y = w_0 + w_1x + w_2x^2$）作为关系公式。题目要求预测降水量，将降水量用因变量 y 代表，月份用自变量 x 代表。

（2）转化为多元线性回归：实施变量替换，令新变量 $x_1=x$，新变量 $x_2=x^2$，则一元二次多项式回归方程转化为二元线性回归方程 $y = w_0 + w_1x_1 + w_2x_2$。

（3）使用线性回归的求解方法：基于残差平方和最小的最小二乘法，对应的目标函数为公式（2-7），求解回归系数的计算公式为公式（2-10）。

（4）变量替换后的数据准备：新变量 x_1 的数据为 x 的数据；新变量 x_2 的数据由 x^2 计算得到，x_2 的数据为(4, 9, 16, 25, 36, 49, 64, 81)。数据的列向量与增广矩阵的形式如下。

$$\boldsymbol{y}=\begin{bmatrix}51\\45\\\vdots\\97\end{bmatrix},\quad \boldsymbol{X}=\begin{bmatrix}1&2&4\\1&3&9\\\vdots&\vdots&\vdots\\1&9&81\end{bmatrix}$$

（5）回归系数的计算：将数据向量和增广矩阵代入回归系数的计算公式 $\boldsymbol{w} = (\boldsymbol{X}^{\mathrm{T}}\boldsymbol{X})^{-1}\boldsymbol{X}^{\mathrm{T}}\boldsymbol{y}$，计算可得 $\boldsymbol{w} = [67.13, -12.48, 1.81]$。

（6）获得降水量与月份之间的关系式——多项式回归方程 $y = 67.13 - 12.48x + 1.81x^2$。

将这个多项式回归方程以数值形式画到前面的散点图上，呈现为图中所示的一条曲线。

（7）使用获得的多项式回归方程预测 10 月份的降水量：$67.1 - 12.48\times10 + 1.81\times100 = 123.3$（mm）。

2.4　回归分析的效果评价

遵循客观严谨的科学观，需要对获得的回归分析结果进行评价，即求得的回归公式拟合指定数据集的程度如何，或者说如何评价回归公式/模型的回归效果？常用的回归效果的评价指标有平均绝对误差、均方误差、均方根误差、决定系数（可决系数）等。这些指标从不同角度衡量了回归效果，常常用于对比不同回归模型的回归效果。

求得回归公式之后，就可以将数据集中对应自变量的数据 x_i 代入回归公式计算因变量的估计值 $\hat{y}_i$ ，对应的一个**残差**（residual）指一个观测值与其估计值之间的差，即 $\varepsilon_i=y_i-\hat{y}_i$。考量回归公式对整体数据集的回归误差情况，估计平均误差程度是评价回归公式拟合数据程度的一个常用方式。

平均绝对误差（mean absolute error，MAE）是一个估计平均误差程度的指标，计算残差绝对值总和的均值，用于评估回归公式的预测结果（估计结果）和数据集的接近程度，其值越小说明拟合效果越好。MAE 的计算公式如下：

$$\text{MAE}=\frac{1}{n}\sum_{i=1}^{n}\left|y_i-\hat{y}_i\right| \tag{2-15}$$

均方误差（mean squared error，MSE）是一个估计平均误差程度的指标，计算残差平方和的均值；其值越小说明拟合效果越好，其值对一组残差中的特大值或特小值敏感。MSE 的计算公式如下：

$$\text{MSE}=\frac{1}{n}\sum_{i=1}^{n}(y_i-\hat{y}_i)^2 \tag{2-16}$$

MSE 的量纲是残差的平方级别，具有量纲一致性的指标是**均方根误差**（root mean squared error，RMSE）：

$$\text{RMSE}=\sqrt{\frac{1}{n}\sum_{i=1}^{n}(y_i-\hat{y}_i)^2} \tag{2-17}$$

基于方差分析的决定系数是另一种评价回归公式拟合数据程度的一个指标。因变量 y 的某个取值 y_i 偏离其平均值 $\bar{y}$ 的程度可以用离差衡量，即 $y_i-\bar{y}$。n 个观测值的离差平方的总和构成**总离差平方和**，或称总平方和（SST）。总平方和可以分解为**回归平方和**（SSR）与**残差平方和**（SSE）这两部分，即 SST=SSR+SSE，对应的计算式如下：

$$\text{SST}=\sum_{i=1}^{n}(y_i-\bar{y})^2=\sum_{i=1}^{n}(\hat{y}_i-\bar{y})^2+\sum_{i=1}^{n}(y_i-\hat{y}_i)^2$$

其中，前一项 SSR 反映自变量 x 的变化对因变量 y 取值变化的影响，也称为**可解释的平方和**；后一项 SSE 为因变量的观测值与估计值之差的平方和，反映除 x 以外的其他因素对 y 取值的影响，也称为**不可解释的平方和**。

决定系数（coefficient of determination, or R-square）定义为回归平方和占总离差平方和的比例，即

$$R^2=\frac{\text{SSR}}{\text{SST}}=1-\frac{\text{SSE}}{\text{SST}} \tag{2-18}$$

决定系数是反映模型拟合优度的统计量，反映回归方程拟合数据的程度，给出由回归公式解释因变量变化的比例。R^2 的正常取值范围为[0, 1]，R^2 越接近 1，说明回归方程拟合得越好；R^2 越接近 0，说明回归方程拟合得越差。但是，决定系数会有这种现象：增加自变量的个数，回归平方和会增加，残差平方和会减少，于是 R^2 增大；反之，减少自变量的个数，回归平方和减少，于是 R^2 减小。

用样本数量 n 和自变量数目 k 去修正决定系数得到调整的决定系数（调整 R^2，校正决定系数），该指标不仅能说明可解释的平方和与总离差平方和的关系，也能消除样本量与自变

量数量对指标的影响。这种修正带来的优点是：来自不同样本量或具有不同自变量数目的回归方程可以进行回归效果的比较。**调整的决定系数**（adjusted R-square）的公式如下：

$$R_{\mathrm{a}}^2 = 1-(1-R^2)\frac{n-1}{n-k-1} \tag{2-19}$$

为保障评估的可靠性，使用决定系数和调整的决定系数的条件是样本数量显著大于自变量数量。该条件的经验法则是：样本数量至少是自变量（特征）数量的 10 倍，即 $n \geqslant 10k$，推荐的条件是 $n \geqslant 20k$。

这些指标各有特点，需要综合考量这些指标来评估回归模型的性能。依据平均绝对误差或均方根误差来评价一个回归公式拟合数据的优劣，一般是通过对比不同回归公式的方式来实现的。决定系数则可以直接用于评价一个回归方程拟合数据的程度。对于复杂多样的实际应用问题，评价结果需考虑多种因素，例如，数据情况、公式的使用方式、预测偏差的风险、错误的绝对或相对大小和变量的重要性等，通常需要用几个不同指标来评估回归效果。

例 2-3　对上题的降水量数据，分别使用线性回归和多项式回归分析方法求出降水量与月份之间的关系公式，并对它们的回归效果进行对比。

解：这里依据回归算法和回归效果评价的原理进行解题。

（1）求出符合题目的回归公式与估计值。

上题中已获得多项式回归公式：$y = 67.13 - 12.48x + 1.81x^2$；将自变量 x 对应的月份数据代入多项式回归公式求出因变量 y 的估计值{49.42, 45.99, 46.18, 49.99, 57.42, 68.46, 83.13, 101.42}。

使用前文的一元线性回归算法获得线性回归公式：$y = 21.89 + 7.43x$；将自变量 x 对应的月份数据代入线性回归公式求出因变量 y 的估计值{36.75, 44.18, 51.61, 59.04, 66.46, 73.89, 81.32, 88.75}。

（2）依据平均绝对误差对比回归公式的回归效果。

将降水量数据和因变量 y 的估计值代入平均绝对误差公式，计算得到多项式回归公式的 MAE 为 3.10，计算得到线性回归公式的 MAE 为 7.50。依据前文 MAE 定义中关于 MAE 值越小拟合效果越好的性质说明，MAE 更小的多项式回归公式的回归效果更好。

（3）依据决定系数分析回归公式的回归效果。

将降水量数据和因变量 y 的估计值代入决定系数公式，计算得到多项式回归公式的决定系数 R^2 为 0.963，计算得到线性回归公式的 R^2 为 0.778。决定系数 0.963 的含义是回归平方和占总离差平方和的比例达到了 96.3%，回归方程对数据拟合得很好。因此，R^2 更大的多项式回归公式的回归效果比线性回归公式好很多。

从上面评价结果中可以看出，使用线性回归算法虽然解出了降水量问题，但效果并不理想。当一个问题的求解可以采用多种不同的方法时，应当遵循客观严谨的科学观，通过回归效果的评价来决定采用哪种回归算法来解决问题。因此，依据上面评价结果，应当采用回归效果更好的多项式回归算法来求解降水量问题。

2.5　逻辑回归

多元线性回归算法用于分析一个因变量与多个自变量之间的线性依赖关系。在实际应用中，采用多元线性回归公式依据房屋面积和房屋品质等因素预测房屋价格时，一个基本要求是因变量是取值连续的连续型变量。我们还会遇到一种应用需求，例如，预测一笔信用卡交易是“欺诈”还是“正常”，预测特定客户（已知客户信息如年龄、工资等）是否会购买某种商品，此时对应的因变量是取值离散的离散型变量，是二值变量。

当回归公式中因变量为二值变量（其值为 1 或 0）时，对应的回归分析称为二项**逻辑回归**（logistic regression）。若强行使用线性回归算法求解上述应用问题，从批判思维的角度看，可以质疑线性回归中二值因变量与自变量之间的含义是否匹配。例如，因变量的值 1（对应欺诈）或 0（对应正常）与自变量（客户的年龄、工资）的比例关系（即线性关系）是不成立的。因此，这种应用问题是不能直接使用线性回归的方法。由此可以引导我们的解决思路，对因变量的形式进行变换，使因变量与自变量之间的含义或取值相匹配，然后才适用线性回归的方法。

1．因变量形式的变换

设因变量取值 1 代表事件发生（例如，已购买、发病），取值 0 代表事件未发生（例如，未购买、未发病）。考虑事件发生的可能性大小，可以用因变量取值 1 的概率来表达，并让这个概率与多个自变量之间有某种依赖关系。$P(y=1|x)$表示在自变量作用下事件发生的概率，简记为 P。

采用非线性转换方法将 P 转换为**几率**（odds ratio）Q，即

$$Q=\frac{P}{1-P} \tag{2-20}$$

几率的含义是事件发生的概率与不发生的概率的比值（发生比）；然后再对 Q 取对数，令 $\text{Logit}\ P=\ln Q$，这称为 **Logit 变换**，即

$$\text{Logit}\ P=\ln\left(\frac{P}{1-P}\right) \tag{2-21}$$

Logit 变换使得转换前后的取值范围由 $P\in[0, 1]$变到 $\text{Logit}\ P\in(-\infty,+\infty)$，$P$ 由 0 逐渐增长到 1 时对应的 Logit P 由$-\infty$单调上升到$+\infty$，即 Logit P 是 P 的单调增函数，保证了 Logit P 与 P 增长的一致性。

2．逻辑回归公式

因变量 y 取值 1 的概率 P 经过 Logit 变换之后，就可以使用线性回归算法建立 Logit P 与自变量之间的线性回归公式。考虑一元线性回归，有如下的**二项逻辑回归公式**：

$$\text{Logit}\ P=\ln\left(\frac{P}{1-P}\right)=w_0+w_1x \tag{2-22}$$

从逻辑回归公式中解出 P，有

$$P=\frac{1}{1+\mathrm{e}^{-(w_0+w_1x)}} \tag{2-23}$$

上式中等号右边是**逻辑回归函数**，它是一种典型的增长函数，体现着概率 P 与自变量 x 之间的非线性关系；这个函数形式是经典的 **Sigmoid 函数**。由上式可计算 $P(y=1|x)$，对应地可求出 $P(y=0|x)=1-P(y=1|x)$。

对于多元线性回归，记增广向量 $\boldsymbol{x}=(1, x_1, x_2,\cdots, x_k)$，回归系数列向量 $\boldsymbol{w}=(w_0, w_1, w_2,\cdots, w_k)^{\mathrm{T}}$，则有如下向量形式的逻辑回归公式和 P 的解出式：

$$\text{Logit}\ P=\boldsymbol{xw} \tag{2-24}$$

$$P = \frac{1}{1+\mathrm{e}^{-xw}} \tag{2-25}$$

3．逻辑回归公式中参数的求解

对于求 P 的解出式中的回归系数 $\boldsymbol{w}$，逻辑回归中因变量 y 取值 1 或 0，前文求回归系数所采用的总残差平方最小准则和最小二乘法难以运用。可以使用**极大似然估计方法**求解公式中的未知参数（回归系数），该方法基于总体的分布密度函数构造一个包含未知参数的似然函数，求解在似然函数值为最大值时对应的参数值。

给定 n 组观测样本的数据集$\{(x_{i1}, x_{i2},\cdots, x_{ik}, y_i)\}$，其中 i=1,2,3,⋯,n，构造如下的对数似然函数：

$$\begin{aligned} L(\boldsymbol{w}) &= \ln\left[\prod_{i=1}^{n} P^{y_i}(1-P)^{(1-y_i)}\right] \\ &= \sum_{i=1}^{n}\left[y_i \ln P + (1-y_i)\ln(1-P)\right] \end{aligned} \tag{2-25}$$

将逻辑回归函数代入上式中的 P，则有：

$$L(\boldsymbol{w}) = \sum_{i=1}^{n}[y_i \boldsymbol{x}_i \boldsymbol{w} - \ln(1+\mathrm{e}^{\boldsymbol{x}_i \boldsymbol{w}})] \tag{2-26}$$

上式可采用梯度下降法等优化算法进行求解，求出使似然函数 $L(\boldsymbol{w})$最大化的参数 $\boldsymbol{w}$。

例 2-4　某城市新家庭组建后的 3 年内家庭购房比例与年均家庭收入的统计数据（见表 2-3），请使用回归分析方法求一个家庭是否购房与家庭收入之间的关系公式，并使用该公式预测年收入 32 万元的某家庭是否购房。

表 2-3　家庭收入数据

家庭收入水平/万元	6	12	18	24	30	36	42	48
家庭购房比例（%）	2	5	10	23	48	52	65	77

解：这里按照学过的回归算法的原理进行解题。

（1）分析题目确定回归公式：题目要求预测是否购房，是否购房由因变量 y 代表，y=1 表示已购房，y=0 表示未购房；收入由自变量 x 代表。二值因变量适用于二项逻辑回归算法，尝试用（Logit $P = w_0 + w_1 x$）作为关系公式。

（2）因变量转换数据的准备：题目没有提供因变量 y 的数据，但是可以将购房比例视为在某个收入水平 x 下的购房概率 $P(y=1|x)$；于是可计算对应的 Logit P 数据，求解回归系数不需要采用极大似然估计方法。几率 $Q=P/(1-P)$的数据集为{0.02 , 0.053, 0.111, 0.299, 0.923, 1.083, 1.857, 3.348}，对数几率 Logit P（=ln$Q$）的数据为{−3.892, −2.944, −2.197, −1.208, −0.08, 0.08, 0.619, 1.208}。

（3）使用线性回归算法求回归系数：对线性回归公式 Logit $P = w_0 + w_1 x$，利用 Logit P 和 x 的数据，由求回归系数的公式（2-3）计算得到估计值 w_1=0.122，w_0= −4.345。

（4）购房与收入之间二项逻辑回归公式：回归系数已求出，则有 Logit P = −4.345 + 0.122x，以及 $P(y=1|x) = 1/[1+\mathrm{e}^{-(-4.345+0.122x)}]$。

（5）预测年收入 32 万元的家庭是否购房：$P(y=1|x=32) = 1/[1+\mathrm{e}^{-(-4.345+0.122\times32)}] = 0.391 \times$

100% = 39.1%。

可知，该家庭的购房概率是 39.1%，购房的可能性不大。

（6）方法评估与回归效果评价：遵循客观严谨的科学观，还需评估选用的方法是否合适，评价求解结果的效果。首先，题目要求对是否购房进行回归分析，购房的属性值只有二值，而二项逻辑回归算法是二值因变量，因而选用的方法与问题属性相一致。

其次，选用决定系数这个评价指标来评价回归效果。将 x 的数据{6, 12, 18, 24, 30, 36, 42, 48}代入建立的回归方程 $q = -4.345 + 0.122x$，计算对应的 q 估计值：{−3.613, −2.882, −2.15, −1.418, −0.686, 0.046, 0.778, 1.51}。将由题目数据转换得到的 Logit P 数据和 q 估计值代入决定系数公式，计算出决定系数 R^2 为 0.973，即回归平方和的占比为 97.3%，回归效果很好。

最后，将建立的回归方程 Logit $P = -4.345 + 0.122x$ 画入家庭收入和对数几率 Logit P 的散点图（参见图 2-3），可以观察到图中所示的直线（回归方程）很好地体现出数据点的规律。因此，上面的求解是成功的。

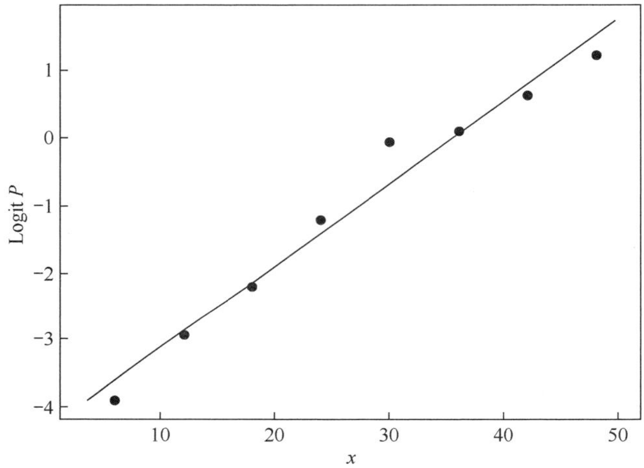

图 2-3　家庭收入 x 与 Logit P 的散点图

2.6　实例与编程求解

例 2-5　房屋交易价格的预测任务：已知一些房屋交易数据，请编程求解房屋面积与交易价格之间的线性回归公式，并预测面积为 280 和 550 的房屋交易价格。数据集包含如下 12 笔交易：

交易的房屋面积为{100, 120, 150, 200, 220, 250, 300, 350, 400, 450, 500, 600}

对应的交易价格为{570, 610, 645, 745, 798, 845, 942, 1145, 1370, 1545, 1730, 1880}

解：采用线性回归算法求解，具体求解过程与例 2-1 类似；编写 Python 代码，调用机器学习库 sklearn 中相关模型和方法进行实现。对应的编程求解步骤如下：

（1）导入所需的库和方法；

（2）加载数据集，因数据量少，将数据写入代码；

（3）使用训练集（这里是全部数据）训练回归模型；

（4）提取模型参数（回归系数），显示回归模型；

（5）使用获得的回归模型预测测试集（这里是全部数据）的目标值；

（6）使用测试集（这里是全部数据）评估回归模型的回归效果；

（7）若模型的回归效果符合要求，应用获得的回归模型预测新样本的目标值；

（8）将数据和回归线可视化。

代码清单　线性回归模型的训练、使用与回归效果评估

```
#线性回归示例，导入相关的库和方法
import numpy as np
import matplotlib.pyplot as plt
from sklearn.linear_model import LinearRegression
from sklearn.metrics import mean_squared_error, r2_score

#加载数据集，自变量 x，因变量（目标）y，采用数组（array）存储数据
X = np.array([100, 120, 150, 200, 220, 250, 300, 350, 400, 450, 500, 600])  #房屋面积
y = np.array([570, 610, 645, 745, 798, 845, 942, 1145, 1370, 1545, 1730, 1880])
#交易价格
X = X.reshape(-1, 1)
y = y.reshape(-1, 1)

#创建线性回归对象
model = LinearRegression()
#使用训练数据训练模型，求解拟合数据的模型参数（回归系数）
model.fit(X, y)

#存储模型参数（回归系数）
w0 = model.intercept_[0]
w1 = model.coef_[0,0]
#显示线性回归模型的具体公式
print(f"求出的回归模型：price = {w0:.4f} + {w1:.4f} * area")

#使用回归模型预测训练集的目标值
y_pred_train = model.predict(X)

#计算回归模型的预测值与目标值之间的均方根误差
mse_root = mean_squared_error(y, y_pred_train) ** 0.5
print(f"模型预测的均方根误差：{mse_root:.4f}")
#计算回归模型回归效果的决定系数
rsquare = r2_score(y, y_pred_train)
print("决定系数：{:.4f}".format(rsquare))

#使用回归模型预测新样本的目标值
x_new = np.array([280, 550])
x_new = x_new.reshape(-1, 1)
y_pred = model.predict(x_new)
print(f"新样本的目标值：{y_pred[0,0]:.2f}, {y_pred[1,0]:.2f}")

#绘制数据的散点图与回归线
plt.rcParams['font.sans-serif'] = ['SimHei']  #显示中文标签
plt.scatter(X, y, color="black", label='训练样本点')
plt.plot(X, y_pred_test, c='blue', linewidth=1, label='回归线')
plt.legend(loc='upper left', fontsize=12)
plt.xlabel('房屋面积', fontsize=12)
plt.ylabel('房屋价格', fontsize=12)
plt.show()
```

执行代码获得结果：线性回归模型为 $y = 206.5250 + 2.8425x$，模型预测的均方根误差为 64.6797，回归效果的决定系数为 0.9782（接近 1 说明回归模型的回归效果接近完美），预测的房屋交易价格（新样本的目标值）分别为 1002.43 和 1769.90。执行画图代码，获得可视化结果见图 2-4。

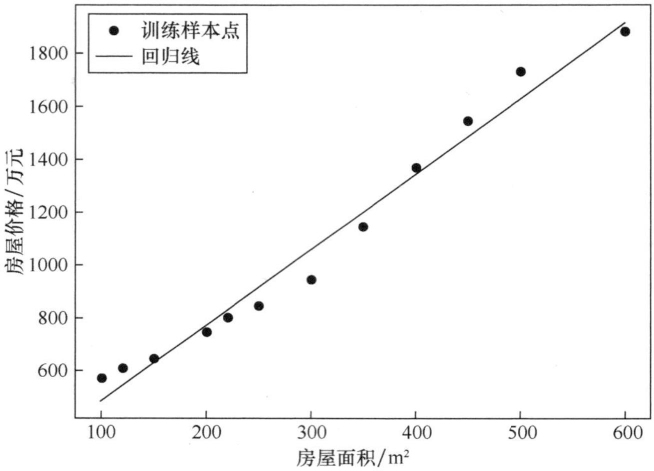

图 2-4　房屋面积与价格的散点图与回归线

例 2-6　预测任务：给定中国的国内生产总值（GDP）数据集，使用多项式回归分析方法求年份与人均 GDP 之间的回归公式，并评价其回归效果；再使用求得的回归模型预测未来一年的人均 GDP。

数据集：中国的人均国内生产总值数据来源于国家统计局网站，将数据复制后保存到文本文件，从 2004 年到 2023 年的人均 GDP 数据如下。

年份为{2023, 2022, 2021, 2020, 2019, 2018, 2017, 2016, 2015, 2014, 2013, 2012, 2011, 2010, 2009, 2008, 2007, 2006, 2005, 2004}

对应的人均 GDP（万元）为{8.94, 8.53, 8.14, 7.18, 7.01, 6.55, 5.96, 5.38, 4.99, 4.69, 4.35, 3.98, 3.63, 3.08, 2.62, 2.41, 2.05, 1.67, 1.44, 1.25}

解：采用回归算法求解的具体过程与前文的多项式回归例题类似，回归模型选择一元二次多项式方程；年份作为自变量，GDP 作为因变量（回归目标）。由于年份之间差异过小，将它们转为有差异的适合值，例如，将 2023 转换为 23。预测任务为预测 2024 年的人均 GDP。编写 Python 代码，调用机器学习库 sklearn 中相关模型和方法进行实现。对应的编程求解步骤如下：

（1）导入所需的库和方法；

（2）加载数据集，或将数据写入代码；

（3）使用训练集（这里是全部数据）训练回归模型；

（4）提取模型参数（回归系数），显示回归模型；

（5）使用获得的回归模型预测测试集（这里是全部数据）的目标值；

（6）使用测试集（这里是全部数据）评估回归模型的回归效果；

（7）若模型的回归效果符合要求，应用获得的回归模型预测新样本的目标值；

（8）将数据和回归线可视化。

代码清单　一元二次多项式回归模型的训练、使用与回归效果评估

```
#多项式回归示例，导入相关的库和方法
import pandas as pd
import numpy as np
from sklearn.linear_model import LinearRegression
from sklearn.preprocessing import PolynomialFeatures
from sklearn.metrics import mean_squared_error, r2_score

#加载数据集
adata = pd.read_table('GDP_China_person.txt', header=None, sep='\t')
X = adata.values[0, :] - 2000 #第一行的年份差异过小，转为适合值
y = adata.values[1, :] / 10000  #回归目标（万元）
X = X.reshape(-1, 1)
y = y.reshape(-1, 1)

#指定 2 次幂的多项式，x 的变量替换：Z = [x, x^2]
r_degree = 2
poly = PolynomialFeatures(degree=r_degree, include_bias=False)
Z = poly.fit_transform(X)

#创建线性回归对象
model = LinearRegression()
#使用训练数据训练模型，求解拟合数据的模型参数（回归系数）
model.fit(Z, y)

#存储模型参数（回归系数）
w0 = model.intercept_[0]  #截距/常数项
w1 = model.coef_[0,0]
w2 = model.coef_[0,1]

#显示线性回归模型的具体公式
print(f"求出的回归模型：y = {w0:.4f} + {w1:.4f} * x + {w2:.4f} * x^2")

#使用回归模型预测测试集的目标值
y_pred_test = model.predict(Z)

#计算回归模型的预测值与目标值之间的均方根误差
mse_root = mean_squared_error(y, y_pred_test) ** 0.5
print(f"模型预测的均方根误差：{mse_root:.4f}")

#计算回归模型回归效果的决定系数
rsquare = r2_score(y, y_pred_test)
print("决定系数：{:.4f}".format(rsquare))

#使用回归模型预测新样本的目标值
x_new = np.array([24])
x_new = x_new.reshape(-1, 1)
z_new = poly.fit_transform(x_new)
y_pred = model.predict(z_new)
print(f"新样本的目标值：{y_pred[0,0]:.2f}")

#绘制数据的散点图与回归曲线
X_curve = np.arange(0.5, 24.5, 0.2)  #画曲线用的数据点
```

```
    X_curve = X_curve.reshape(-1, 1)
    Z_curve = poly.fit_transform(X_curve)
    y_pred_curve = model.predict(Z_curve)
    plt.rcParams['font.sans-serif'] = ['SimHei']  #显示中文标签
    plt.scatter(X+2000, y, color="black", label='训练样本点')
    plt.scatter(x_new+2000, y_pred, c='k', marker='*', label='预测点')
    plt.plot(X_curve+2000, y_pred_curve, c='black', linewidth=1, label='回归曲线')
    plt.legend(fontsize=12)
    plt.xlabel('年份', fontsize=12)
    plt.ylabel('人均 GDP(万元)', fontsize=12)
    plt.show()
```

执行代码获得结果：多项式回归模型为 $y = 0.1513 + 0.2262x + 0.0069x^2$，模型预测的均方根误差为 0.1091，回归效果的决定系数为 0.9979（接近 1 说明回归模型具有很好的回归效果），预测的 2024 年人均 GDP 为 9.55。执行画图代码，获得图 2-5 所示的散点图与回归曲线，从图中可以看到 20 年来中国经济的强劲发展。

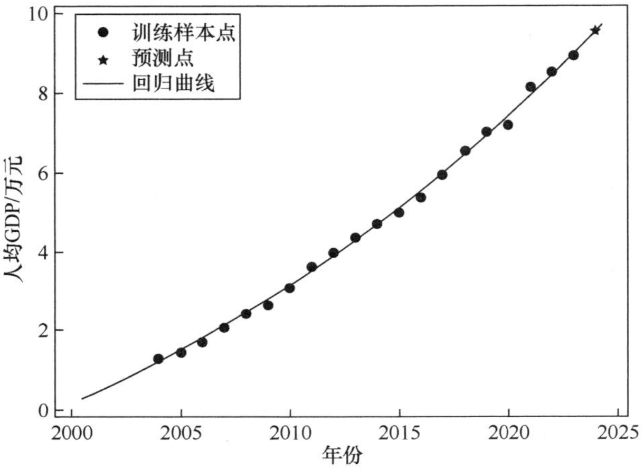

图 2-5　中国人均 GDP 的散点图与回归曲线

2.7　习题

一、简答题

1．什么是一元线性回归？一元线性回归的公式是什么？

2．求解一元线性回归公式所用的目标函数是什么？该目标函数的含义是什么？

3．请叙述求解一元线性回归公式所用的最小二乘法的原理与过程。

4．求解多项式回归关系式的关键思路是什么？

5．多项式回归适用于什么样的回归问题？

6．哪个评价指标最适合于评价回归公式的回归效果？回归平方和与残差平方和分别是什么含义？

7．逻辑回归公式中因变量的取值有什么特点？

8．几率是什么含义？

9．逻辑回归公式与线性回归公式的区别是什么？

10．逻辑回归公式中对数几率与自变量之间具有线性关系是什么含义？

二、填空题

1．________是研究和发现多个变量之间依赖关系的一种重要方法。

2．非线性回归通过变换可转化为________，从而可以利用线性回归的方法进行求解。

3．回归方程反映出________的取值对被解释变量取值的影响规律。

4．从几何视角看，一元线性回归公式是直角坐标系 xOy 平面上一条________的方程。

5．一般采用________求解线性回归方程的回归系数。

6．求解线性回归方程的最小二乘法使用________作为目标函数（损失函数）。

7．多元线性回归分析研究一个________与多个自变量之间________相关关系。

8．线性回归公式表达因变量与自变量之间的________关系，而多项式回归分析提供了一种描述变量之间________关系的手段。

9．多项式回归问题一般通过________的方式转化为多元线性回归问题进行求解。

10．多项式回归关系式具有________或以上的自变量形式，能表达变量之间的非线性关系。

11．回归效果的常用评价指标有平均绝对误差、________、均方根误差、________系数（可决系数）。

12．总离差平方和可以分解为两部分：________（SSR）与________（SSE）。

13．决定系数反映回归公式拟合________的程度，由回归公式解释________的比例。

14．关于建立线性回归模型拟合数据，决定系数越接近________，说明回归方程拟合得越好；决定系数越接近________，说明回归方程拟合得越差。

15．修正决定系数得到的调整的校正决定系数能消除________与________的数量对指标的影响。

16．适用二项逻辑回归分析的应用问题中的目标变量（对应因变量）的值是________值，例如，1 或 0。

17．二项逻辑回归分析需要对________的形式进行变换，常用取值 1 的概率来表达，并让这个概率与多个自变量之间有某种依赖关系。

18．二项逻辑回归分析中的逻辑回归函数属于经典的________函数形式，体现着概率与自变量之间的非线性关系。

19．逻辑回归公式中的回归系数可以使用________估计方法求解。

20．几率的含义是事件________的概率与不发生的概率的比值（发生比），对几率取对数，就形成________变换。

21．逻辑回归通过因变量的几率变换和 Logit 变换建立了关于因变量的变换量与自变量之间的________回归关系。

22．逻辑回归模型可以应用于________任务，属于广义线性回归模型。

第 3 章

k-近邻算法

在动物园游览时常常会遇见从未见过的动物，我们会在头脑中搜索已认识的动物中哪些动物的样子与这只动物相像，然后推测这只动物的种类。这是我们在运用类比思维进行类比推理。例如，我们已经认识一些鸡鸭猫狗这样的动物（即已认识许多动物的实例）；当看到一只未见过的动物时，我们会搜索已知的动物实例并与这只新动物对比，对比后发现它的外形有些像鸭子，它的叫声有点类似鸭子，它走路的样子也像鸭子，于是类比推理它是鸭类动物。

在机器学习的框架下，推断动物的种类是分类问题。中国古人的智慧“近朱者赤，近墨者黑”就是这种分类的工作原理，即需要在动物实例库中找出与新动物实例最相像或最接近的 k 个动物实例（称为邻居），基于相似性对它们进行分析，若新实例“靠近朱则为赤”，即 k 个邻居的种类就是新动物的类别。

上述类比推理过程就是 k-近邻算法的工作思路，或者说我们在算法层面实现这个类比推理过程可以创新出 k-近邻算法。该算法可以用于分类任务和回归任务，对应地有 k-近邻分类算法和 k-近邻回归算法。

3.1 k-近邻分类算法

k-最近邻算法（k-nearest neighbor，KNN）也称 k-近邻算法，是一种常用的有监督学习方法，是基于实例的学习方法。k-近邻算法包括用于分类任务的分类算法和用于回归任务的回归算法。k-近邻算法的研究重点包括：利用给定实例（训练集）推断新样本类别的方法，预测新样本目标值的方法，确定合适的近邻数量 k，以及评估算法的性能。

k-近邻分类算法的思想是：对于推断（预测）新样本 $\boldsymbol{x}^*$ 的类别的任务，在训练集中找出与 $\boldsymbol{x}^*$ 最邻近的 k 个样本，统计 k 个样本中每个类别所拥有的样本数量，将样本数量最多的类别作为新样本 $\boldsymbol{x}^*$ 的类别。

给定类标集 $C=\{c_1,c_2,\cdots,c_M\}$ 和训练集 $D=\{(\boldsymbol{x}_i, y_i)\}_{i=1:n}$，其中 $y_i\in C$ 是样本 $\boldsymbol{x}_i$ 的类标。k-近邻分类算法推断样本 $\boldsymbol{x}^*$ 类别的基本流程包括：计算 $\boldsymbol{x}^*$ 和每个训练样本 $\boldsymbol{x}_i$ 之间的距离，找出训练集中与 $\boldsymbol{x}^*$ 距离最近的 k 个样本，统计这 k 个样本中每个类别所拥有的样本数量，选出样本数量最多的类别作为样本 $\boldsymbol{x}^*$ 的类标。这里最后的类别推断步骤（决策规则）可看成“多数票赢”的**投票法**，k 个样本中样本数量最多的类别胜出，作为样本 $\boldsymbol{x}^*$ 的类标。

令 $I(\cdot)$ 为示性函数，将 k-近邻分类算法写成如下的算法形式：

k-近邻分类算法

输入：训练集 $D=\{(\boldsymbol{x}_i, y_i)\}_{i=1:n}$，最邻近数目 k，待预测样本 $\boldsymbol{x}^*$，类标集 $C=\{c_1,c_2,\cdots,c_M\}$

1．计算 $\boldsymbol{x}^*$和每个训练样本 $\boldsymbol{x}_i\in D$ 之间的距离 $d(\boldsymbol{x}^*, \boldsymbol{x}_i)$;

2．从 D 中选择 $d(\boldsymbol{x}^*, \boldsymbol{x}_i)$最小的 k 个样本，这 k 个样本对应的类标组成集合 U;

3．找出集合 U 中数量最多的类标：

$$y^* = \underset{c_i \in C}{\arg\max} \sum_{y_j \in U} I(y_j = c_i)$$

输出：样本 $\boldsymbol{x}^*$的类标 y^*

最后，简单介绍提高算法效率的方法——*kd* 树（*k*-dimensional tree）。*k*-近邻算法的计算性能（计算速度）由搜索 k 个近邻的计算量决定。每推断一次新样本的类别，*k*-近邻分类算法都需要执行新样本与每个训练样本之间的距离计算，执行寻找训练集中与新样本距离最近的 k 个样本，这样的操作属于穷举搜索法。于是，当训练集的样本数量很大时，这种穷举搜索法的计算量很大。

为提高算法搜索 k 个近邻的效率，节省搜索的计算量，可以考虑使用特殊结构存储训练数据的方法。一种有效的方法是 *kd* 树，它是一种对 k 维空间中的数据集进行划分和存储的（二叉树）树形数据结构。建立训练集的 *kd* 树后，就可以在 *kd* 树上进行快速检索，找出新样本的 k 个最近邻样本。这样，这种索引结构通过减少不必要的距离计算能够优化并加快查询过程。具体细节略，可参考有关文献。

例 3-1　现有关于一些操场的尺寸大小的数据（见表 3-1），请使用 *k*-近邻分类算法推断长度为 50m 且宽度为 30m 的操场的类别。

表 3-1　操场数据

操场编号	1	2	3	4	5	6
操场长度/m	150	160	95	60	70	70
操场宽度/m	50	60	30	30	30	60
操场类别	大	大	大	小	小	小

解：这里采用 *k*-近邻分类算法预测新操场的类别。

（1）设定相关符号和量：上表的 6 个样本数据作为训练集 D，其中样本的长度和宽度属性由向量 $\boldsymbol{x}_i$ 代表，操场的类别由 y_i 代表；新样本 $\boldsymbol{x}^*=(50, 30)$，对应的类标为 y^*；最邻近数目 $k=4$；选择欧式距离作为样本之间的距离度量。

（2）计算新样本 $\boldsymbol{x}^*$和训练样本 $\boldsymbol{x}_i$ 之间的距离，获得与编号为 1 至 6 的操场的距离数值分别为 102.0, 114.0, 45.0, 10.0, 20.0, 36.1。

（3）找出 k 个近邻并构建类标集：由表 3-1 可以找出距离最小的 4 个样本，即编号为 4、5、6 和 3 的操场；于是，依据训练集 D，这 4 个样本对应的类标集 U={小, 小, 小, 大}。

（4）找出 U 中数量最多的类标并推断（投票法）：类标“小”有 3 个，类标“大”有 1 个；于是，新样本的类标 y^*被推断为数量最多的类标“小”，即长 50m 宽 30m 的操场是小操场。

3.2 *k* 值的选取

k-近邻分类算法选取训练集中与一个测试样本最相近的前 *k* 个样本，算法中的 *k* 值是由用户指定的常数，通常是不大于 20 的整数。对于二分类问题，*k* 值倾向于选取奇数（例如，3、5、7），可避免二个类别的样本数量出现平局的情况。

较小的 *k* 值对应于使用较小邻域中的训练样本进行预测，使得算法更关注训练样本集的局部特征，但这可能会产生过拟合的风险。假设某个二分类（类标为 c_1 和 c_2）问题，与待预测样本最相近的 7 个（近邻）训练样本中最近样本的类标为 c_1，其余 6 个近邻样本的类标为 c_2。考虑 k=1 的极端情况，算法输出的待预测样本类标只由训练集中最近的 1 个样本的类标 c_1 所决定，有产生偏差的风险，即过拟合于这个最近的 1 个样本，忽略了其余 6 个近邻样本的类标 c_2。这个最近的样本有可能刚巧是噪声点，使得预测结果出现较大偏差。

相反，较大的 *k* 值对应于使用较大邻域中的训练样本进行预测，使得算法使用了更远的邻居，而更远的邻居与测试样本不相似的可能性大。此时，包含更广区域训练样本的算法相当于简单模型，可能会产生欠拟合的风险。考虑 k=n 的极端情况，算法输出的待预测样本类标由训练集的所有样本的类标所决定，预测结果固定为训练集中样本数量最多的类别（简称多数类，类标为 c_1；另一类简称少数类）。即使待预测样本离少数类的样本更近且离多数类的样本更远，算法的输出结果仍为多数类的类标 c_1，造成预测错误。

如何选择最佳的 *k* 值？在实际应用中，我们可以选取一些较小的 *k* 值，并采用交叉验证法（在模型性能评估的章节有详细介绍）来确定合适的 *k* 值。下面是几种常见的 *k* 值选择方法。

（1）经验法则：通常情况下，选择一个较小的 *k* 值（例如，3、5 或 7）作为初始值，然后通过实验和评估来确定哪个 *k* 值具有最佳的性能或实验效果。

（2）交叉验证：使用交叉验证来评估不同 *k* 值下算法（模型）的性能，将数据集分为训练集和验证集，然后在不同的 *k* 值下进行训练和性能评估；通过比较算法在验证集上的性能，选择具有最佳性能的 *k* 值。

（3）考虑数据集规模：数据集的规模也会对 *k* 值的选择产生影响。如果数据集较小，选择较小的 *k* 值可能更合适；如果数据集较大，更大的 *k* 值可能更合适，以减少个别样本对结果的影响过大。

（4）可视化分析（观察方法）：对于二维或三维数据，通过可视化方法来观察不同 *k* 值下的决策边界或分类结果，选择在数据分布上能够提供合理分类边界的 *k* 值。换句话说，观察方法是观察数据分布和类别间的区分度来确定合适的 *k* 值范围。例如，如果数据点之间的类别界限非常明显，那么较小的 *k* 值可能更合适，使得算法更关注训练数据的局部特性。相反，如果不同类别的数据点之间界限较为模糊，那么较大的 *k* 值可能更合适，这样可以减少由于噪声或异常值导致的误分类。

观察方法具有一定的主观性，可以初步确定合适的 *k* 值范围，为了得到更可靠的结果，应当结合交叉验证方法来评估不同 *k* 值下的模型性能，综合评估和选择最佳的 *k* 值。

3.3　距离度量

k-近邻分类算法需要在训练集中寻找一个测试样本的 k 个最近样本，衡量两个样本之间远近或相近程度的度量对算法的性能有重要影响。下面介绍常见的距离度量，距离越小，表示两个样本越近；距离越大，表示两个样本越远。

设 $X=\{\boldsymbol{x}_1, \boldsymbol{x}_2, \cdots, \boldsymbol{x}_n\}$ 为 m 维实数向量空间中的一个样本集合，对于其中的样本点 $\boldsymbol{x}_i=\{x_{i1}, x_{i2}, \cdots, x_{im}\}$ 和 $\boldsymbol{x}_j=\{x_{j1}, x_{j2}, \cdots, x_{jm}\}$，样本点 $\boldsymbol{x}_i$ 和 $\boldsymbol{x}_j$ 之间的距离测度记为 L.或 d_{ij}，则可以给出下面几种距离度量。

（1）闵可夫斯基（Minkowski）距离或明氏距离：

$$L_p(\boldsymbol{x}_i, \boldsymbol{x}_j)=\left(\sum_{l=1}^{m}\left|x_{il}-x_{jl}\right|^p\right)^{\frac{1}{p}} \tag{3-1}$$

闵可夫斯基距离是一类距离的定义，或者说是许多距离的一般形式。当公式中的参数 p=1、2 和∞时，可分别得到下面的几种距离。

（2）曼哈顿（Manhattan）距离或绝对距离（p=1）：

$$L_1(\boldsymbol{x}_i, \boldsymbol{x}_j)=\sum_{l=1}^{m}\left|x_{il}-x_{jl}\right| \tag{3-2}$$

（3）欧氏（Euclidean）距离（p=2）：

$$L_2(\boldsymbol{x}_i, \boldsymbol{x}_j)=\sqrt{\sum_{l=1}^{m}(x_{il}-x_{jl})^2} \tag{3-3}$$

（4）切比雪夫（Chebyshev）距离（p=∞）：

$$L_\infty(\boldsymbol{x}_i, \boldsymbol{x}_j)=\max_{l}\left|x_{il}-x_{jl}\right| \tag{3-4}$$

上述距离是实数向量空间中的度量，只适用于连续变量。这些度量中最常用的是欧氏距离 L_2，就是空间中两点之间的距离，其优点是在坐标系平移和旋转变换之后欧氏距离保持不变。

对于离散变量，可以将离散变量连续化，然后使用上述距离度量。例如，颜色变量的离散值为红（R）、绿（G）、蓝（B）、紫和黄等，可以将颜色转换为 RGB 编码值后计算距离。

3.4　k-近邻回归算法

多元线性回归分析需要建立因变量与多个自变量之间的线性回归公式，而 k-近邻回归算法并不建立一个回归公式，而是寻找新样本的邻居们，用这些邻居的目标值来估计新样本的目标值。

k-近邻回归算法的思想是：对于预测新样本 $\boldsymbol{x}^*$的目标值（连续值）的任务，在训练集中找出与 $\boldsymbol{x}^*$最邻近的 k 个样本，用这 k 个近邻的平均目标值（或其他计算量）作为预测的目标值。

给定训练样本集 $D=\{(\boldsymbol{x}_i, y_i)\}_{i=1:n}$，其中 y_i 是样本向量 $\boldsymbol{x}_i$ 的目标值。k-近邻回归算法预测

新样本 $\boldsymbol{x}^*$目标值的基本流程包括：计算 $\boldsymbol{x}^*$和每个训练样本 $\boldsymbol{x}_i$ 之间的距离，找出训练集中与 $\boldsymbol{x}^*$距离最近的 k 个样本，计算这 k 个样本目标值的平均，将该平均值作为新样本 $\boldsymbol{x}^*$的预测目标值。预测目标值也可以是 k 个样本目标值的加权平均。

k-近邻回归算法可以写成如下的算法形式：

---

k-近邻回归算法

输入：训练集 $D=\{(\boldsymbol{x}_i, y_i)\}_{i=1:n}$，最邻近数目 k，待预测样本 $\boldsymbol{x}^*$

1．计算 $\boldsymbol{x}^*$和每个训练样本 $\boldsymbol{x}_i \in D$ 之间的距离 $d(\boldsymbol{x}^*, \boldsymbol{x}_i)$；

2．从 D 中选择 $d(\boldsymbol{x}^*, \boldsymbol{x}_i)$最小的 k 个样本，这 k 个样本对应的目标值组成集合 U；

3．计算集合 U 中元素的平均值：

$$y^* = \frac{1}{k}\sum_{y_j \in U} y_j$$

输出：样本 $\boldsymbol{x}^*$的目标值 y^*

---

k-近邻回归算法用新样本邻居们的目标值来估计新样本的目标值，其性能依赖于训练集（新样本的邻居们）。从批判思维的角度思考，可以质疑邻居们的目标值是否能够代表新样本的目标值，这种质疑就引出了 k-近邻回归算法的有效性或适用性问题。这种适用性的分析结论是：若训练集中它的邻居们与新样本很接近，算法的估计误差会小，其适用性好；反之，训练集中它的邻居们与新样本相距很远（或差异很大），算法的估计误差会很大，其适用性差，则不推荐使用 k-近邻回归算法。k-近邻回归算法中的 k 值也影响算法的性能，其取值可以参考 k-近邻分类算法的相关内容。

例 3-2　现有一些房屋的出租价格数据（见表 3-2），请使用 k-近邻回归算法预测面积 50m^2 的待出租房屋的租金。

表 3-2　房屋数据

房屋编号	1	2	3	4	5	6
房屋面积/m^2	70	40	60	120	100	180
出租价格/（元/月）	1600	600	950	2600	2300	3100

解：这里按照 k-近邻回归算法进行解题。

（1）设定相关符号和量：上表的 6 个样本数据作为训练集 D，其中样本的面积属性由 x_i 代表，价格属性作为目标且由 y_i 代表；新样本 $x^*=50$，对应的目标为 y^*；最邻近数目 $k=2$；选择欧式距离作为样本之间的距离度量。

（2）计算新样本 x^*和训练样本 x_i 之间的距离，获得与编号为 1 至 6 的房屋的距离数值分别为 20, 10, 10, 70, 50, 130。

（3）找出 k 个近邻并构建目标值集：由上表可以找出距离最小的两个样本，即编号为 2 和 3 的房屋；于是，依据训练集 D，这两个样本对应的目标值集 $U=\{600, 950\}$。

（4）计算 U 中元素的平均值并预测：

$y^* = (600 + 950) / 2 = 775$

于是，面积为 50m^2 的待出租房屋的租金被预测为每月 775 元。

3.5 k-近邻算法的性能和特点

k-近邻算法没有训练过程，不显式地建立学习模型，在需要预测时才分析新样本与训练样本之间的关系并推断新样本的目标值，这属于懒惰学习（lazy learning）方法。

在实际应用中，选择合适的 k 值和距离度量对于算法的性能至关重要，其中 k-近邻算法的预测性能受 k 值的影响很大，需要采用 k 值选择方法来确定合适的 k 值。我们需要对这些影响因素综合考虑和优化，提高 k-近邻算法性能的一些策略包括：

（1）依据前文的 k 值选择方法，选择合适的 k 值；

（2）依据各种距离度量的特点和数据的特性，选择合适的距离度量；

（3）使用 kd 树索引结构加快找到最近的邻居，从而加速算法；

（4）特征选择和预处理：通过特征选择，可以去除不相关或冗余的特征，减少计算量；数据的归一化或标准化预处理，可以确保所有特征在相同的尺度上进行比较，有助于避免某些特征因为取值范围过大而主导距离的计算。

k-近邻算法的优点包括：

（1）算法简单易懂，既适用于分类任务，也适用于回归任务。

（2）算法没有显式的训练过程，直接使用训练数据进行预测。不需要构建模型，训练数据本身相当于“预测模型”。这个特点使得算法在一些简单的回归问题中易于使用并且有效。

（3）算法支持多分类问题，可以处理多个类别之间的分类。

（4）算法的准确性较高，尤其是训练数据的分布较为复杂或者存在噪声。

（5）对于类域交叉或重叠的数据集，对应类别之间没有明显界限的数据集，k-近邻算法比其他方法更为适合，也能有较好的预测性能。

由以上优点可以看出，k-近邻算法简单易用，适用性广，预测性能也好，因而在许多领域有着广泛的应用。但是，k-近邻算法也有一些缺点，包括：

（1）由于搜索 k 个近邻需要计算测试样本与全部训练样本的距离以及排序距离，随着训练集规模增大其计算量增加明显。

（2）当样本不平衡（即某些类的样本数量远大于其他类）时，算法对稀有类别的预测准确度会降低。

（3）算法性能在很大程度上取决于 k 值，而 k 值的选择不当可能会导致“预测模型”欠拟合或过拟合。

（4）相比于建立模型进行预测的方法，k-近邻算法在预测时使用全部训练数据进行实时计算，导致其在大型数据集上的计算效率较低。

（5）由于高维空间中数据点之间的距离差异变得不明显（一种维度灾难现象），对高维数据的距离计算会变得不太准确。

以上缺点提示我们，k-近邻算法在处理大数据集、高维数据以及类别不平衡问题时，需要额外的策略来优化其性能。

3.6 实例与编程求解

例 3-3 分类任务：利用葡萄酒数据集构造一个 k-近邻分类模型，用于判别葡萄酒的类别，并评估所设计的分类模型的预测性能（准确率）。

数据集：机器学习库 sklearn 自带的葡萄酒（wine）数据集包含 3 个类型（酒）的样本，三个类型分别有 59、71 和 48 个样本，其 13 个特征（属性）包括酒精、苹果酸、原花色素和脯氨酸等。

解：采用 k-近邻分类算法进行求解，选择最近邻居个数 k=5，距离测度选用绝对距离（Manhattan）；编写 Python 代码，调用机器学习库 sklearn 中相关模型和方法进行实现。对应的求解步骤如下：

（1）导入所需的库和方法；

（2）加载数据集；

（3）将数据集划分为训练集和测试集，常见的划分比例是测试集的样本数量占总样本量的 25%或 30%，未在测试集的样本组成训练集；

（4）使用训练集训练或构建分类模型；

（5）使用获得的分类模型预测测试集样本的类别；

（6）使用测试集评估分类模型的泛化性能；

（7）若分类模型的性能符合要求，应用获得的分类模型预测新样本的类别。

代码清单　k-近邻分类模型的构造、使用与性能评估

```
#k-近邻分类算法示例，导入相关的库和方法
from sklearn.model_selection import train_test_split
from sklearn.neighbors import KNeighborsClassifier as KNN
from sklearn.metrics import accuracy_score
from sklearn.datasets import load_wine

#加载数据集
adata = load_wine()
X = adata.data
y = adata.target  #3 个类标值 0、1、2
#按默认比例将数据分成训练集（75%）和测试集（25%），采用分层分割数据的模式
X_train, X_test, y_train, y_test = train_test_split(X, y, stratify=y, random_state=0)

#创建 k-近邻分类模型对象，选 k=5，距离测度选绝对距离（Manhattan）
model = KNN(n_neighbors=5, metric='manhattan')
#使用训练集构造分类模型
model.fit(X_train, y_train)

#使用分类模型，将测试集输入模型，模型输出测试样本的类标
y_pred_test = model.predict(X_test)
#计算模型在测试集上的准确率
acc_test = accuracy_score(y_test, y_pred_test)
print("模型在测试集上的准确率：", acc_test)

#观察模型在训练集上的准确率
```

```
y_pred_train = model.predict(X_train)
acc_train = accuracy_score(y_train, y_pred_train)
print("模型在训练集上的准确率：", acc_train)
```

执行代码获得结果：模型在测试集上的准确率为 0.6889，在训练集上的准确率为 0.8872。这样的准确率说明所建立的分类模型的泛化性能不高，未达到期望，模型的设计有待改进。例如，寻找最优的 k 值来提高泛化性能，并考虑不同的 k 值对模型性能产生的影响：如果 k 值过小，分类模型容易产生过拟合，可能会对训练数据中的噪声敏感；如果 k 值过大，分类模型容易产生欠拟合。

例 3-4　回归预测任务：采用 k-近邻回归算法，对体脂数据进行多元回归分析，并评估回归模型的回归效果。

数据集：StatLib 男性体脂（bodyfat）数据集有关于 252 名男性水下称重等测量的 252 个样本，每个样本有身高、体重和胸围等 14 个特征，以及回归目标——体脂率。数据集可在互联网上获取或在本书配套资源包中获取，将数据复制后保存在本地文本文件中。

解：采用 k-近邻回归算法进行求解，选择最近邻数 k=5，将数据标准化处理为零均值且单位方差，距离测度选用欧氏距离；编写 Python 代码，调用机器学习库 sklearn 中相关模型和方法进行实现。对应的求解步骤如下：

（1）导入所需的库和方法；

（2）加载数据集，数据预处理；

（3）将数据集划分为训练集和测试集，常见的划分比例是测试集的样本数量占总样本量的 25%或 30%，未在测试集的样本组成训练集；

（4）使用训练集训练或构建回归模型；

（5）使用获得的回归模型预测测试集的目标值；

（6）使用测试集评估回归模型的回归效果；

（7）若模型的回归效果符合要求，应用获得的回归模型预测新样本的目标值。

代码清单　k-近邻回归模型的构造、使用与性能评估

```
# k-近邻回归算法示例，导入相关的库和方法
import pandas as pd
from sklearn.model_selection import train_test_split
from sklearn.neighbors import KNeighborsRegressor as KNNreg
from sklearn.metrics import r2_score, mean_squared_error
from sklearn.preprocessing import StandardScaler

#加载数据集，数据文件中数据由连续的空格分隔
adata = pd.read_table('bodyfat.txt', header=None, sep='\s+')
idx = adata.columns != 1
X = adata.values[:, idx]  #由特征构成的样本
y = adata.values[:, 1]  #回归目标
#数据被标准化处理为零均值且单位方差
scaler = StandardScaler()
X = scaler.fit_transform(X)

#按默认比例将数据分成训练集（75%）和测试集（25%）
X_train, X_test, y_train, y_test = train_test_split(X, y, random_state=0)

#创建 k-近邻回归模型对象，默认 k=5；默认 metric="Minkowski"且 p=2，即欧氏距离
model = KNNreg(n_neighbors=5)
```

```
#使用训练集构造回归模型
model.fit(X_train, y_train)

#使用回归模型预测测试集的目标值
y_pred_test = model.predict(X_test)

#计算回归模型回归效果的决定系数
rsquare = r2_score(y_test, y_pred_test)
print("决定系数: {:.4f}".format(rsquare))
#计算回归模型的预测值与目标值之间的均方根误差
mse_root = mean_squared_error(y_test, y_pred_test) ** 0.5
print(f"模型预测的均方根误差: {mse_root:.4f}")
```

执行代码获得结果：模型预测的均方根误差为2.8190，回归效果的决定系数为0.8790，说明回归模型的回归效果尚可。

3.7 习题

一、简答题

1．*k*-近邻分类算法的原理是什么？

2．*k*-近邻分类算法的近邻数目 *k* 的大小对分类结果有什么影响？

3．请详细叙述选择最佳 *k* 值的两种方法。

4．*k*-近邻回归算法的原理是什么？

5．请列举常见的距离度量方法。

6．*k*-近邻算法有什么优点？

7．*k*-近邻算法有什么缺点？

8．提高 *k*-近邻算法性能的策略有哪些？

二、填空题

1．*k*-最近邻算法是一种有监督学习方法，包括用于分类任务的分类算法和用于________任务的回归算法。

2．*k*-近邻分类算法的类别决策规则是选出 *k* 个最近邻样本中样本数量最多的类别作为预测的类别，可看成多数票赢的________。

3．对于 *k*-近邻算法，较小的 *k* 值对应于使用较小邻域中的训练样本进行预测，可能会产生________的风险。

4．对于 *k*-近邻算法，较大的 *k* 值对应于使用较大邻域中的训练样本进行预测，使得算法倾向于简单模型，可能会产生________的风险。

5．闵可夫斯基距离是一类距离的定义，或者说是许多距离的________形式。

6．欧氏距离是空间中两点之间的距离，其优点是在坐标系________和________变换之后欧氏距离保持不变。

7．欧氏距离和________是常见的适用于连续变量的距离度量，若要用于离散变量，一般需要对离散变量进行连续化处理后，才能使用它们。

8．与 *k*-近邻分类算法输出预测的类别不同，*k*-近邻回归算法的输出是预测的________。

9. k-近邻回归算法的思路是找出训练集中与待预测样本最邻近的 k 个样本，用 k 个样本的________目标值作为预测值。

10. 为提高算法搜索 k 个近邻的效率，可以采用 kd 树方法，在________上快速检索 k 个最近邻样本。

11. k-近邻算法没有________和建立模型的过程，在需要预测时才计算新样本的目标值。

12. k-近邻算法属于懒惰学习方法，它没有训练过程，也不显式地建立预测________，________本身相当于“预测模型”。

13. k-近邻算法支持________分类问题，可以处理多个类别之间的分类。

14. 当训练集中不同类别的样本数量________时，k-近邻算法对样本稀有的类别的预测准确度会降低。

15. 对于类域交叉的数据集和不同类别之间没有明显________的数据集，k-近邻算法比其他方法更为适合。

第 4 章 决策树

4

在中国古代的战争中，将领们会碰到许多战场的决策问题。西汉著名军事家韩信就擅长根据双方和战场情况决策不同的战斗战术（决策任务），例如，针对敌多己少的情况决策用"背水一战"的战术，面对攻击力强劲的项羽军队，则决策"十面埋伏"的战术。

在当今的日常生活中，我们经常碰到许多决策问题。例如，在一个销售计算机产品的网上商店，当客户打算购买一台便携式计算机（笔记本电脑）时，面临着产品属性的许多选项，例如，屏幕尺寸是选择 14 英寸还是 15.6 英寸？选择普通性能的处理器还是更高性能的处理器？内存容量选择 8GB 还是 16GB？选择集成显卡还是独立显卡？这些都需要进行抉择或决策，才能购买到适合自己需要的产品。对这些选项按照某种顺序逐次进行抉择，选项的顺序不同，最终购买到的产品有可能是不同的（不同的规格、型号）。经过一段时间销售，该网上销售商积累了一些基于客户抉择行为的商品购买信息（购买决策的历史交易数据），希望从交易数据中找出客户的决策行为与其购买商品之间的规律（看成决策总结任务），为客户提供更好的销售服务。

从科学思维的角度看，可以使用归纳推理方法完成这个决策总结任务，即从决策交易数据中归纳出商品购买的决策规律（决策模型）。对应到机器学习的工作，这个购买商品的决策模型应当从交易数据中学习出来的，或者说一个机器学习方法具有由交易数据归纳出一个决策模型的能力。这种模仿人类决策过程的创新思路可以引导出新的机器学习方法——决策树方法，该方法被看成是一种归纳推理算法。决策树方法能够利用交易数据建立一种树结构的决策模型，这种树结构来自对交易数据中决策行为的归纳。

归纳推理是科学研究和应用实践中被广泛使用的方法，因而，决策树方法的应用领域也十分广泛。本章将介绍常用的三种决策树算法——ID3、C4.5 和 CART 算法。

4.1 决策树的原理

决策树（decision tree）是一种非参数的归纳学习方法，对给定数据集中隐含的决策行为进行统计归纳，归纳出的决策规则以树结构的形式表达；对一个输入，决策树输出一个决策结果（类别值或连续值）。决策树以有监督学习的方式建立层次模型，若其输出是离散的类别值，则称为分类树；若其输出是连续值，则称为回归树。

决策树方法是一种非参数的有监督学习方法，可以用于分类任务和回归任务；它更多地被用于分类任务。决策树（模型）具有好的可解释性，可以转换成容易理解的多个 if-then 规则，这样的规则可以被具有应用领域知识的专家验证；因而，决策树方法在分类、预测、规则提取等领域有着广泛的应用。

1. 决策树的结构与建立原理

决策树具有层次结构和树形结构（参见图 4-1），由根节点、分支、内部节点（也称为决策节点）和叶节点（也称为终端节点）组成。树形结构的有关概念如下。

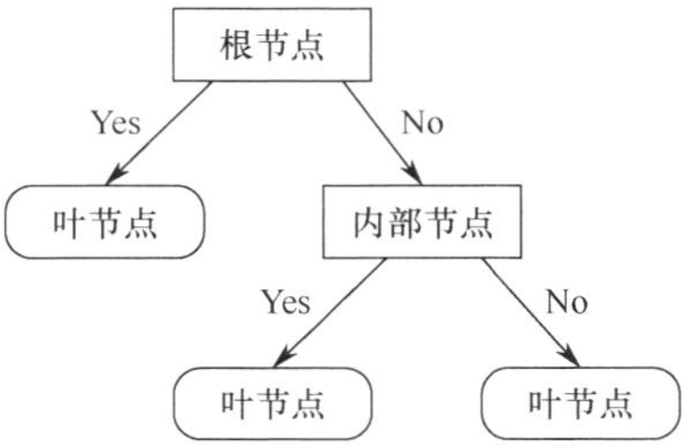

图 4-1　决策树的树形结构

（1）分支：一个节点和其一个子节点之间形成一个分支。

（2）分裂（或拆分）：将一个节点对应的数据集（样本集）划分为两个或更多个子集，形成对应的两个或更多个分支。

（3）根节点：树开始的第一个节点，代表整个数据集（样本集），包含一个属性（称为测试属性）。

（4）内部节点：一个节点分裂出的子节点，一个节点代表一个数据子集；一个节点包含一个属性或属性集合（测试属性）。

（5）叶节点：分支的终点，一个叶节点代表数据集的一个同质子集，包含一种决策结果（类别值或连续值）。

决策树的建立原理：决策树从一个根节点开始，对每个节点（叶节点除外）使用一个测试属性对该节点所属样本集进行测试，根据测试结果分裂出若干个分支，将节点所属样本集划分成对应的若干个子集，每个子集对应一个内部节点；递归重复，直至形成叶节点。

2. 决策树的使用

通过对给定数据集的归纳学习，产生了一棵分类决策树之后，就可以对一个未知类别的样本进行分类。以自顶向下的递归方式，让一个样本从根节点开始通过该决策树的节点，在经过的节点进行属性测试，根据不同的属性测试结果决定前往的分支，最后该样本到达一个叶节点，获得决策结果（类别值或连续值）。可以看出，一个样本从根节点到叶节点的一条路径对应着一条决策规则。

4.2　决策树的构造算法

对于分类任务，需要归纳学习出一棵分类决策树。利用给定的训练数据集，依据决策树的建立原理，可以设计**决策树构造算法的基本框架**：从对应整个样本集的根节点开始，在每个节点挑选测试属性并划分样本集为若干个子集，形成若干个分支和子节点，逐层往下，递归地构建决策树，直到叶节点。算法框架中的关键工作是，每个节点测试属性的挑选，进行属性测试分裂出分支。下面的决策树构造算法给出了算法的基本框架。

决策树构造算法的基本框架

```
输入：训练样本集 X 及其属性集合 List
GenerateTree(X, List)
(1) 创建节点 N;
(2) if X 都属于同一个类 C, then
      N 作为叶节点，以类 C 标记；返回 N。（函数结束）
(3) if List 为空, then
      N 作为叶节点，以 X 中多数类标记；返回 N。（函数结束）
(4) 从 List 中选择一个属性 H 赋给节点 N;
(5) for 测试属性 H 的每个值 h_j
      从 X 中划分出 H 取值 h_j 的子集 X_j
      if X_j 为空，then
         创建一个叶节点，以 X 中多数类标记，连到节点 N;
      else
         由 GenerateTree(X_j, List - H)返回的节点，连到节点 N;
输出：一棵决策树
```

下面通过一个例题说明构造算法建立一棵决策树的过程。

例 4-1 已知 10 笔信用卡交易的数据集（见表 4-1），数据包含持卡人信息和是否欺诈交易的类标。请利用此数据集构造一棵决策树，用于交易的欺诈甄别，并预测交易编号为 11 的类别。

表 4-1 信用卡的交易数据

Trans. Id（交易号）	Refund（还款）	MaritalStatus（婚姻状态）	Income（收入）	Cheat（欺诈）
1	Yes	Single	125	No
2	No	Married	100	No
3	No	Single	70	No
4	Yes	Married	120	No
5	No	Divorced	95	Yes
6	No	Married	60	No
7	Yes	Divorced	220	No
8	No	Single	85	Yes
9	No	Married	75	No
10	No	Single	90	Yes
11	No	Married	79	?

解： 题目提供了带类标的训练数据集，其中属性“欺诈”有两个类标值（Yes 和 No），编号对应交易样本。这里依照决策树构造算法的基本框架（GenerateTree(X, List)），开展一

棵决策树的构造。

构造过程的示意图中，方形框表示根节点和内部节点，测试属性名称写在节点的方框内，测试属性的值写在节点的分支线边上；椭圆框表示叶节点，其框内是类标值。

已知：属性集合 List= {Refund, Marital Status, Income}，训练样本集 X= {1,2,3,4,5,6,7,8,9,10}，其中的数字代表该编号的样本，例如，1 代表编号 1 的样本 x_1=(Yes, Single, 125)。

（1）创建节点 N；检查是否满足：X 的元素都属于同一个类或 List 为空，检查结论为不满足。

（2）从 List 中选择测试属性 H=Refund 赋给节点 N，则根节点为 Refund。

（3）对 H 的每个值，从 X 中划分出子集形成两个分支（参见图 4-2）。

左分支：H 取值 Yes 的子集 X_1 ={1,4,7}，属性集 L_1 ={Marital Status, Income}；

右分支：H 取值 No 的子集 X_2 ={2,3,5,6,8,9,10}，属性集 L_2 ={Marital Status, Income}。

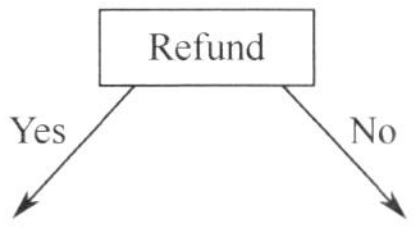

图 4-2　根节点及其分支的构造

（4）根节点的左分支调用 GenerateTree(X_1, L_1)。

X_1 ={1,4,7}，检查 X_1 后满足“X_1 都属于同一个类”，创建叶节点，其类标 Cheat=No，返回并连接叶节点到 Refund 节点（参见图 4-3）。

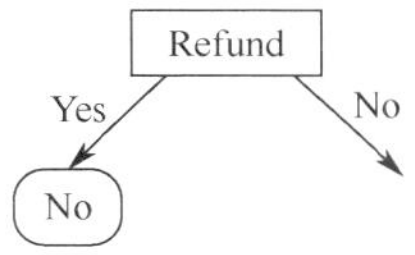

图 4-3　根节点左分支的叶节点的构造

（5）根节点的右分支调用 GenerateTree(X_2, L_2)。

从 L_2 中选择测试属性 H=Marital Status，创建内部节点 Marital Status，并连接到 Refund 节点。对 H 的每个值，从 X_2 中划分出子集形成 3 个分支（参见图 4-4）。

中分支：H 取值 Divorced 的子集 X_{22} ={5}，属性集 L_{22} ={Income}；

右分支：H 取值 Married 的子集 X_{23} ={2,6,9}，属性集 L_{23} ={Income}；

左分支：H 取值 Single 的子集 X_{21} ={ 3,8,10}，属性集 L_{21} ={Income}。

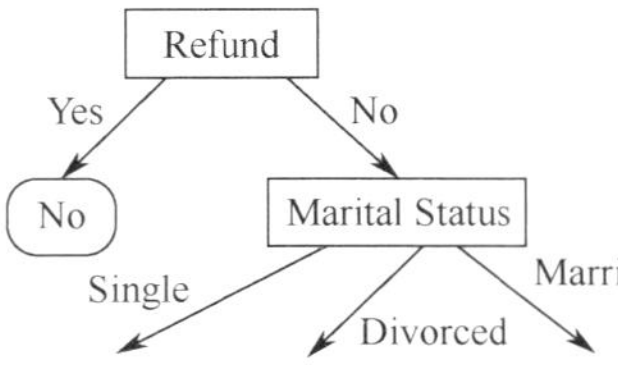

图 4-4　内部节点 Marital Status 及其分支的构造

（6）内部节点 Marital Status 的 3 个分支的构造。

中分支调用 GenerateTree(X_{22} , L_{22})：X_{22} ={5}共 1 个样本，检查判断满足“X_{22} 都属于同一个类”，创建叶节点，其类标 Cheat=Yes，返回并连接该叶节点到 Marital Status 节点。

右分支调用 GenerateTree(X_{23} , L_{23})：$X_{23}=\{2,6,9\}$共 3 个样本，检查判断满足“X_{23}都属于同一个类”，创建叶节点，其类标 Cheat=No，返回并连接该叶节点到 Marital Status 节点（参见图 4-5）。

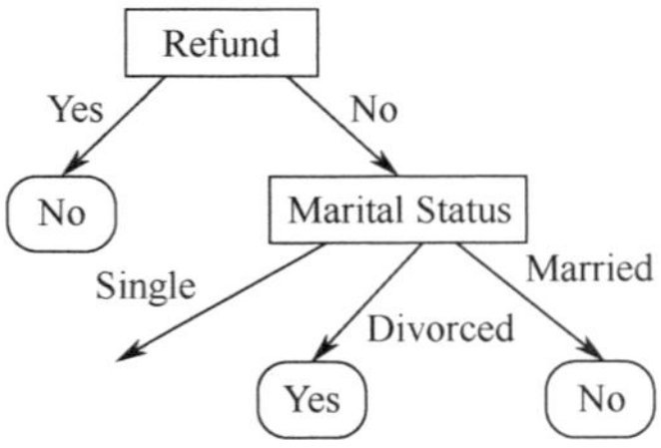

图 4-5　内部节点 Marital Status 分支的叶节点的构造

左分支调用 GenerateTree(X_{21} , L_{21})：从 L_{21} 中选择测试属性 H=Income，创建内部节点 Income，并连接到 Marital Status 节点。对 H 的每个值，从 X_{21} 中划分出子集形成两个分支（参见图 4-6）。

- 左分支：H 取值<85 的子集 $X_{211}=\{3\}$，属性集 $L_{211}=\{\}$；调用 GenerateTree(X_{211} , L_{211}) 执行检查判断满足“X_{211}都属于同一个类”，创建叶节点，其类标 Cheat=No，返回并连接该叶节点到 Income 节点。
- 右分支：H 取值≥85 的子集 $X_{212}=\{8,10\}$，属性集 $L_{212}=\{\}$；调用 GenerateTree(X_{212} , L_{212}) 执行检查判断满足“X_{212}都属于同一个类”，创建叶节点，其类标 Cheat=Yes，返回并连接该叶节点到 Income 节点。

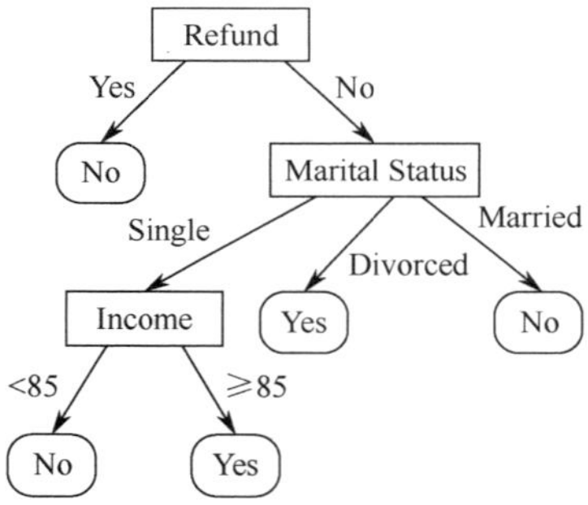

图 4-6　关于欺诈甄别的决策树

（7）算法执行完毕后构造出如图 4-6 所示的一棵决策树，其中根节点和内部节点的测试属性对应持有人信息，叶节点包含是否欺诈的类别值。

（8）使用决策树甄别新样本：将新样本 x=(No, Married, 79)输入根节点并通过所构造的决策树；依据 x 的 Refund 值 No，x 走根节点的右分支到达 Marital Status 节点；依据 x 的 Marital Status 值 Married，x 走 Marital 节点的右分支到达最右边的叶节点（类标为 No），获得预测类标 No，即新样本 x 归属非欺诈。

上面的例题展示了从数据集中学习出一棵决策树分类模型，并用于预测信用卡交易事务中可能欺诈的过程。可以看到，从建立根节点开始，测试属性的选择顺序与数据集本身的属性顺序相同，有没有更好的属性挑选方法？从追求卓越的角度看，可以对例题中用到的基本决策树构造算法的一些方面进行改进提高，以获得更好的算法性能。例如，节点分裂出分支的策略和方法，从属性集中选择最优测试属性的方法等。下文介绍的一些经典的算法，对这些方面给出了不同的改进设计，获得了更好的算法性能。

4.3　信息熵

经典决策树算法都是以信息熵为基础的。熵（entropy）的概念最早起源于物理学，用于度量一个热力学系统的无序程度。1948 年，香农（Claude E. Shannon）引入信息熵（information entropy）的概念，把信息中排除了冗余后的平均信息量称为“信息熵”。从信息论角度理解，信息熵是对事物不确定性的度量；一个系统越有序，信息熵就越低；反之，一个系统越混乱，信息熵就越高。这说明信息熵可以用来衡量系统的有序或混乱程度。

设离散随机变量 X 有 k 个可能的取值：$\{x_1, x_2,\cdots, x_k\}$，对应的出现概率为 $p_i=P(X=x_i)$，则随机出现值 x_i 所包含（带来）的信息量定义为**自信息量** $I(x_i)=-\log p_i$，其中 $i = 1,2,\cdots, k$。值 x_i 出现的概率越低，自信息量越大。举例理解其含义：对随机事件 z，$P(z)=1$ 时，$I(z)=0$，即必然事件发生不会带来任何信息量；$P(z)=0$ 时，$I(z)\to\infty$，即不可能事件一旦发生，带来的信息量将是巨大的。

衡量随机变量 X 的 k 个取值的平均不确定性程度，可采用 k 个自信息量的期望（以出现概率 p_i 为权重进行加权平均）$E[I(x_i)]$，这被定义为随机变量 X 的**信息熵**：

$$H(X) = -\sum_{i=1}^{k} p_i \log p_i = \sum_{i=1}^{k} p_i \log \frac{1}{p_i} \quad (4\text{-}1)$$①

于是，信息熵的单位是比特（bit）。

衡量在已知随机变量 Y 的条件下随机变量 X（有 l 个可能的取值）的不确定性，可采用如下的**条件熵**公式：

$$\begin{aligned} H(X \mid Y) &= \sum_{i=1}^{k} p(y_i) H(X \mid y_i) \\ &= -\sum_{i=1}^{k} \left[p(y_i) \sum_{j=1}^{l} p(x_j \mid y_i) \log p(x_j \mid y_i) \right] \end{aligned} \quad (4\text{-}2)$$

信息熵是随机变量不确定性的度量，不确定性越大，熵值越大。若随机变量退化成定值，信息熵为 0；离散随机变量为等概率分布时，其信息熵取得最大值。

对应到建立分类决策树，在每个节点挑选测试属性划分样本集时，希望划分出的子集中样本尽可能为同一类别，样本的类别“纯度”越高，子集越有序，信息熵越小。由此可见，信息熵提供了样本集划分成子集的潜在指标和方法。

4.4　ID3 算法

前文提供了一个决策树构造算法的基本框架，并提到算法的核心环节是挑选测试属性。从此角度看，不同的经典决策树构造算法具有不同的核心设计——**测试属性的挑选方法**，即

---

① log 的底数为 2，后文中的本书公式均省略 log 底数。

在建立一个节点时从属性集中选择最优测试属性（特征）的方法。

ID3 算法的核心是，测试属性的挑选方法采用**信息增益**（information gain）准则。在决策树构造算法的基本框架中，使用信息增益准则的部分是，对每个节点计算所有属性的信息增益，选择信息增益最大的属性作为节点的测试属性。

设样本集 S 的 n 个样本分属 k 个类别，类别属性的值域为$\{c_1, c_2,\cdots, c_k\}$，c_i 类样本的数目为 N_i，则任一个样本属于类别 c_i 的概率 $P(c_i)$可以近似估计为 N_i/n。概率 $P(c_i)$可以解释为类别 c_i 在 S 的类别属性中出现的概率，并且类别 c_i 出现所带来的自信息量为 $-\log P(c_i)$（简称类别 c_i 的自信息量）。样本集 S 的信息熵是 k 个类别的自信息量的期望（加权平均）：

$$H(S) = -\sum_{i=1}^{k} P(c_i)\log P(c_i) \tag{4-3}$$

设使用属性 A 的 m 个不同取值$\{a_j\}_{j=1:m}$对样本集 S 进行测试，将样本集 S（对应样本数 n）划分为 m 个子集 S_j（对应样本数 n_j），子集 S_j 只包含在 A 上取值为 a_j 的样本，属性 A 取值 a_j 的概率为 $P(a_j)$，则在属性 A 条件下样本集 S 的条件熵为

$$H(S \mid A) = \sum_{j=1}^{m} P(a_j)H(S \mid a_j) = \sum_{j=1}^{m} P(a_j)H(S_j) \tag{4-4}$$

式中，$H(S|A)$的含义是在 A 的不同取值条件下 S 的熵的期望；值 a_j 出现的概率 $P(a_j)$可以用取值 a_j 的样本数量占总样本数的比例 n_j/n 来近似；$H(S|a_j)$可以简化为 $H(S_j)$的原因是，在 a_j 条件下属性测试的结果只有子集 S_j，没有 S_j 之外的样本参与 $H(S|a_j)$的计算。

考虑 S_j 中样本 x 在类别属性上有 k 个可能的取值，S_j 中样本取值 c_i 的概率 $P(x=c_i \mid x\in S_j)$可以近似为 n_{ji}/n_j，其中 n_{ji} 为 S_j 中类别 c_i 的样本数目，式（4-4）中 $H(S_j)$的计算式如下：

$$H(S_j) = -\sum_{i=1}^{k} P(x = c_i \mid x \in S_j)\log P(x = c_i \mid x \in S_j) \tag{4-5}$$

设当前节点对应样本集 S，使用属性 A（不包括类别属性）将 S 划分为 m 个子集，分裂出 m 个分支，样本集 S 划分前后的**信息增益**为

$$G(S, A) = H(S) - H(S \mid A) \tag{4-6}$$

信息增益可评估由属性 A 划分样本集 S 带来的信息熵减少程度，亦即不确定性下降的程度。所以，应选择**信息增益最大的属性**作为测试属性，这样获得的决策树的确定性最大。

4.5 C4.5 算法

ID3 算法以信息增益准则挑选测试属性，存在倾向于选择取值较多的属性/特征的问题。Quinlan 提出的 C4.5 算法对 ID3 算法进行了改进，在**测试属性的挑选方法**方面设计了信息增益比准则，可以校正 ID3 算法的选择倾向性；增加了对连续数值型属性和属性值空缺情况的处理等，使得其性能更优，能处理更多情况的数据集。

设当前节点对应样本集 S（对应样本数 n），使用属性 A 的不同取值 a_j 将 S 划分为 m 个子集 S_j（对应样本数 n_j），分裂出 m 个分支，则**信息增益比**（information gain ratio）为信息增益与属性分布熵的比值：

$$\mathrm{GR}(S,A)=\frac{G(S,A)}{H(S,A)} \tag{4-7}$$

其中，样本集 S 在属性 A 上的分布熵如下：

$$H(S,A)=-\sum_{j=1}^{m}P(a_j)\log P(a_j)\approx-\sum_{j=1}^{m}\frac{n_j}{n}\log\frac{n_j}{n} \tag{4-8}$$

信息增益比可评估由属性 A 划分样本集 S 带来的信息熵减少程度。在决策树构造算法的基本框架中，使用信息增益比准则的部分是，对每个节点计算所有属性的信息增益比，选择**信息增益比最大的属性**作为节点的测试属性。

考虑样本集 S 在属性 A 上的分布，属性 A 具有不同值的数目越多，说明样本们更严重地分散在属性 A 的不同值上，信息熵就越高；反之，说明样本们集中在属性 A 的少数取值上，更集中有序，信息熵就越低。由属性分布熵的含义可知，在属性 A 具有较多不同值数目的情况（对应于形成较多分支）下，属性分布熵值 $H(S,A)$大，$\mathrm{GR}(S,A)$倾向于变小，该属性倾向于不被挑选；因此，信息增益比准则可以避免倾向于选择取值较多的属性的问题。

C4.5 算法的一些改进措施还包括：

（1）对连续属性的数据进行**离散化处理**。其思路如下：对 n 个样本在连续属性 A 上的 n 个值，从小到大排列，取相邻两样本值的平均值做划分点，总共有 $n-1$ 个；分别计算以这 $n-1$ 个点作为划分点时的信息增益比，选择信息增益比最大的划分点为最佳切分点；将 n 个值中小于最佳切分点的值改为赋值 0，大于最佳切分点的值改为赋值 1。

（2）对**缺失值进行处理**。面对有缺失值的属性上的信息增益等的计算，其思路是根据缺失比例进行信息增益的折算。

（3）增加了**剪枝算法**。其思路如下：根据剪枝前后的误判率来判定是否进行子树的剪枝，如果剪枝后与剪枝前相比其误判率保持或者下降，则这棵子树就可以被替换为一个叶节点。这种算法会对各个子树进行剪枝前后的对比测试，计算开销大，大数据量情况下运算缓慢。

4.6　CART 算法

ID3 算法和 C4.5 算法生成的决策树为多叉树（一个节点可以有多个分支），而分类与回归树（classification and regression trees, CART）算法生成的决策树为二叉树；CART 算法的另一个核心是在**测试属性的挑选方法**方面设计了基尼指数准则。

考虑分类问题，设样本集 S（对应样本数 n）的样本分属 k 个类别（类别属性的值域为 $\{c_1, c_2, \cdots, c_k\}$），$c_i$ 类样本的数目为 N_i，任意个样本属于类别 c_i 的概率 $p_i=P(c_i)$可以近似估计为 N_i/n，则样本集 S 或其概率分布 p 的**基尼指数**（Gini index）定义为

$$\mathrm{Gini}(S)=\sum_{i=1}^{k}p_i(1-p_i)=1-\sum_{i=1}^{k}p_i^2 \tag{4-9}$$

基尼指数反映的是样本集的不纯度，当样本均匀分布（p_i 相等）、每个类别的样本数目相同时，纯度最低，Gini(S)值最大。

设当前节点对应样本集 S（对应样本数 n），使用属性 A 的不同取值 a_j 将 S 划分为 m 个子集 S_j（对应样本数 n_j），分裂出 m 个分支，则依据属性 A 划分样本集 S 的**划分基尼指数**定

义为

$$\mathrm{Gini}(S,A)=\sum_{j=1}^{m}\frac{n_j}{n}\mathrm{Gini}(S_j) \tag{4-10}$$

CART 分类树的构建遵循决策树构造算法的基本框架；在一个树节点挑选测试属性、划分样本集并形成两个分支的环节使用划分基尼指数准则。首先，计算某个划分的划分基尼指数，即对离散属性 A 的一个取值 a_j（对连续属性按照某个准则确定切分点 a_j），按 $x_A=a_j$ 和 $x_A\neq a_j$（对连续属性 A 按 $x_A\leqslant a_j$ 和 $x_A>a_j$）将样本集 S 划分为两个子集 S_1 和 S_2（对应样本数 n_1 和 n_2），计算基于划分值 a_j 的划分基尼指数如下：

$$\mathrm{Gini}(S,A{=}a_j)=\frac{n_1}{n}\mathrm{Gini}(S_1)+\frac{n_2}{n}\mathrm{Gini}(S_2) \tag{4-11}$$

然后，获得 a_j 所有可能值对应的划分基尼指数；类似地，计算所有备选属性的划分基尼指数，并从中选择划分基尼指数最小的属性作为节点的测试属性，用对应的划分值将样本集划分为两个子集，分别对应二叉树的两个子节点，形成两个分支。

对于输出连续值的回归问题，需要构建一棵 CART 回归树。设给定 n 个观测样本的数据集$\{(x_i, y_i)\}$（i=1,2,3,$\cdots$,n），构造 CART 回归决策树时 x_i 作为输入，y_i 作为输出目标，即决策树输出 y_i 的逼近值（连续值）。CART 回归树的构造算法与决策树构造算法的基本框架相类似，但在一个树节点挑选测试属性、划分样本集并形成两个分支等环节，适用不同的准则，用划分均方误差来取代分类树构造所用的基尼指数。

CART 回归树的构造算法包括如下的主要步骤。

（1）创建首个树节点：创建树节点，并作为当前节点；对应的样本集 S 包含所有样本，对应的属性集 A 包含所有的属性。

（2）为当前节点挑选测试属性：当前节点有对应的样本集 $S=\{x_i\}$和属性集 $A=\{A_j\}$，对样本 x_i 的一个属性 A_j 按照某个准则确定一个切分点 a_j，按 $x_i\leqslant a_j$ 和 $x_i>a_j$ 将样本集 S 划分为两个子集 S_1 和 S_2（对应样本数 n_1 和 n_2）；计算子集 S_1 中所有样本对应的 y_i 的均值 c_1（估计值），同样计算子集 S_2 的均值 c_2。

$$c_1=\frac{1}{n_1}\sum_{x_i\in S_1}y_i,\ \ c_2=\frac{1}{n_2}\sum_{x_i\in S_2}y_i \tag{4-12}$$

再计算子集 S_1 中 x_i 对应观测值 y_i 与 c_1 的误差平方和，同样计算子集 S_2 的误差平方和，两者相加为基于属性 A_j 切分点 a_j 的**划分均方误差** $E(S, A_j, a_j)$，计算公式如下：

$$E(S,A_j,a_j)=\sum_{x_i\in S_1}(y_i-c_1)^2+\sum_{x_i\in S_2}(y_i-c_2)^2 \tag{4-13}$$

然后，计算并获得属性 A_j 所有可能切分点的划分均方误差$\{E(S, A_j, a_j)\}$，从中选出最小值 $E_{\min}(S, A_j, a_j)$。

类似地，计算属性集 A 中所有属性的划分均方误差，并获得各个属性的最小划分均方误差集$\{E_{\min}(S, A_j, a_j)\}$，从中选择最小值对应的属性 A^*作为节点的测试属性，以及对应的切分点 a^*。将当前节点作为内节点，更新属性集，将 A^*从属性集 A 中去除。

若获取测试属性的工作失败（例如，属性集 A 为空、样本集 S 不能划分为两个子集），或满足停止条件，则当前节点作为叶节点（S 所有 y_i 的均值作为输出），返回来源步骤。

（3）对当前节点实施属性测试——划分样本集并创建分支：用属性 A^*和切分点 a^*将集

合 S 划分为两个子集 S_1 和 S_2；对应子集 S_1 和 S_2，分别创建该树节点的两个分支和两个子节点。

（4）计算两个子节点的估计输出和估计误差：按前文公式分别计算两个子节点对应子集 S_1 和 S_2 的均值 c_1 和 c_2（估计输出），再计算每个子集的估计均方误差 $E(S_1)$和 $E(S_2)$。

$$E(S_1)=\sum_{x_i\in S_1}(y_i-c_1)^2,\ E(S_2)=\sum_{x_i\in S_2}(y_i-c_2)^2 \tag{4-14}$$

（5）评估左子节点是否形成叶节点：评估左子节点的估计均方误差 $E(S_1)$，若 $E(S_1)$小于设定的误差精度，则该子节点作为叶节点，存放估计输出 c_1（决策值）；否则，该子节点作为当前节点，转步骤（2）进行递归工作。

（6）评估右子节点是否形成叶节点：评估右子节点的估计均方误差 $E(S_2)$，若 $E(S_2)$小于设定的误差精度，则该子节点作为叶节点，存放估计输出 c_2（决策值）；否则，该子节点作为当前节点，转步骤（2）进行递归工作。

（7）输出二叉树结构的 CART 回归树。

上述 CART 回归树构造算法从根节点开始创建树节点，直至构建出一棵 CART 回归树，其输出为若干个叶节点及对应的决策值。

使用 CART 回归树：将一个新样本从根节点开始通过 CART 回归树，到达某个叶节点，该叶节点的输出值（决策值）作为该新样本的预测输出。

4.7　决策树的剪枝

从辩证思维的角度看，决策树的构造中有着对立的方面：我们建立一棵决策树来实现对训练数据集的统计归纳，该决策树的各分支和节点是最大程度地拟合数据集的（完美拟合数据）；但是，完美拟合数据的决策树模型容易产生过拟合问题，降低模型的泛化性能。例如，树的深度过深或叶节点数目过多，即树的复杂度高，过分拟合于训练数据，导致模型对新样本预测的泛化性能较差。

为避免建立的决策树过分拟合于训练数据，提高模型的泛化性能，或者说统一对立的方面，常采用预剪枝和后剪枝策略来控制树的复杂度，这两种剪枝策略的基本思路如下：

（1）预剪枝策略的思路是在树的构造过程中采取措施限制一些不必要子树或分支的生成。常见的方法是预先指定一个阈值条件，在一个节点进行属性测试时，若达到该阈值条件，就停止划分和形成分支，并将该节点作为叶节点。此策略的缺点是，确定合适的阈值条件比较困难，条件过高会导致过拟合，条件过低会导致欠拟合。

（2）后剪枝策略的思路是建树时让树充分生长，决策树建立之后，按照一定的规则剪掉某棵或某几棵子树，被删除的一棵子树用一个叶节点取代。此策略可提高决策树的泛化性能，但运行时间开销大。

此处省略剪枝策略的具体实现，读者可参考有关文献。总之，决策树的剪枝是一种重要的优化技术，它能够有效提高决策树模型的泛化能力（预测能力），减少计算和存储成本，并使决策树简洁，易于理解和解释。

4.8 决策树的特点

决策树的三种经典算法中测试属性的不同挑选准则会带来不同的树结构和划分效果：

（1）ID3 算法使用的信息增益准则会偏向挑选多值属性；

（2）C4.5 算法使用的信息增益比准则会偏向挑选取值少的属性，带来不平衡的划分；

（3）CART 算法使用的基尼指数准则会偏向挑选子集中同类样本多（纯度高）的属性。

决策树的三种经典算法的特点列于表 4-2 中；可以看出，在支持的任务类型、数据情况、过拟合的改善方面进行综合考量，CART 算法在三者中更胜一筹。

表 4-2 三种经典算法的特点

算法	任务类型	树结构	测试属性选择准则	支持值类型	缺失值处理	剪枝
ID3	分类	多叉树	信息增益	离散	不支持	不支持
C4.5	分类	多叉树	信息增益比	离散、连续	支持	支持
CART	分类、回归	二叉树	基尼指数、均方误差	离散、连续	支持	支持

用于分类的决策树属于判别式模型。决策树的优点有很多，包括：

（1）决策树直观易于理解，具有好的可解释性，并容易转换成多个 if-then 规则，容易应用领域知识进行验证；因此，有时有更准确的方法时，决策树方法仍然是首选技术；

（2）可以处理离散数据，也可以处理连续数据；

（3）可以处理线性问题和非线性问题；

（4）决策树模型的构建速度和执行响应速度都很快；

（5）占用存储空间少，只需存放树结构、内部节点的参数和叶节点的输出值；

（6）决策树的输出准确性在许多应用中比较高；

（7）分析决策树的树结构能帮助我们理解重要特征。

由决策树的以上优点可以看出，决策树方法具有良好的性能和适用性，因而在许多领域有着广泛的应用。在使用更复杂算法时，决策树常常作为性能基准；决策树也是一些集成学习方法的算法基础。

决策树也有一些缺点，包括：

（1）容易过拟合训练数据，特别是在数据量较小或树的深度较大时；

（2）对噪声比较敏感，对噪声较大的数据容易过拟合，可以采用剪枝策略来改善；

（3）属性之间关联性强时表现不佳；

（4）在数据量较小时数据的小变化可能导致树结构的显著改变，不够稳定；

（5）数据复杂时容易陷入局部最优，可以采用集成学习方法来改善。

4.9 实例与编程求解

例 4-2 分类任务：给定与例 4-1 类似的信用卡交易数据集（已写入代码清单），请构造一棵用于判别交易类别（欺诈、非欺诈）的分类决策树，并评估所设计的分类模型的预测性能（准确率）；再预测新样本（其交易信息['No', 'Married', 79]）的类别。

解：采用分类决策树方法进行求解，考虑数据量少并侧重决策树的演示，在本题中训练集和测试集采用相同的全部数据。编写 Python 代码，调用机器学习库 sklearn 中相关模型和方法进行实现，其中函数 DecisionTreeClassifier()是基于 CART 思想的二叉决策树分类算法。对应的求解步骤如下：

（1）导入所需的库和方法；

（2）数据准备，加载数据集；

（3）考虑数据量少，指定训练集和测试集均由全部样本组成；

（4）使用训练集训练或构建分类模型；

（5）使用获得的分类模型预测测试样本的类别；

（6）使用测试集评估分类模型的泛化性能；

（7）若分类模型的性能符合要求，应用获得的分类模型预测新样本的类别；

（8）将决策树分类模型可视化。

代码清单　分类决策树的构造、使用、性能评估与可视化

```
#分类决策树示例，导入相关的库和方法
import numpy as np
import matplotlib.pyplot as plt
from sklearn.tree import DecisionTreeClassifier, plot_tree
from sklearn.metrics import accuracy_score
from sklearn.preprocessing import LabelEncoder

def data_prepare():
    #准备信用卡交易数据
    data = [['Yes', 'Single', 85, 'No'], ['No', 'Married', 105, 'No'], ['Yes', 'Married', 
130, 'No'],['No', 'Single', 95, 'No'], ['No', 'Divorced', 85, 'Yes'], ['No', 'Married', 70, 
'No'],['Yes', 'Divorced', 150, 'No'], ['No', 'Single', 80, 'Yes'], ['No', 'Married', 85, 
'No'],['No', 'Single', 70, 'Yes'], ['No', 'Married', 75, 'No'], ['Yes', 'Divorced', 80, 
'No'],['Yes', 'Single', 65, 'No'],['Yes', 'Married', 80, 'No'],['No', 'Divorced', 75, 'Yes']]
    name_f = ['Refund', 'MaritalStatus', 'Income']
    name_c = np.array(['nonCheat', 'Cheat'])
    data = np.array(data)
    X = np.zeros((data.shape[0], 3))
    X[:, 2] = data[:, 2]
    #将数据中英文单词按字母顺序转换为离散值
    coder = LabelEncoder()
    X[:, 0] = coder.fit_transform(data[:, 0])  #离散值 0、1
    X[:, 1] = coder.fit_transform(data[:, 1])  #离散值 0、1、2
    target = coder.fit_transform(data[:, 3])   #离散值 0、1
    return X, target, name_f, name_c

if __name__ == '__main__':
    #加载数据集，指定训练集和测试集
    X_train, y_train, name_f, name_c = data_prepare()
    y_test = y_train
    X_test = X_train
    y_train = y_train.reshape(-1, 1)  #多行 1 列

    #创建模型对象，选择准则'entropy'或'gini'，由训练集训练分类决策树/模型
    model = DecisionTreeClassifier(criterion='entropy')
    model.fit(X_train, y_train)
```

```
    #使用分类模型，将测试集输入模型，模型输出测试样本的类标
    y_pred_test = model.predict(X_test)

    #计算模型在测试集上的准确率
    acc_test = accuracy_score(y_test, y_pred_test)
    print("模型在测试集上的准确率：", acc_test)

    #使用分类模型预测新样本[No, Married, 79]的目标值
    x_new = np.array([0,1,79]).reshape(1, -1)
    y_pred = model.predict(x_new)
    if y_pred == 1:
        print("新样本的类别：欺诈")
    else:
        print("新样本的类别：非欺诈")

    #可视化：利用决策树模型生成一个树状图
    plot_tree(model, feature_names=name_f, class_names=name_c, rounded=True,
fontsize=10)
    plt.show()
```

执行代码获得结果：模型在测试集上的准确率 1.0，说明模型完美拟合训练数据；新样本的类别为非欺诈。

图 4-7 是执行画图代码获得的决策树的树状图，其中根节点表示依据属性 Refund 的值（1 对应'Yes'，0 对应'No'）是否满足≤0.5 将 15 个样本分裂为左分支（满足条件，包含 9 个样本）和右分支（不满足条件，包含 6 个样本），最左边的叶节点表示节点的类标是 Cheat 且包含两个样本(即 samples=2; value=[0, 2]的含义是 0 个 nonCheat 样本和两个 Cheat 样本)；其他节点的含义类似。

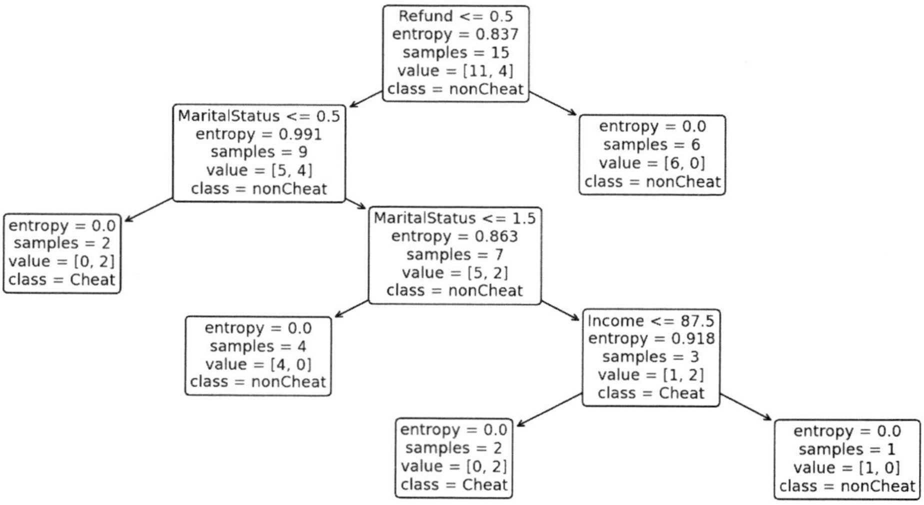

图 4-7 分类决策树的树状图

例 4-3 分类任务：利用葡萄酒数据集，构造一棵用于判别样本类别的分类决策树，并评估所设计的分类模型的预测性能（准确率）。

数据集：机器学习库 sklearn 自带的葡萄酒（wine）数据集包含 3 个类型（酒）的样本，

三个类型分别有 59、71 和 48 个样本，其 13 个特征（属性）包括酒精、苹果酸、原花色素和脯氨酸等。

解：采用分类决策树方法进行求解，并编写 Python 代码，调用机器学习库 sklearn 中相关模型和方法进行实现。其中 DesicionTreeClassifier()函数是基于 CART 思想的二叉树分类算法。对应的求解步骤如下：

（1）导入所需的库和方法；

（2）加载数据集；

（3）将数据集划分为训练集和测试集，常见的划分比例是测试集的样本数量占总样本量的 25%或 30%，未在测试集的样本组成训练集；

（4）使用训练集训练或构建分类模型；

（5）使用获得的分类模型预测测试样本的类别；

（6）使用测试集评估分类模型的泛化性能。

代码清单　分类决策树的构造、使用、性能评估与可视化

```
#分类决策树示例，导入相关的库和方法
import matplotlib.pyplot as plt
from sklearn.model_selection import train_test_split
from sklearn.tree import DecisionTreeClassifier, plot_tree
from sklearn.metrics import accuracy_score
from sklearn.datasets import load_wine

#加载数据集
adata = load_wine()
X = adata.data
y = adata.target  #3 个类标值 0、1、2

#设置比例将数据分成训练集（70%）和测试集（30%），采用分层分割数据的模式
X_train, X_test, y_train, y_test = train_test_split(X, y, test_size=0.3, stratify=y,
random_state=0)

#创建模型对象，选择准则'entropy'或'gini'，由训练集训练分类决策树/模型
model = DecisionTreeClassifier(criterion='entropy')
model.fit(X_train, y_train)

#使用分类模型，将测试集输入模型，模型输出测试样本的类标
y_pred_test = model.predict(X_test)

#计算模型在测试集上的准确率
acc_test = accuracy_score(y_test, y_pred_test)
print("模型在测试集上的准确率：", acc_test)

#观察模型在训练集上的准确率
y_pred_train = model.predict(X_train)
acc_train = accuracy_score(y_train, y_pred_train)
print("模型在训练集上的准确率：", acc_train)

#可视化决策树
namef = adata.feature_names
namet = adata.target_names
plot_tree(model, feature_names=namef, class_names=namet, filled=True, rounded=True,
fontsize=10)
plt.show()
```

执行代码获得结果：模型在测试集上的准确率 0.9259，模型在训练集上的准确率 1.0。这样的准确率说明所建立的分类模型的泛化性能比较高。可视化的决策树图略。

4.10 习题

一、简答题

1．决策树的构造原理是什么？

2．选择某个属性作为决策树节点的分割属性（以划分数据集形成分支）时，计算每个属性所有取值的熵，为什么选熵最小的属性？

3．决策树算法 ID3 的信息增益指标的公式是什么？公式的含义是什么？

4．CART 回归树的构造原理是什么？

5．当构造决策树需要离散属性时，有什么简单办法将连续属性（例如，工资）离散化？

6．决策树有什么优点？

二、填空题

1．决策树是一种非参数的________学习方法，归纳出的决策规则以________结构的形式表达。

2．决策树以有监督学习的方式建立层次模型，若其输出是离散的类别值，则称为________树；若其输出是连续值，则称为________树。

3．决策树的树形结构由________、分支、内部节点（也称为决策节点）和________（也称为终端节点）组成。

4．构造决策树的关键工作之一是，为一个节点挑选________，依据该属性将样本集划分为若干个子集，形成该节点的________。

5．使用决策树时，样本从根节点开始通过该决策树的节点，最后到达一个________，获得决策结果。

6．使用决策树时，一个样本从根节点到叶节点的一条路径对应着一条________。

7．信息熵是随机变量不确定性的度量，不确定性越大，熵值越________。

8．在信息论角度，一个系统越有序，信息熵就越________；反之，一个系统越________，信息熵就越高。

9．ID3 算法的核心是测试属性的挑选方法采用________准则。

10．ID3 算法挑选测试属性时，其信息增益指标是评估由某个属性划分样本集带来的信息熵________的程度，即不确定性下降的程度。

11．ID3 算法挑选测试属性时，在备选属性中选择信息增益________的属性，追求该属性带来的类别判别的确定性最大。

12．ID3 算法以信息增益准则挑选测试属性，倾向于选择取值比较________的属性。

13．C4.5 算法对 ID3 算法进行了改进，其测试属性的挑选方法采用________准则，可以校正 ID3 算法的选择倾向性。

14．C4.5 算法使用信息增益比准则，在备选属性中选择信息增益比________的属性作为节点的测试属性。

15. C4.5 算法使用的信息增益比准则会偏向挑选取值________的属性，可能带来不同类别样本数量的不平衡的划分。

16. ID3 算法和 C4.5 算法生成的决策树为多叉树，分类与回归树（CART）算法生成的决策树为________树。

17. 分类与回归树（CART）算法的分类树挑选测试属性的方法采用________指数准则。

18. CART 分类树适用于________问题，CART 回归树则适用于连续值的________问题。

19. 剪枝算法的思路是如果剪枝（即删除某个节点的子树）后与剪枝前相比，决策树的错误率没有升高，则这棵子树就可以被（剪枝）替换为一个________。

第 5 章 贝叶斯分类器

在日常生活中人们会碰到概率相关的推断问题。人们常常会观察到或经历过如下这种情况：天空乌云密布之后开始下雨，天空飘浮白云时无下雨。在积累了这种情况的大量经历后，某一天你出门之前观察到天空有很浓的乌云，你推断下雨即将发生，于是带上雨具外出。这是人类所具有的推理能力，这种推理的原理是什么？简单地说，人们通过记录或积累大量发生的下雨事件可以找出下雨的发生条件（天空出现乌云）和计算下雨的发生频率，并作为认知下雨事件的经验，依据这种经验推理未来是否会发生下雨事件或发生的可能性大小（朴素的可能性推理）。

中国古人通过多年的观察和实践，积累了大量的关于天气变化、农作物生长与农耕活动的经验，并总结为二十四节气与对应的农耕活动，这也是古人的可能性推理思维。例如，由“春分”时的天气和农作物信息推理这是播种小麦的最佳时机（可能性最大的农耕活动）。

从数理思维角度看，上述下雨事件的可能性推理对应着什么样的数学方法呢？我们可以用概率方法（贝叶斯方法）进行精确的计算和推导，即利用积累的随机事件过去发生的数据，求出关于在观察现象出现时下雨发生的概率公式，然后依据观察到的乌云或无云情况由建立的概率公式推断下雨（或无雨）的发生。

模仿人类利用下雨事件的数据推理未来的过程，设计基于概率的推理方法，并放入机器学习的工作框架，这种类推启发式的创新思路带来新的机器学习方法——机器学习的概率方法。对于机器学习而言，直接使用概率理论的某个定理能完成分类任务吗？为获得一个易于使用的基于概率理论的分类模型或分类器，需要做哪些设计工作呢？这些问题的讨论将归结到本章的主题——朴素贝叶斯分类算法，它是一种基于概率理论中贝叶斯定理的有监督学习方法，适用于分类任务，在许多领域有着广泛的应用。

5.1 概率相关知识

概率是随机事件发生的可能性大小。考虑获得一个事件发生的概率值，可以使用概率的统计定义，**统计概率**是通过某一事件出现的频率来定义的：在同一组条件下进行大量重复试验时，如果事件 A 出现的频率总是在区间[0,1]上的一个确定常数 p 附近摆动，并且稳定于 p，则称 p 为事件 A 的统计概率，即 $P(A)=p$。事件 A 和事件 B 共同发生的概率称为联合概率，表示为 $P(A, B)$或 $P(AB)$。

条件概率 $P(B|A)$表示事件 A 发生的条件下，事件 B 发生的概率，其计算公式如下：

$$P(B|A)=\frac{P(A,B)}{P(A)} \tag{5-1}$$

由条件概率公式可以推导出联合概率的公式（乘法公式）：

$$P(A,B)=P(A)P(B|A)=P(B)P(A|B) \tag{5-2}$$

将事件 A 和 B 作为整体进行推导，得到事件 A、B 和 C 的联合概率公式（乘法公式）：

$$P(A,B,C)=P(A,B)P(C|A,B)=P(A)P(B|A)P(C|A,B) \tag{5-3}$$

由条件概率和联合概率公式可以推导出贝叶斯公式：

$$P(B|A)=\frac{P(B)P(A|B)}{P(A)} \tag{5-4}$$

贝叶斯公式说明，事件 A 发生的条件下事件 B 发生的概率与事件 B 发生的条件下事件 A 发生的概率之间有一种确定关系，可通过联合概率达成两个条件概率之间的确定关系。

全概率公式是一种计算事件 A 总概率的方法，它将事件 A 的概率分解为不同情况下事件 A 的条件概率之和。这里的不同情况指互斥且穷尽的事件集合$\{B_1,B_2,\cdots,B_m\}$，这些事件覆盖了所有可能的情况，并且彼此之间没有重叠。事件 A 的全概率公式如下：

$$P(A)=\sum_{i=1}^{n}P(A,B_i)=\sum_{i=1}^{m}P(B_i)P(A|B_i) \tag{5-5}$$

基于全概率公式的贝叶斯公式如下：

$$P(B_i|A)=\frac{P(B_i)P(A|B_i)}{P(A)}=\frac{P(B_i)P(A|B_i)}{\sum_{j=1}^{n}P(B_j)P(A|B_j)} \tag{5-6}$$

将事件 A 和事件 B 改为变量 A 和变量 B，上述公式和定义也适用。

5.2　贝叶斯分类原理

对于 K 个类别的分类问题，设给定对应变量 X 和 Y 的 n 个观测样本的数据集 $D=\{(\boldsymbol{x}_i, y_i)\}$（$i=1,2,3,\cdots,n$），其中 $\boldsymbol{x}_i$ 是具有 m 个特征（或属性）的向量，类标签 $y_i\in\{c_k\}$（$k=1,2,\cdots,K$）。下面先介绍几个相关的名词。

先验概率：根据以往经验和分析得到的概率，可以通过统计获得，或者依据经验给出。这里用 $P(Y)$代表先验概率。

后验概率：根据观察到的样本修正之后的概率。这里用 $P(Y|X)$代表后验概率，它反映了获得数据 X 后 Y 成立的概率，也就是条件概率。

联合概率：联合概率是指在多元的概率分布中多个随机变量分别满足各自条件的概率。X 与 Y 的联合概率表示为 $P(X,Y)$ 。

前文的概率公式可以用于设计贝叶斯分类算法。以贝叶斯定理（贝叶斯公式）为基础的分类算法统称为**贝叶斯分类算法**。

通过机器学习方法完成分类任务，其工作过程是从数据集 D 中学习出一个分类模型 M，或者说用 $\boldsymbol{x}_i$ 作为模型 M 的输入，y_i 作为模型 M 的目标输出，构建一个适用于数据集 D 的分

类模型 M；然后使用模型 M 预测新样本的类别。

下面讨论贝叶斯分类算法的原理。当采用贝叶斯分类算法时，就是利用数据集 D 构建一个如下的**贝叶斯分类模型**（就是贝叶斯公式的形式）M：

$$P(Y|X)=\frac{P(Y)P(X\mid Y)}{P(X)} \tag{5-7}$$

对照条件概率公式或乘法公式，上式中等号右边的分子等价于联合概率 $P(X,Y)$。

有了这个贝叶斯分类模型 M 之后，对于预测新样本 $\boldsymbol{x}_j$ 类别的任务，使用模型 M 计算 $\boldsymbol{x}_j$ 归属每个类别的概率 $P(Y=c_k|X=\boldsymbol{x}_j)$，以最大概率对应的类别作为 $\boldsymbol{x}_j$ 的类别。

5.3 朴素贝叶斯分类器

将上述贝叶斯分类模型应用于实际分类任务，还需要考虑模型中的概率是否能计算和如何计算的问题。对于数据集中具有多个特征的样本向量 $\boldsymbol{x}_i$，当这些特征之间具有关联性时，利用数据集 D 计算涉及这些特征的条件概率会过于复杂，导致计算困难。解决此问题的一种思路是，通过简化数据样本向量中特征之间的相关关系，使得利用数据计算有关的条件概率变得容易。实现这个思路，需要使用理论构建的假设方法这种科学思维。

这种解决思路产生出具有各个特征之间相互独立假设的贝叶斯分类算法，该方法称为**朴素贝叶斯分类算法**，或称为**朴素贝叶斯分类器**（naive Bayes classifier），它是贝叶斯分类方法中最简单的一种。

1. 朴素贝叶斯分类器的设计

1）朴素贝叶斯分类算法的基本假设

朴素贝叶斯假设的核心思想是：在给定类别标签的条件下，假设样本集的所有特征之间相互独立。**朴素贝叶斯假设**的内容是在类别 c_k 条件下样本 $\boldsymbol{x}_i$ 的各个特征 $\{x_{ij}\}$ 之间相互条件独立，即样本向量 $\boldsymbol{x}_i=(x_{i1}, x_{i2},\cdots, x_{im})$的条件联合概率可以分解为各个特征值条件概率的连乘：

$$P(X=\boldsymbol{x}_i\mid Y=c_k)=\prod_{j=1}^{m}P(x_{ij}\mid Y=c_k) \tag{5-8}$$

这个朴素贝叶斯假设简化了条件联合概率的计算，使得朴素贝叶斯方法高效和易于实现。但是，这个假设在实际应用中往往不成立，使得朴素贝叶斯分类算法的分类性能不一定很高。

2）朴素贝叶斯分类模型的求解

从数据集 D 中学习出一个基于贝叶斯定理的分类模型 M，就是获得求解出的贝叶斯公式（5-5），获得其等号右边各项的具体计算值。要求解出 $P(Y|X)$，依据贝叶斯分类模型，需要求解出 $P(Y)$、$P(X|Y)$和 $P(X)$。

$P(Y)$的求解是利用数据集 D 统计各个类别的先验概率 $P(Y=c_k)$，其中 $k=1,2,\cdots,K$，即每类样本数目占数据集样本总数的比例；也可以视情况确定为均匀分布 $P(Y=c_k)=1/K$。

$P(X|Y)$的求解是利用数据集 D，依据朴素贝叶斯假设确立的样本的条件联合概率公式，统计计算 $P(X|Y=c_k)$，其中 $k=1,2,\cdots,K$。

$P(X)$无须求解，因为样本分类时贝叶斯分类模型中的 $P(X)$与类别无关，可以省略。

于是，获得求解出的 $P(Y|X)$公式，即**朴素贝叶斯分类模型**：

$$P(Y=c_k \,|\, X)=\frac{P(Y=c_k)P(X \mid Y=c_k)}{P(X)} \tag{5-9}$$

3）朴素贝叶斯分类器及其使用

对于未知类别的新样本 $\boldsymbol{x}_j$，使用朴素贝叶斯分类模型计算样本对每个类别的后验概率 $P(Y=c_k|X=\boldsymbol{x}_j)$，其中 $k=1,2,\cdots,K$，选择具有最大后验概率的类别作为该样本的类别。这样，**朴素贝叶斯分类器**如下：

$$y=\arg\max_{c_k} P(Y=c_k)P(X=\boldsymbol{x}_j \mid Y=c_k) \tag{5-10}$$

上式求得的 y 值（即判别式最大值对应的类别）作为新样本 $\boldsymbol{x}_j$ 的类标签。

2．特征数据的准备工作

朴素贝叶斯分类器构建的准备工作涉及特征数据的准备和计算。数据集 D 中每个特征的数值类型不同，其样本条件联合概率的具体计算方法也不同，需要设计相应的求解方法。

1）特征数据是离散型

当样本向量 $\boldsymbol{x}_i=(x_{i1}, x_{i2},\cdots, x_{im})$的每个分量 x_{ij} 是离散值时，可以对每个类别 c_k，统计在分量 $x_{\bullet j}$ 上每个离散值 v_l 对应的样本数目占 c_k 类样本数的比例，即计算离散值 v_l 的类条件概率如下：

$$P(x_{\bullet j}=v_l \mid Y=c_k)=\frac{N_{v,c_k}}{N_{c_k}} \tag{5-11}$$

式中，N_{c_k} 是数据集中 c_k 类样本的总数；N_{v,c_k} 是第 c_k 类样本中，第 j 个分量取值为 v 的样本数；$j=1,2,\cdots,m$，$k=1,2,\cdots,K$，$l=1,2,\cdots,L$。

若上式中 $N_{v,c_k}=0$，会导致 $P(X|Y=c_k)=0$，使得朴素贝叶斯分类器的计算出问题。为避免出现 $P(X|Y=c_k)=0$，可采用**拉普拉斯平滑**处理进行弥补，即离散值 v_l 的类条件概率公式中分子增加 1，分母增加离散值个数 L：

$$P(x_{\bullet j}=v_l \mid Y=c_k)=\frac{N_{v,c_k}+1}{N_{c_k}+L} \tag{5-12}$$

2）特征数据是连续型

有两种方法可以估计特征的类条件概率。一种方法是将连续型特征离散化，常见的做法是将某个特征 $x_{\bullet j}$ 的连续值域划分为若干区间来转换成若干个离散值 v_l，统计 c_k 类样本落入对应 v_l 的划分区间的数量占 c_k 类样本数的比例来估计 $P(x_{\bullet j}=v_l|Y=c_k)$。划分的离散区间数目和划分策略都需要依据具体应用问题来适当确定，划分区间的数目过多或过少都可能造成估计的大偏差。

另一种方法是用估计的概率分布计算特征的类条件概率。假设某个特征 $x_{\bullet j}$ 的取值服从一个概率分布（例如，正态分布），然后利用类别 c_k 的所有样本在该特征上的数据估计出正态分布的参数 μ_{c_k} 和 σ_{c_k}，再使用求得的正态分布函数计算特征的类条件概率：

$$P(x_{\bullet j}=x_{ij} \mid Y=c_k)=\frac{1}{\sqrt{2\pi}\sigma_{c_k}}\exp\left(-\frac{(x_{ij}-\mu_{c_k})^2}{2\sigma_{c_k}^2}\right) \tag{5-13}$$

3．朴素贝叶斯分类器的特点

朴素贝叶斯分类器符合概率理论的基本公式，原理清晰易懂，其优点包括：

（1）具有坚实的理论基础，可用于多分类任务，分类效率稳定。

（2）对小规模数据通常表现优良，适合增量式训练，可以分批训练。

（3）对缺失数据不敏感。

但是，朴素贝叶斯分类器也有一些不足：

（1）实践中属性之间独立假设可能不满足，在属性个数比较多或者属性之间相关性较大时，分类效果不佳。

（2）需要知道先验概率，但很多时候不能获取而依靠假设，这可能导致分类效果不佳。

（3）由后验概率决定类别，分类决策存在一定的错误率。

例 5-1 成绩分类：已知某班 10 位学生的数学成绩及二档类别（见表 5-1），请采用适合的机器学习方法建立适用于该班级的分类模型，并使用模型对新成绩 92 的类别进行判别。

表 5-1 成绩数据

学号	1001	1002	1003	1004	1005	1006	1007	1008	1009	1010
成绩	78	78	98	65	93	60	96	91	80	87
类别	合格	合格	优秀	合格	优秀	合格	优秀	优秀	优秀	优秀

解：这里采用朴素贝叶斯分类算法进行求解。

（1）分析题目确定适用方法：已知的是成绩对应类别的数据（即训练数据），没有给出对应不同类别的精确分数范围，这适合用概率表达类别规则，于是选择概率形式的朴素贝叶斯分类算法。

（2）求解步骤简述：利用成绩数据，分别求解朴素贝叶斯分类模型中的公式项 $P(Y=c_k)$ 和 $P(X|Y=c_k)$，获得具体的分类模型；使用朴素贝叶斯分类器给出新成绩的类别。

（3）数据处理与转换：成绩用变量 X 代表，类别用变量 Y 代表。将类别文字设定为数值，1 代表优秀，0 代表合格，则 $Y=\{0, 0, 1, 0, 1, 0, 1, 1, 1, 1\}$；

对连续型成绩设置划分区间并离散化：划分区间 90—100、80—89、70—79、60—69，对应转换为离散值 9、8、7、6，则 $X=\{7, 7, 9, 6, 9, 6, 9, 9, 8, 8\}$。

（4）由训练数据求解 $P(Y=c_k)$：

分别统计 $Y=1$ 和 $Y=0$ 的样本数占总样本数的比例，计算有 $P(Y=1) = 6/10$，$P(Y=0) = 4/10$。

（5）由训练数据求解 $P(X|Y=c_k)$：

先计算 $P(X|Y=1)$，统计 $Y=1$ 的样本数为 6，并采用拉普拉斯平滑处理，即分子增加 1，分母增加离散值数目 4，计算有：

$P(X=9|Y=1) = (4+1)/(6+4) = 0.5$

$P(X=8|Y=1) = (2+1)/(6+4) = 0.3$

$P(X=7|Y=1) = (0+1)/(6+4) = 0.1$

$P(X=6|Y=1) = (0+1)/(6+4) = 0.1$

再计算 $P(X|Y=0)$，统计 $Y=0$ 的样本数为 4，并采用拉普拉斯平滑处理，计算时分子增加 1，分母增加离散值数目 4，计算有：

$P(X=9|Y=0) = (0+1)/(4+4) = 0.125$

$P(X=8|Y=0) = (0+1)/(4+4) = 0.125$

$P(X=7|Y=0) = (2+1)/(4+4) = 0.375$

$P(X=6|Y=0) = (2+1)/(4+4) = 0.375$

（6）获得具体的朴素贝叶斯分类模型，其中等号右边各项均已求解获得［假设 $P(X)=1$］：

$P(Y=c_k|X) = P(Y=c_k)P(X|Y=c_k)/P(X) = P(Y=c_k)P(X|Y=c_k)$

（7）使用朴素贝叶斯分类器给出新成绩的类别

对未知类别的新成绩 92，对应到划分区间离散化为 9；使用前面步骤求出的概率值 $P(Y=1)$、$P(Y=0)$、$P(X=9|Y=1)$、$P(X=9|Y=0)$，代入朴素贝叶斯分类模型，计算不同类别的后验概率：

$P(Y=1|X=9)=P(Y=1)P(X=9|Y=1) = 0.6 \times 0.5 = 0.3$

$P(Y=0|X=9)=P(Y=0)P(X=9|Y=0) = 0.4 \times 0.125 = 0.05$

于是有 $P(Y=1|X=9) > P(Y=0|X=9)$，故新成绩 92 的类别为 1（优秀）。

5.4　实例与编程求解

例 5-2　分类任务：对乳腺癌数据集，建立朴素贝叶斯分类器判别样本的类别，并评估所设计的分类模型的预测性能（准确率）。

数据集：机器学习库 sklearn 自带的乳腺癌（breast cancer）数据集包含两个类型的样本，分别有 357 个良性（benign）肿瘤样本和 212 个恶性（malignant）肿瘤样本，其 30 个特征包括肿瘤的半径、纹理、周长、面积等。

解：采用朴素贝叶斯分类算法进行求解，由于该数据集的特征数据都是连续型的，选择适合的高斯朴素贝叶斯模型；编写 Python 代码，调用机器学习库 sklearn 中相关模型和方法进行实现。对应的求解步骤如下：

（1）导入所需的库和方法；

（2）加载数据集；

（3）将数据集划分为训练集和测试集，常见的划分比例是测试集的样本数量占总样本量的 25%或 30%，未在测试集的样本组成训练集；

（4）使用训练集训练或构建分类模型；

（5）使用获得的分类模型预测测试样本的类别；

（6）使用测试集评估分类模型的泛化性能。

代码清单　高斯朴素贝叶斯分类模型的训练、使用与性能评估

```
#朴素贝叶斯分类示例-连续型数据，导入相关的库和方法
import matplotlib.pyplot as plt
from sklearn.model_selection import train_test_split
from sklearn.naive_bayes import GaussianNB
from sklearn.metrics import accuracy_score
from sklearn.datasets import load_breast_cancer

#加载数据集
adata = load_breast_cancer()
X = adata['data']
y = adata['target']  #类标
feature_names = adata['feature_names']  #了解特征的名称
target_names = adata['target_names']  #了解类标的名称

#设置比例将数据分成训练集（70%）和测试集（30%），采用分层分割数据的模式
X_train, X_test, y_train, y_test = train_test_split(X, y, test_size=0.3, stratify=y,
random_state=0)
```

```
#使用训练数据集训练一个分类模型
model = GaussianNB()
model.fit(X_train, y_train)

#使用分类模型，将测试集输入模型，模型输出测试样本的类标
y_pred_test = model.predict(X_test)

#计算模型在测试集上的准确率
acc_test = accuracy_score(y_test, y_pred_test)
print(f"模型在测试集上的准确率：{acc_test:.4f}")

#观察模型在训练集上的准确率
y_pred_train = model.predict(X_train)
acc_train = accuracy_score(y_train, y_pred_train)
print(f"模型在训练集上的准确率：{acc_train:.4f}")
#观察每个样本属于每个类别的概率，y_prob[:, 0]对应类标 0，y_prob[:, 1]对应类标 1
y_prob = model.predict_proba(X_test)
```

执行代码获得结果：模型在测试集上的准确率为 0.9240，在训练集上的准确率为 0.9472。这样的准确率说明所建立的分类模型的泛化性能比较高。

例 5-3 简单文本分类任务：利用包含一些英文短句的简单文本数据集，建立适合的分类模型判别短句的类别（类标 positive 或 negative），并评估所设计的分类模型的预测性能（准确率），再判别短句“She is happy to go shopping”的类别。

数据集：简单文本数据集包含两个类型的样本（英文短句），一些短句属于正面（positive）的表达，另一些短句属于负面（negative）的表达。这个简单文本数据集在代码中制作，已写入代码清单。

解：采用朴素贝叶斯分类算法进行求解；对于由单词构成的文本数据，使用文本特征向量化工具处理文本，并选择适合文本数据的多项式朴素贝叶斯分类算法；编写 Python 代码，调用机器学习库 sklearn 中相关模型和方法进行实现。对应的求解步骤如下：

（1）导入所需的库和方法；

（2）制作数据集，加载数据集；

（3）文本数据处理，将每个英文句子解析成词汇向量（文本向量化）；

（4）将数据集划分为训练集和测试集，常见的划分比例是测试集的样本数量占总样本量的 25%或 30%，未在测试集的样本组成训练集；

（5）使用训练集训练或构建分类模型；

（6）使用获得的分类模型预测测试样本的类别；

（7）使用测试集评估分类模型的泛化性能；

（8）若分类模型的性能符合要求，应用获得的分类模型预测新样本的类别。

代码清单　适用文本数据的朴素贝叶斯分类模型的训练、使用与性能评估

```
#朴素贝叶斯分类示例-文本数据，导入相关的库和方法
import numpy as np
import pandas as pd
from sklearn.naive_bayes import MultinomialNB
from sklearn.model_selection import train_test_split
from sklearn.feature_extraction.text import CountVectorizer
from sklearn.metrics import accuracy_score

def data_make_text_save():
```

```
    #制作文本数据，12 个句子和对应的类标（"positive"或"negative"）
    data = [ ("That I like flowers is positive statement", "positive"),
        ("Spring is the season of blossoming flowers", "positive"),
        ("She is happy to see flowers", "positive"),
        ("being afraid is a negative expression", "negative"),
        ("He is afraid of black bugs", "negative"),
        ("He does not like black houses", "negative"),
        ("I like spring and flowers", "positive"),
        ("She is afraid of thunder", "negative"),
        ("I am happy to go home", "positive"),
        ("Heavy rain destroys flowers in the garden", "negative"),
        ("Children are happy to go to school", "positive"),
        ("She does not like being alone", "negative") ]
    data = np.array(data)
    data = pd.DataFrame({'sentence': data[:, 0], 'label': data[:, 1]})
    data.to_csv("data_text.csv", index=False)

if __name__ == '__main__':
    #准备简单文本数据集
    data_make_text_save()
    #加载数据集，提取所有样本和对应的类标
    adata = pd.read_csv('data_text.csv', encoding='utf-8')
    header = adata.columns.values  #获取列名
    X = adata[header[0]]  #文本
    y = adata[header[1]]  #类标
    #将每个英文句子转换为元组，以保持字符串属性
    X = tuple(X)
    y = tuple(y)

    #设置比例将数据分成训练集（70%）和测试集（30%）
    X_train, X_test, y_train, y_test = train_test_split(X, y, test_size=0.3, 
random_state=3)

    #创建文本特征向量化对象
    vectorizer = CountVectorizer()
    #将每条文本转换为一个词频向量（统计词汇在文本中出现的次数）
    X_train_vect = vectorizer.fit_transform(X_train)
    X_test_vect = vectorizer.transform(X_test)

    #观察汇集文本中单词的词汇库
    vocabulary_list = vectorizer.vocabulary_
    #观察词汇在文本中出现的次数（每列对应 1 个单词，每行对应 1 条文本）
    Xmatrix = X_train_vect.toarray()

    #创建模型对象，选择适用于文本数据的多项式贝叶斯模型，使用训练集训练分类模型
    model = MultinomialNB()
    model.fit(X_train_vect, y_train)

    #使用分类模型，将测试集输入模型，模型输出测试样本的类标
    y_pred_test = model.predict(X_test_vect)

    #计算模型在测试集上的准确率
    acc_test = accuracy_score(y_test, y_pred_test)
    print(f"模型在测试集上的准确率：{acc_test:.4f}")

    #观察模型在训练集上的准确率
    y_pred_train = model.predict(X_train_vect)
```

```
acc_train = accuracy_score(y_train, y_pred_train)
print(f"模型在训练集上的准确率：{acc_train:.4f}")
#观察每个样本属于每个类别的概率，y_prob[:, 0]对应类标 0，y_prob[:, 1]对应类标 1
y_prob = model.predict_proba(X_test_vect)

#使用分类模型，预测新样本的类标
new_sample = ['She is happy to go shopping']
new_sample_vect = vectorizer.transform(new_sample)
new_sample_lable = model.predict(new_sample_vect)
print("新样本的类别：", new_sample_lable[0])
```

执行代码获得结果：模型在测试集上的准确率为 0.75，在训练集上的准确率为 1.0；新样本的类别预测为 positive，符合我们对新句子类别的理解。这样的准确率说明所建立的分类模型的泛化性能不高，重要原因是训练数据少且测试数据少，以及测试样本的某些单词未出现在训练词汇中。

5.5 习题

一、简答题

1．贝叶斯公式形式的贝叶斯分类模型中的各项都是什么含义？

2．朴素贝叶斯假设是什么？

3．对于贝叶斯分类算法，朴素贝叶斯假设能带来什么好处，为什么？

4．在朴素贝叶斯假设基础上的朴素贝叶斯分类器的公式是什么？

5．如何用朴素贝叶斯分类器判别新样本的类别？

二、填空题

1．________是随机事件发生的可能性大小。

2．________是根据以往经验和分析得到的概率，可以通过统计获得，或者依据经验给出。

3．对应于先验概率，________是根据观察到的样本修正之后的概率。

4．以________定理为基础的分类算法统称为贝叶斯分类算法。

5．对于具有多个特征的样本，当这些特征之间具有________性时，计算这些特征之间的条件概率会很复杂。

6．朴素贝叶斯假设的内容是样本的各个特征之间相互________，即样本向量的条件联合概率可以分解为各个特征值条件概率的连乘。

7．关于朴素贝叶斯分类器，朴素贝叶斯假设简化了________的计算。

8．当________在实际应用中不成立时，朴素贝叶斯分类算法的分类性能有可能不高。

9．预测新样本的类别时，使用朴素贝叶斯分类器计算新样本对每个类别的________，其中最大值所对应的类别作为新样本的类别。

10．对于计算连续型特征的类条件概率，一种方法是对连续型特征进行________化处理，另一种方法是用估计的概率分布计算特征的类条件概率。

11．朴素贝叶斯分类器可用于二分类任务，也可用于________任务。

12．朴素贝叶斯分类器适合于使用一些数据训练分类器后，再使用另一些数据接续训练该分类器，这种训练方式称为________训练。

第 6 章 支持向量机

分类问题是人们在日常生活经常碰到的对事物所属类别的推断问题。例如，我们识别所看到的物品是手电筒还是茶杯，医生依据病人的相关检查数据推断病人所患疾病的种类。在医院积累了大量患有某种疾病的病人检查数据和无此疾病的健康人的检查数据之后，医疗研究人员希望利用这些积累的数据，建立一个符合这些数据的疾病推断模型，对医疗工作提供帮助。推断模型的用途包括对一份检查报告的数据使用此模型进行分析，并推断对应的检查者是否患有某种疾病。从机器学习的视角看，上述建立和使用模型的过程可以归纳为从数据中学习出一个分类模型（也称分类器），然后使用分类器推断新样本的类别。

对于分类任务，建立一个决策树分类模型（属于判别模型）需要使用全部训练样本，缺少一些训练样本很可能会影响模型的性能。从批判思维的角度思考，可以质疑：建立一个优秀分类模型（同样属于判别模型）一定需要使用全部的训练样本吗？我们可以提出后续的疑问：如果只使用全部训练样本中的少量样本训练出一个分类模型，该分类模型的泛化性能（例如类别预测的准确率）还很高，这样的分类算法存在吗？为什么训练集中的大量训练样本居然不影响这种分类模型的性能？什么样的理论可以支撑这种分类算法？

这些疑问及其回答可以引导我们设计出新的机器学习方法——支持向量机方法，它的理论支撑是统计学习理论。支持向量机方法是一种性能比较高的有监督学习方法，适用于分类任务和回归任务，在许多领域有着广泛的应用。

6.1 二分类问题

判断一个样本属于哪种类别的分类问题可以是二分类（binary classification）问题，也可以是多分类（multiclass classification）问题。对于二分类问题，有监督学习的解决方法是，对已知类别标签（label）的训练数据集 $D=\{(\boldsymbol{x}_i, y_i)\}$（$i=1,2,3,\cdots,n$），其中类别标签 $y_i\in\{1,-1\}$，建立一个能区分 D 中样本类别的**分类决策函数（分类模型）**$f(\boldsymbol{x})$，使用 $f(\boldsymbol{x})$能够判别新样本 $\boldsymbol{x}_j$ 所属的类别。

一个二分类问题例子如图 6-1 所示，其任务是建立一个分类模型，判别每个样本（数据点）的类别；已知 n 个观测样本的数据集 D，其一部分二维样本（由圆点表示）属于类别 1，类别值 $y_i= 1$；另一部分二维样本（由星形表示）属于类别 2，类别值 $y_i=-1$。

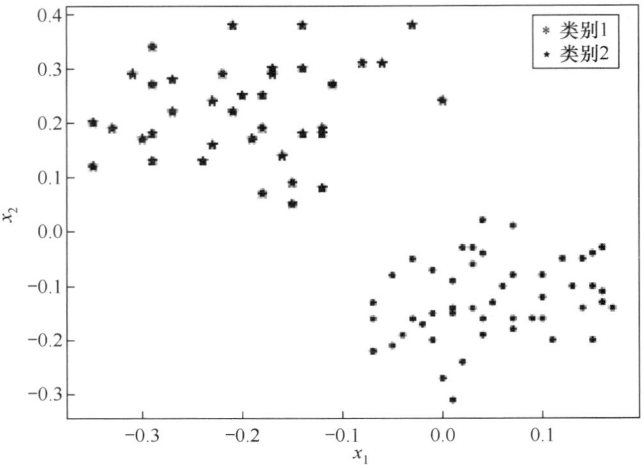

图 6-1　二类样本的散点图

现设计一个分类决策函数 $f(\boldsymbol{x})$来区分数据集 D 中样本的类别。希望的目标是，将数据集 D 的一个样本 $\boldsymbol{x}_i$ 输入分类函数 $f(\boldsymbol{x})$，由函数的输出 $\hat{y}_i=f(\boldsymbol{x}_i)$给出该样本的类别。分类函数 $f(\boldsymbol{x})$ 的设计步骤如下：

从数据集的散点图中看到，两类样本在空间上有一定的间隔区域；可以采用一个简单的线性函数作为分类函数来区分两类样本点，即：

$$f(\boldsymbol{x})=w_0+w_1x_1+w_2x_2 \tag{6-1}$$

观察图 6-2，在两类样本点之间的一条适当的直线（其直线方程 $f(\boldsymbol{x})=0$）把类别 1 的样本点区分在直线下方，类别 2 的样本点区分在直线上方。基于直线方程 $f(\boldsymbol{x})=0$，设计分类决策函数 $f(\boldsymbol{x})$的判别准则为若 $f(\boldsymbol{x})>0$，样本 $\boldsymbol{x}$ 归类为类别 1；若 $f(\boldsymbol{x})<0$，样本 $\boldsymbol{x}$ 归类为类别 2。（这是一种判别准则，也可以设计不同的判别准则。）

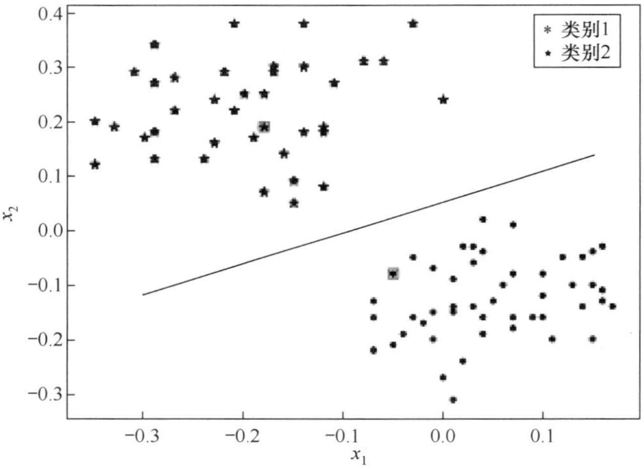

图 6-2　二类样本的散点图与 1 条分类直线

经尝试不同直线方程，选用直线方程 $f(\boldsymbol{x})=0.05+0.56x_1-x_2=0$，对应的 $f(\boldsymbol{x})$作为分类函数，它满足上述判别准则，即在直线方程下方的样本 $f(\boldsymbol{x})>0$，在直线方程上方的样本 $f(\boldsymbol{x})<0$。使

用这个分类函数$f(\boldsymbol{x})$来判别样本点 A［在上图中被方框选中的点(−0.05, −0.08)］、样本点 B［在上图中被方框选中的点(−0.18, 0.19)］的类别：

$$f(A) = 0.05 + 0.56\times(-0.05) - (-0.08) = 0.102$$

$$f(B) = 0.05 + 0.56\times(-0.18) - 0.19 = -0.2408$$

于是，样本点 A 的分类函数值 0.102 大于 0，该样本点归类为类别 1，上述分类函数的判别正确；样本点 B 的分类函数值−0.2408 小于 0，该样本点归类为类别 2，上述分类函数的判别正确。其他样本点的分类函数值和分类判别也类似。这说明所设计的分类函数适合于区分数据集 D 的不同类别的样本，该设计是成功、有效的。

在图 6-3 中，上述直线方程的斜率变动一些成为另一条直线方程（图 6-3 中虚线所示），对应的分类函数也适合同样的分类任务，也适合于区分数据集 D 的不同类别样本。类似的适合直线方程很多，在大量的适合直线方程中哪个直线方程最优，如何求出最优的分类函数？支持向量机方法给我们提供了这方面的理论指导。

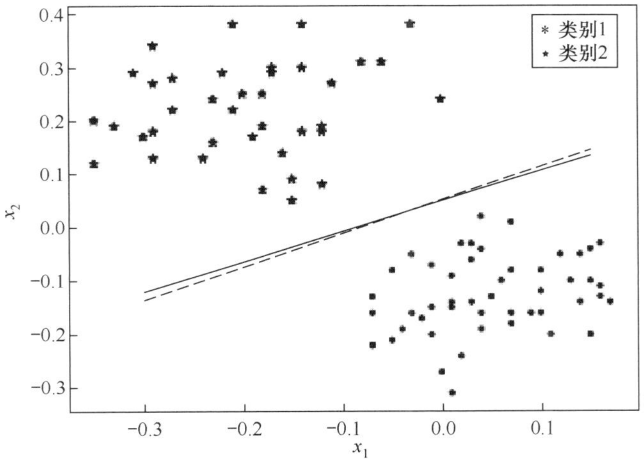

图 6-3　二类样本的散点图与两条分类直线

6.2　支持向量机分类原理

支持向量机（support vector machine, SVM）方法以统计学习理论为基础，由给定的具有类别标签的数据集（训练数据）求出一个 SVM 分类模型来解决分类问题；其解决思路大致地讲是在训练集样本空间找出一个分类线（或分类面）将不同类别的样本分开。

下面对 SVM 方法的分类任务进行形式化描述。对于两个类别的分类问题，设给定 n 个样本的训练数据集 $D=\{(\boldsymbol{x}_i, y_i)\}$（$i=1,2,3,\cdots,n$），其中样本 $\boldsymbol{x}_i \in R^m$ 是具有 m 维特征（或属性）的向量（或模式），$y_i\in\{1, -1\}$代表类别标签。SVM 方法的二分类任务包括：从训练数据集 D 中学习出一个 SVM 分类模型；给定一个样本 $\boldsymbol{x}_i$ 作为模型输入，该分类模型给出输出 y_i，其值为 1 或者−1。此任务可以通过求解出一个 SVM 分类模型来完成。

这里继续使用前文的二分类例子讨论 SVM 分类模型的设计。我们寻找二维空间中的一个实值决策函数 $g(\boldsymbol{x})$，判断任意模式 $\boldsymbol{x}$ 对应的 y 值，即获得模式 $\boldsymbol{x}$ 的类别。这里选用 $\boldsymbol{w}^{\mathrm{T}}\boldsymbol{x}+b$

形式的线性函数进行分析，其中 $\boldsymbol{w}$ 为系数向量。如下图所示，不妨设两类样本点之间有间隔区域（即无样本点的空白区域），在间隔区域中建立一条分类线 $\boldsymbol{w}^{\mathrm{T}}\boldsymbol{x}+b=0$（图中实线），实现将两类样本点分开。间隔区域中能够将两类样本点分开的分类线有很多条，我们的目标是寻找最优的分类线。

继续观察图 6-4，我们的直觉思维给出提示：两类样本点之间的空白区域的宽度（或两条虚线之间的间隔）越大，两类样本点分开得越好；于是，设计分类线（分类模型）应当追求大的间隔。SVM 分类模型的设计和基本原理就是以此思路为主线展开的。

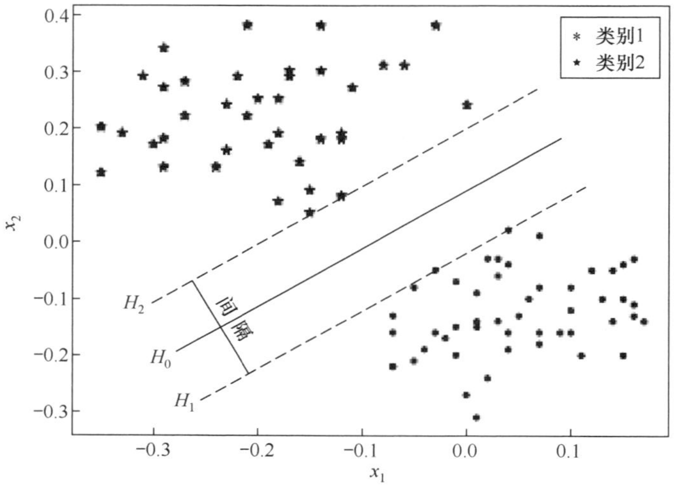

图 6-4　二类样本的间隔区域与分类线（实线）

1. 最大间隔与最优分类线

支持向量机方法围绕间隔区域开展分析。假设**分类线** $\boldsymbol{w}^{\mathrm{T}}\boldsymbol{x}+b=0$（图 6-4 中实线 H_0）已建立，再建立一条与分类线 H_0 平行的直线 $\boldsymbol{w}^{\mathrm{T}}\boldsymbol{x}+b=-1$（图 6-4 中下虚线 H_1），并且通过最靠近分类线的第一类样本点；也建立一条与分类线 H_0 平行的直线 $\boldsymbol{w}^{\mathrm{T}}\boldsymbol{x}+b=+1$（图 6-4 中上虚线 H_2），并且通过最靠近分类线的第二类样本点。

现在求辅助线 H_1 和 H_2 之间的距离。根据解析几何理论，任意一个点 $\boldsymbol{x}$ 到直线 $\boldsymbol{w}^{\mathrm{T}}\boldsymbol{x}+b=0$ 的距离公式为

$$d=\frac{|\boldsymbol{w}^{\mathrm{T}}\boldsymbol{x}+b|}{\|\boldsymbol{w}\|} \tag{6-2}$$

其中，$\|\boldsymbol{w}\|$是系数向量 $\boldsymbol{w}$ 的 L_2 范数，$\|\boldsymbol{w}\|=\sqrt{\boldsymbol{w}^{\mathrm{T}}\boldsymbol{w}}$。

虚线 H_1 上任意一个点 $\boldsymbol{x}$ 有 $\boldsymbol{w}^{\mathrm{T}}\boldsymbol{x}+b=-1$，到直线 $\boldsymbol{w}^{\mathrm{T}}\boldsymbol{x}+b=0$ 的距离为 $1/\|\boldsymbol{w}\|$；虚线 H_2 上任意一个点 $\boldsymbol{x}$ 有 $\boldsymbol{w}^{\mathrm{T}}\boldsymbol{x}+b=+1$，到直线 $\boldsymbol{w}^{\mathrm{T}}\boldsymbol{x}+b=0$ 的距离为 $1/\|\boldsymbol{w}\|$。于是，虚线 H_1 和虚线 H_2 之间的距离为 $2/\|\boldsymbol{w}\|$，该距离称为两类样本点之间的分类**间隔**（margin）。

分类线 H_0 将这两类样本点分开的效果依赖于间隔的大小。若间隔为 0，意味着两类样本点之间没有空白的间隔区域；此时，如果部分两类样本点交错分布或混在一起，分类线会错分一些样本点。由此可见，分类线需要一定的间隔以避免错分，并且间隔越大，两类样本点分离得越远，分类线区分这两类样本点的区分效果越好。因此，目标应设定为追求大的分

类间隔，使分类间隔 $2/\|\boldsymbol{w}\|$（参见图 6-5）最大的分类线称为**最优分类线**，对应最优分类线 H_0 的辅助线 H_1 和 H_2 上的样本点（图 6-5 中被方框选中的点）称为**支持向量**。

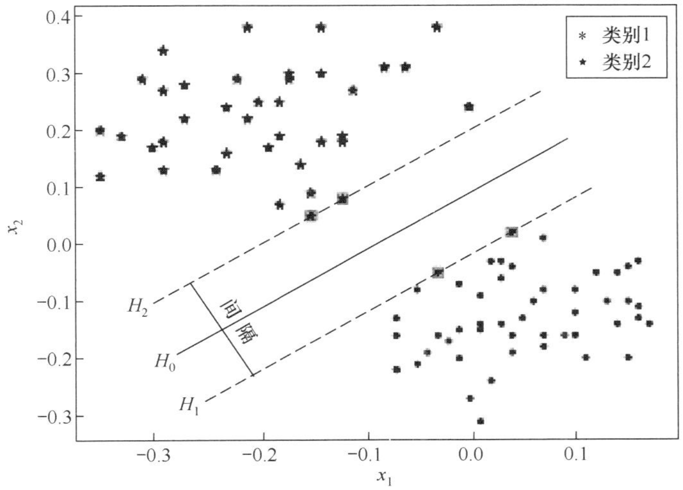

图 6-5　分类线（实线）、分类间隔与支持向量（方框选中的点）

上述设计也适用于样本为多维的情况，对于三维样本空间，区分两类样本的是一个平面，称为**最优分类面**；对于四维及以上的样本空间，用于区分两类样本的是一个超平面，称为**分类超平面**。

2．最优分类线的求解

初始的工作条件设定为**空白间隔区域假设**，即假设数据集的两类样本点之间有空白的间隔区域（如上图所示在 H_1 和 H_2 之间的区域没有样本点），使得两类样本被间隔区域完全分开（区分性好）。此时，最优分类线的寻找目标设计为使得两类样本点之间的间隔最大，并且在辅助线 H_1 以下的样本点都满足 $\boldsymbol{w}^{\mathrm{T}}\boldsymbol{x}+b\leqslant-1$，在辅助线 H_2 以上的样本点都满足 $\boldsymbol{w}^{\mathrm{T}}\boldsymbol{x}+b\geqslant+1$。

采用优化问题的方法来求解最优分类线的寻找目标，即极大化分类间隔 $2/\|\boldsymbol{w}\|$，将其等价形式——极小化 $\|\boldsymbol{w}\|/2$ 作为**求解目标**，同时样本满足 $\boldsymbol{w}^{\mathrm{T}}\boldsymbol{x}+b\leqslant-1$ 和 $\boldsymbol{w}^{\mathrm{T}}\boldsymbol{x}+b\geqslant+1$ 作为**约束条件**。这个带约束的求解可以解释为在约束条件所划定的范围内寻找 $\|\boldsymbol{w}\|/2$ 的最小值，其最小值对应的解 $\boldsymbol{w}^*$ 和 b^* 是所需的求解结果。

于是，有如下不等式约束条件下的最小值优化问题（目标函数）：

$$\begin{aligned}&\min_{\boldsymbol{w},b}\ \frac{1}{2}\|\boldsymbol{w}\|^2\\&\text{s.t.}\ \ y_i(\boldsymbol{w}^{\mathrm{T}}\boldsymbol{x}_i+b)\geqslant 1,\quad i=1,2,\cdots,n\end{aligned}\tag{6-3}$$

求解此目标函数可求出最优分类线 $\boldsymbol{w}^{\mathrm{T}}\boldsymbol{x}+b=0$ 的参数 $\boldsymbol{w}$ 和 b，获得最优分类线，再使用最优分类线区分两类样本。

正式的工作条件设定为**混杂间隔区域假设**，即假设 H_1 和 H_2 之间的区域有交错分布（混在一起）的样本点。此时，应设计一个基于最优分类线的分类模型（可视为**能力强分类器**）来处理这种复杂的数据集，并放松分类器不能错分样本的性能要求，允许训练集中的部分样本被分类器错分的情况。

设计能力强分类器的策略有两个，一是放松约束条件，在约束条件中引入**松弛变量** $\xi_i \geqslant 0$，于是辅助线 H_1 和 H_2 之间区域允许样本进入，此时 H_1 和 H_2 之间的间隔称为软间隔。松弛变量的作用是允许部分样本被错分，其大小反映着样本被错分的程度。二是在目标函数中添加所有松弛变量的和（同时设计对应的**惩罚参数** C，$C>0$），这个正则项可以体现对错分的惩罚，以让错分程度尽可能小。采用这两个策略后，上面的最小值优化问题公式变为如下的最小值优化问题（**原始优化问题**）：

$$\begin{aligned}&\min_{w,b,\xi} \ \frac{1}{2}\|\boldsymbol{w}\|^2 + C\sum_{i=1}^{n}\xi_i \\ &\text{s.t} \quad y_i(\boldsymbol{w}^{\mathrm{T}}\boldsymbol{x}_i + b) \geqslant 1-\xi_i, \xi_i \geqslant 0, \quad i=1,2,\cdots,n\end{aligned} \tag{6-4}$$

上式是带有不等式约束条件的凸优化问题，其中的不等式约束条件可以被证明是凸集。这个条件优化问题的目标函数通过构造拉格朗日函数可以转换为无约束优化问题。采用拉格朗日（Lagrange）乘子法，用拉格朗日乘子 $\alpha_i \geqslant 0$ 和 $\mu_i \geqslant 0$ 将约束条件添加到目标函数，添加之前需将约束条件变换为 $\leqslant 0$ 的标准形式，例如，$\xi_i \geqslant 0$ 被变换为 $-\xi_i \leqslant 0$，则有拉格朗日函数：

$$L(\boldsymbol{w},b,\xi) = \frac{1}{2}\|\boldsymbol{w}\|^2 + C\sum_{i=1}^{n}\xi_i + \sum_{i=1}^{n}\alpha_i\left[1-\xi_i - y_i(\boldsymbol{w}^{\mathrm{T}}\boldsymbol{x}_i + b)\right] + \sum_{i=1}^{n} -\mu_i\xi_i \tag{6-5}$$

原始优化问题可以解释为在约束条件所划定的范围内求目标函数的最小值。拉格朗日函数 $L(\boldsymbol{w},b,\xi)$ 的组成是目标函数项加上约束条件项，或者说拉格朗日函数 $L(\boldsymbol{w},b,\xi)$ 等价表达出原始优化问题的目标函数与不等式约束条件。

对 $L(\boldsymbol{w},b,\xi)$ 包含拉格朗日乘子的项（即约束条件项）分析它们的理想输出值。当满足约束条件时约束条件项为零，当不满足约束条件时约束条件项为无穷大，即约束条件对应的理想输出值的如下：

$$\begin{cases}0, \ \text{当} 1-\xi_i - y_i(\boldsymbol{w}^{\mathrm{T}}\boldsymbol{x}_i + b) \leqslant 0 \text{且} -\xi_i \leqslant 0 \\ +\infty, \ \text{其他}\end{cases}$$

由于在满足约束条件时拉格朗日乘子项小于或等于 0，在不满足约束条件时拉格朗日乘子项大于 0，则追求理想输出值等价于追求拉格朗日乘子项的最大值。于是，使用拉格朗日函数重写**原始优化问题**如下：

$$\min\left\{\frac{1}{2}\|\boldsymbol{w}\|^2 + C\sum_{i=1}^{n}\xi_i + \max\left\{\sum_{i=1}^{n}\alpha_i\left[1-\xi_i - y_i(\boldsymbol{w}^{\mathrm{T}}\boldsymbol{x}_i + b)\right] - \sum_{i=1}^{n}\mu_i\xi_i\right\}\right\} \tag{6-6}$$

上式表达的原始优化问题等价于如下原始优化问题：

$$\min_{w,b}\max_{\alpha_i,\mu_i}\left\{\frac{1}{2}\|\boldsymbol{w}\|^2 + C\sum_{i=1}^{n}\xi_i + \sum_{i=1}^{n}\alpha_i\left[1-\xi_i - y_i(\boldsymbol{w}^{\mathrm{T}}\boldsymbol{x}_i + b)\right] - \sum_{i=1}^{n}\mu_i\xi_i\right\} \tag{6-7}$$

求解上式（原始优化问题）是有难度的，我们借助对偶转化思维攻克此难题。根据对偶问题的求解理论，交换上式求最大值与最小值的顺序（顺序对调），得到原始优化问题的**对偶优化问题**：

$$\max_{\alpha_i,\mu_i}\min_{w,b}\left\{\frac{1}{2}\|\boldsymbol{w}\|^2 + C\sum_{i=1}^{n}\xi_i + \sum_{i=1}^{n}\alpha_i[1-\xi_i - y_i(\boldsymbol{w}^{\mathrm{T}}\boldsymbol{x}_i + b)] - \sum_{i=1}^{n}\mu_i\xi_i\right\} \tag{6-8}$$

对偶优化问题与原始优化问题的最优解可能相同，也可能不同。后续的工作思路是，先考虑如何求对偶优化问题的最优解，再考虑何种条件下二者的最优解是相同的，进而求出原始优化问题的最优解。

按极值的顺序，首先对上式进行求拉格朗日函数最小值的步骤（$\min\{L(\boldsymbol{w},b,\xi)\}$），分别令 $L(\boldsymbol{w},b,\xi)$对 $\boldsymbol{w}$、b 和 ξ 的偏导数为 0，可求得：

$$\boldsymbol{w}=\sum_{i=1}^{n}\alpha_i y_i \boldsymbol{x}_i,\quad \sum_{i=1}^{n}\alpha_i y_i=0,\quad C-\alpha_i-\mu_i=0 \tag{6-9}$$

将它们代入 $L(\boldsymbol{w},b,\xi)$可消去 $\boldsymbol{w}$、b、μ、ξ 和 C，则 $L(\boldsymbol{w},b,\xi)$变为：

$$\sum_{i=1}^{n}\alpha_i-\frac{1}{2}\sum_{i=1}^{n}\sum_{j=1}^{n}\alpha_i\alpha_j y_i y_j \boldsymbol{x}_i^{\mathrm{T}}\boldsymbol{x}_j \tag{6-10}$$

然后，按极值的顺序进行求拉格朗日函数最大值的步骤（$\max\{L(\boldsymbol{w},b,\xi)\}$），求上式关于 $\boldsymbol{\alpha}$ 的极大值；上式乘负号则变极小问题，可以转换为如下（最终）的对偶优化问题：

$$\begin{aligned}&\min_{\alpha}\ \frac{1}{2}\sum_{i=1}^{n}\sum_{j=1}^{n}\alpha_i\alpha_j y_i y_j \boldsymbol{x}_i^{\mathrm{T}}\boldsymbol{x}_j-\sum_{i=1}^{n}\alpha_i\\ &\text{s.t.}\ \sum_{i=1}^{n}\alpha_i y_i=0,\quad 0\leqslant\alpha_i\leqslant C,\quad i=1,2,\cdots,n\end{aligned} \tag{6-11}$$

上式对偶优化问题是有 n+1 个不等式约束条件的二次规划问题，待求的未知量是拉格朗日乘子 $\boldsymbol{\alpha}$，且存在唯一解。利用训练数据集，可以采用一种数值优化算法求解上式，例如，通用的内点法求解（具体算法略），也可以采用更高效的序列最小优化（SMO）算法求解（具体算法略），可求得最优解 $\boldsymbol{\alpha}$*。

求解这个对偶优化问题，并且对偶问题的最优解（$\boldsymbol{\alpha}^*$）是原始优化问题的最优解（$\boldsymbol{w}^*$和 b^*），其**充要条件**是满足 Karush-Kuhn-Tucker（KKT）条件，KKT 条件包括：原始优化问题中的不等式约束［参见公式（6-4）］与在最优解处梯度为零［参见公式（6-9）］，这两个条件在前文的推导中均被使用（即已满足），以及如下的（前两个）对偶可行条件和（后两个）互补松弛条件：

$$\begin{cases}\alpha_i^*\geqslant 0, & i=1,2,\cdots,n\\ \mu_i^*\geqslant 0, & i=1,2,\cdots,n\\ \alpha_i^*[y_i(\boldsymbol{w}^{*\mathrm{T}}\boldsymbol{x}_i+b^*-1+\xi_i)]=0, & i=1,2,\cdots,n\\ \mu_i^*\xi_i=0, & i=1,2,\cdots,n\end{cases}$$

在这 4 个条件中，由于引入的拉格朗日乘子 $\alpha_i\geqslant 0$ 且 $\mu_i\geqslant 0$，满足了前两个对偶可行条件。对于第 3 个 KKT（互补松弛）条件，当 α_i^*为零时，该条件被满足；当 α_i^*不为零时，令该条件中方括号项为零，即

$$y_i(\boldsymbol{w}^{*\mathrm{T}}\boldsymbol{x}_i+b^*-1+\xi_i)=0$$

可以挑选那些满足上式的$\{\boldsymbol{x}_i, y_i, \xi_i\}$来求解 $\boldsymbol{w}^*$和 b^*的值，则上式被满足。挑选方式如下：$y_i\in\{1,-1\}$不影响这个公式的满足，挑选 $\alpha_i^*>0$ 且 $\xi_i=0$ 对应的样本 $\boldsymbol{x}_i$，这样的样本 $\boldsymbol{x}_i$ 称为**支持向量**，而支持向量就是辅助线 H_1 和 H_2 上的样本点。我们只使用支持向量来计算 $\boldsymbol{w}^*$和 b^*，于是，第 3 个 KKT 条件被满足。

第 3 个 KKT 条件正符合前文关于最优分类线的设计，由于分类间隔 $2/\|\boldsymbol{w}\|$是通过辅助线

H_1 和 H_2 推导出来的，再依据分类间隔设计最优分类线，故最优分类线仅依赖于支持向量。通常，支持向量在训练数据集中的占比较低，而 $\alpha_i^*=0$ 所对应的样本占比高。

考虑满足第 4 个 KKT（互补松弛）条件的情况。依据最优解处梯度为零的公式(6-9)，最优解 α_i^*有 3 种可能的取值。一是 $\alpha_i^*=0$，则 $\mu_i^*=C>0$；二是 $0<\alpha_i^*<C$，则 $\mu_i^*=(C-\alpha_i^*)>0$；对这两种取值，令 $\xi_i=0$ 来满足第 4 个 KKT 条件，此时对应的样本 $\boldsymbol{x}_i$ 是非支持向量，并在两条辅助线围成的间隔区域的外部，这符合前文关于间隔区域与辅助线的设计。三是 $\alpha_i^*=C$，则 $\mu_i^*=(C-\alpha_i^*)=0$，ξ_i 取任意值都满足第 4 个 KKT 条件。因此，最优解 α_i^*的 3 种取值都满足第 4 个 KKT 条件。

至此，已满足 KKT 条件，对偶问题的最优解（$\boldsymbol{\alpha}^*$）是原始优化问题的最优解（$\boldsymbol{w}^*$和 b^*）。每个 α_i^*都与一个训练集的样本 $\boldsymbol{x}_i$ 相对应，将求得的 $\boldsymbol{\alpha}^*$代入最优解处梯度为零的公式（6-9），可计算（实质上是计算那些 $\alpha_i^*>0$ 的项）

$$\boldsymbol{w}^* = \sum_{i=1}^{n} \alpha_i^* y_i \boldsymbol{x}_i \tag{6-12}$$

选择一个大于 0 的 α_j^*，可计算

$$b^* = y_j - \boldsymbol{w}^{*\mathrm{T}} \boldsymbol{x}_j \tag{6-13}$$

考虑更具鲁棒性的求解，可计算所有 $\alpha_j^*>0$ 对应的 b_j^*，然后取其平均值作为 b^*。

获得了原始问题的最优解 $\boldsymbol{w}^*$和 b^*，就得到了最优分类线：

$$\boldsymbol{w}^{*\mathrm{T}} \boldsymbol{x} + b^* = 0 \tag{6-14}$$

最优分类线的求解过程小结如下：

（1）以最大化分类间隔为目标建立具有约束条件的原始优化问题［式（6-4）］；

（2）使用拉格朗日乘子法将约束条件并入原始优化问题的目标函数［式（6-5）］；

（3）对原始优化问题进行推导，获得求目标函数最大最小的原始优化问题［式（6-7）］；

（4）交换原始优化问题中求最大值与最小值的顺序，得到其对偶优化问题［式（6-8）］；

（5）对偶优化问题进行推导，获得可用内点法等求解的对偶优化问题［式（6-11）］；

（6）通过分析 KKT 条件，保障了对偶优化问题的解就是原始优化问题的解；推导出非零拉格朗日乘子 α_i 对应的样本 $\boldsymbol{x}_i$ 即为支持向量；

（7）求出对偶优化问题的最优解 $\boldsymbol{\alpha}^*$，计算原始优化问题的最优解 $\boldsymbol{w}^*$和 b^*［式（6-12）和式（6-13）］，获得最优分类线 $\boldsymbol{w}^{*\mathrm{T}}\boldsymbol{x}+b^*=0$。

3．SVM 分类模型的建立

依据获得的最优分类线（或分类面），可建立如下的分类决策函数，也称为**线性分类器**、**线性支持向量机**分类模型，即

$$g(\boldsymbol{x}) = \mathrm{sgn}(\boldsymbol{w}^{*\mathrm{T}} \boldsymbol{x} + b^*) \tag{6-15}$$

其中，sgn()为符号函数。这个**线性分类器**给出的判别规则是，当 $\boldsymbol{w}^{*\mathrm{T}}\boldsymbol{x}+b^*>0$，给出类别值 1，当 $\boldsymbol{w}^{*\mathrm{T}}\boldsymbol{x}+b^*\leqslant 0$，给出类别值−1。

上述工作完成了从训练数据集中学习出一个 SVM 分类模型。使用 SVM 分类器时，将给定的样本 $\boldsymbol{x}_j$ 作为分类器输入，该分类器 $g(\boldsymbol{x}_j)$输出 1 或者−1，对应样本的类别。

对于一般性 R^m 空间上的分类问题，上述求解过程和求得的分类模型也适用。

例 6-1 （二类样本分类）已知训练数据集 $D=\{(\boldsymbol{x}_i, y_i)\}$（见表 6-1），其中类别标签 $y_i\in\{+1, -1\}$，$\boldsymbol{x}_i=(x_{i1},x_{i2})$，类别+1 有 10 个样本，类别−1 有 10 个样本。请采用支持向量机方法建立

适合的分类模型，并使用该分类模型判别新样本(9.6,11.5)和(17.3,3.8)的类别。

表 6-1　训练数据集

样本编号 i		1	2	3	4	5	6	7	8	9	10
类别 +1	x_{i1}	3.5	4.2	6.8	8.8	7.5	8.0	11.6	14.2	13.6	9.4
	x_{i2}	10.9	7.7	7.6	12.2	9.8	14.7	16.8	13.0	15.6	11.6
样本编号 i		11	12	13	14	15	16	17	18	19	20
类别 −1	x_{i1}	7.1	9.9	12.0	12.7	15.7	14.0	16.4	18.3	18.3	19.0
	x_{i2}	3.5	2.7	4.0	6.3	5.7	8.8	6.1	5.5	10.3	4.9

解：考虑到求解原始优化问题的一系列公式难以手工计算，这里设计简化求解方法：遵循由两类样本之间最大间隔的辅助线求最优分类线的原理，找出每个类别样本集合的若干支持向量，求出形成分类间隔的近似辅助直线 H_1 与 H_2，再基于 H_1 与 H_2 求出分类线，从而获得分类模型。这种简化求法只能获得近似的最大间隔和最优分类线。

（1）找出每个类别集合中最靠近另一个类别集合的两个样本点（作为支持向量）

计算两个不同类别的样本之间的距离，所有这种距离中找出最近的 2 对样本。

类别+1：样本 3(6.8,7.6)，样本 8(14.2,13.0）

类别−1：样本 11(7.1,3.5)，样本 16 (14.0,8.8）

（2）做出过支持向量的辅助直线 H_1 与 H_2

过类别+1 的支持向量——样本 3、样本 8 做出上直线 H_2，计算 H_2 的斜率：

$k2=(13.0-7.6)/(14.2-6.8)=5.4/7.4=0.730$

过类别−1 的支持向量——样本 11、样本 16 做出下直线 H_1，计算 H_1 的斜率：

$k1=(8.8-3.5)/(14.0-7.1)=5.3/6.9=0.768$

（3）求上直线 H_2 与下直线 H_1 之间的中间直线作为分类线

先求 H_1 与 H_2 的平均斜率：$k=(0.730+0.768)/2 = 0.749$

再求过样本 3 的上直线方程：$x_{i2}-7.6 = 0.749(x_{i1}-6.8)$，即 $x_{i2}-0.749x_{i1}-1.507 = 1$

再求过样本 8 的上直线方程：$x_{i2}-13.0 = 0.749(x_{i1}-14.2)$，即 $x_{i2}-0.749x_{i1}-1.364 = 1$

再求过样本 11 的下直线方程：$x_{i2}-3.5 = 0.749(x_{i1}-7.1)$，即 $x_{i2}-0.749x_{i1}+0.818 = -1$

再求过样本 16 的下直线方程：$x_{i2}-8.8 = 0.749(x_{i1}-14.0)$，即 $x_{i2}-0.749x_{i1}+0.686 = -1$

将 4 条直线方程的平均作为分类线：$x_{i2}-0.749x_{i1}-0.342 = 0$

（4）依据分类线方程有分类模型：$g(\boldsymbol{x}_i) =\text{sgn}(x_{i2}-0.749x_{i1}-0.342)$

（5）使用分类模型判别新样本的类别

将样本(9.6,11.5)代入 $g(\boldsymbol{x}_i)$，有

$\text{sgn}(11.5-0.749\times9.6-0.342) = \text{sgn}(3.968) = +1$，则该样本属于类别+1

将样本(17.3,3.8)代入 $g(\boldsymbol{x}_i)$，有

$\text{sgn}(3.8-0.749\times17.3-0.342) = \text{sgn}(-9.500) = -1$，则该样本属于类别−1

6.3　支持向量机中的核方法

前文展示了线性支持向量机分类模型中的最优分类线对二维空间两个类别的样本点（不

同类别样本之间具有空白的间隔区域）具有良好的区分性。对于一些复杂分布的数据，这种最优分类线也会出现不能区分两类样本点的情况，这称为线性不可分的或非线性分类问题。

求解 m 维数据集的分类模型的常规思路是在 m 维空间中求解模型。若抛弃在 m 维空间中求解的思路，从发散思维的角度思考，可以在高于或低于 m 维的空间中展开求解工作，是不是会获得更好的求解效果？我们将尝试在高于 m 维的空间中展开求解工作，这个新思路引出了支持向量机的新理论——核方法。

升维思维是核方法的技巧之一。对于线性不可分的问题，其做法是引入核函数将原始数据映射到更高维空间，使其在新空间中变得线性可分，分类效果表现在高维空间。核方法的另一个技巧是利用核函数，在低维空间进行计算，避开在更高维空间的复杂计算，这对应着老子在《道德经》中提出的“以简驭繁”的复杂事务简化处理的思维。下文将详细讨论核方法的这两个技巧。

这里用图示说明升维技巧的思路与效果：图 6-6 显示在二维平面上两类样本不能被一条分类直线分开，属于非线性分类问题；将原始样本映射到一个更高维空间（三维空间），在三维空间它们呈现出分离的状态（参见图 6-7），可以找到一个分类面将它们分开，即这两个类别的样本点在更高维空间是线性可分的；这就是升维技巧带来的好处。

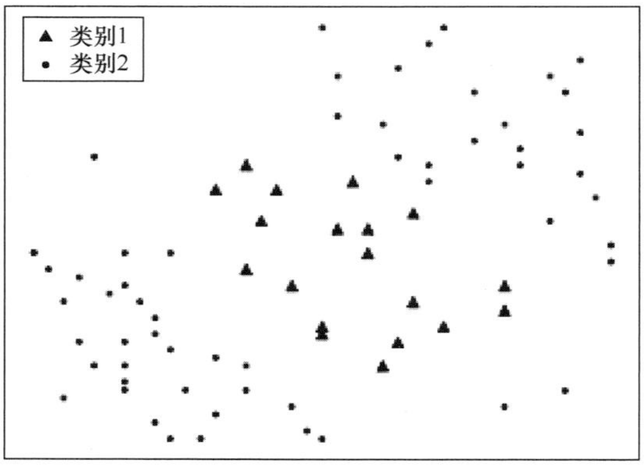

图 6-6　线性不可分二类数据的散点图

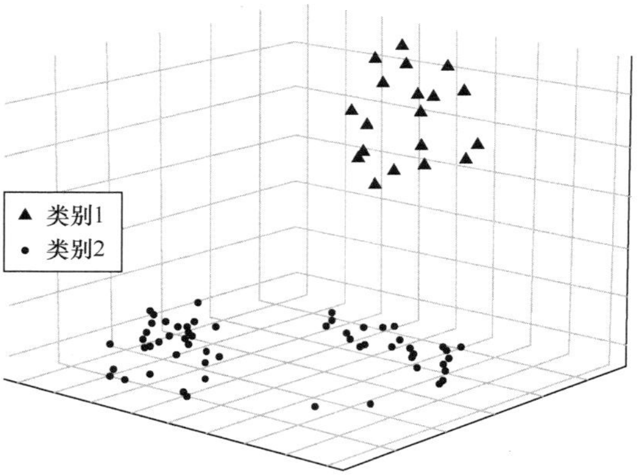

图 6-7　二类数据被映射到三维空间呈现分离状态

核方法（核技巧）是这个解决思路的具体实现，引入一个非线性映射函数，将原始特征空间（欧几里得空间）线性不可分的两类样本映射到一个更高维空间（希尔伯特空间），在这个高维空间按照线性支持向量机方法求解最优分类面（或分类超平面），获得分类决策函数。

这里给出一个例子来直观理解非线性映射函数$\phi(\cdot)$。对于二维空间某个具有两个分量的样本$\boldsymbol{x}=(x_1, x_2)$，设计一个映射函数

$$\phi(\boldsymbol{x})=(x_1,x_2,\sqrt{x_1x_2})$$

能够将该样本从二维空间（具有两个分量）映射到三维空间（具有 3 个分量）；也可以设计一个从二维空间到五维空间（具有 5 个分量）的映射函数

$$\phi(\boldsymbol{x})=(x_1,x_2,\sqrt{x_1x_2},x_1^2,x_2^2)$$

如何在线性支持向量机方法中使用核技巧？简单地讲，在线性支持向量机方法的有关公式中，用映射函数$\phi(\boldsymbol{x})$替换代表样本的变量 $\boldsymbol{x}$；然后，线性支持向量机方法的求解过程同样适用于替换后的公式。

设映射函数$\phi(\boldsymbol{x})$将样本$\boldsymbol{x}$映射到一个高维空间，在这个高维空间区分两类样本的分类面如下：

$$\boldsymbol{w}^{\mathrm{T}}\phi(\boldsymbol{x})+b=0 \tag{6-16}$$

样本$\boldsymbol{x}$映射后的对偶优化问题如下：

$$\begin{aligned}&\min_{\alpha}\ \frac{1}{2}\sum_{i=1}^{n}\sum_{j=1}^{n}\alpha_i\alpha_j y_i y_j \phi(\boldsymbol{x}_i)^{\mathrm{T}}\phi(\boldsymbol{x}_j)-\sum_{i=1}^{n}\alpha_i\\&\text{s.t.}\ \sum_{i=1}^{n}\alpha_i y_i=0,\quad 0\leqslant\alpha_i\leqslant C,\quad i=1,2,\cdots,n\end{aligned} \tag{6-17}$$

寻找合适的映射函数$\phi(\boldsymbol{x})$有难度，计算上式中的$\phi(\boldsymbol{x}_i)^{\mathrm{T}}\phi(\boldsymbol{x}_j)$也有难度。为避开这种计算难题，设计如下形式的核函数来替代$\phi(\boldsymbol{x}_i)^{\mathrm{T}}\phi(\boldsymbol{x}_j)$的计算：

$$K(\boldsymbol{x}_i,\boldsymbol{x}_j)=\langle\phi(\boldsymbol{x}_i),\phi(\boldsymbol{x}_j)\rangle=\phi(\boldsymbol{x}_i)^{\mathrm{T}}\phi(\boldsymbol{x}_j) \tag{6-18}$$

其中$K(\cdot,\cdot)$是**核函数**（kernel function），$<\cdot,\cdot>$表示内积计算。在相关的计算中，我们使用核函数 $K(\cdot,\cdot)$，不使用映射函数$\phi(\cdot)$。于是，一个核函数隐式地定义了一个称为“再生核希尔伯特空间”的特征空间，而产生这个征空间的映射函数$\phi(\cdot)$并未被求解。

核函数形式的对偶优化问题如下：

$$\begin{aligned}&\min_{\alpha}\ \frac{1}{2}\sum_{i=1}^{n}\sum_{j=1}^{n}\alpha_i\alpha_j y_i y_j K(\boldsymbol{x}_i,\boldsymbol{x}_j)-\sum_{i=1}^{n}\alpha_i\\&\text{s.t.}\ \sum_{i=1}^{n}\alpha_i y_i=0,\quad 0\leqslant\alpha_i\leqslant C,\quad i=1,2,\cdots,n\end{aligned} \tag{6-19}$$

核函数形式的分类决策函数（支持向量机分类器）如下：

$$\begin{aligned}g(\boldsymbol{x})&=\mathrm{sgn}(\boldsymbol{w}^{*\mathrm{T}}\phi(\boldsymbol{x})+b^*)=\mathrm{sgn}\Big(\sum_{i=1}^{n}\alpha_i y_i\phi(\boldsymbol{x}_i)^{\mathrm{T}}\phi(\boldsymbol{x})+b^*\Big)\\&=\mathrm{sgn}\Big(\sum_{i=1}^{n}\alpha_i y_i K(\boldsymbol{x}_i,\boldsymbol{x})+b^*\Big)\end{aligned} \tag{6-20}$$

获取优秀分类性能的分类器是我们的目标，可以通过尝试不同的核函数来选择一个合适的核函数达到此目标。选择合适的核函数往往依靠经验，例如，对文本数据采用线性核，情

况不明时优先尝试高斯核。

某个函数要成为核函数需要满足 Mercer 定理（具体定理略）。对于一个核函数，经由该核函数构造的核矩阵是半正定的，核函数形式的优化问题是凸优化，于是，全局最优解易于被求解。常用的核函数有：

（1）线性核函数 $K(\boldsymbol{x}_i,\boldsymbol{x}_j)=\boldsymbol{x}_i^{\mathrm{T}}\boldsymbol{x}_j$；

（2）多项式核函数 $K(\boldsymbol{x}_i,\boldsymbol{x}_j)=(\boldsymbol{x}_i^{\mathrm{T}}\boldsymbol{x}_j)^r$，其中 r 为多项式的阶次；

（3）高斯核函数 $K(\boldsymbol{x}_i,\boldsymbol{x}_j)=\mathrm{e}^{-\frac{\|\boldsymbol{x}_i-\boldsymbol{x}_j\|^2}{2\sigma^2}}$，也称径向基函数，其中 σ 为高斯核的带宽；

（4）Sigmoid 核函数 $K(\boldsymbol{x}_i,\boldsymbol{x}_j)=\tanh(\beta\boldsymbol{x}_i^{\mathrm{T}}\boldsymbol{x}_j+\theta)$，其中 tanh 为双曲正切函数，参数 $\beta>0$，$\theta<0$。

在我们学过的分类算法中，支持向量机方法获得的分类器常常具有更优的分类性能，这种优势归功于其通过求解两类间最大间隔获得最优分类器的原理，也归功于其使用的核技巧，将输入特征映射到更高维的特征空间以促使不同类别的样本点之间出现更好的可区分性。总之，引入核函数给支持向量机方法带来了更多的优点，主要有：

（1）核函数隐式地将输入数据映射到一个更高维的特征空间，使得在原始空间中线性不可分的数据在高维空间中可能变得线性可分。

（2）核函数提高了支持向量机对复杂数据的分类能力。

（3）具备核函数的支持向量机具有解决非线性分类问题的能力。

6.4 支持向量机的特点

支持向量机方法的理论基础是统计学习理论。支持向量机方法的核心特点是基于两类样本点之间的几何间隔最大化的原理，依据数据求解最大间隔的分类面（或线）作为区分两类样本点的最优分类面（或线），获得对应的决策函数（分类器）。SVM 分类器是一种判别模型，对输入样本判别其类别。

SVM 寻找最优分类面（分类线）时只用到了那些作为支持向量的样本，即靠近分类面的样本点，让支持向量尽可能地远离分类面，并未考虑其他更远的样本点。如果数据集增加的样本不属于支持向量，不会影响最终的 SVM 分类器。由于 SVM 方法只用到了数量不多的作为支持向量的样本，因此，支持向量机的一个特点是适合于中等和小样本量的数据集，在小数据集上也具有较好的性能。

支持向量机方法的另一个关键特点是设计核方法实现了非线性映射，将输入特征映射到更高维的特征空间，使得线性不可分的样本点在高维空间出现好的可区分性。因此，在原始空间样本线性不可分的非线性分类问题也可以得到较好的解决。

支持向量机方法实践了统计学习理论中的**结构化风险**最小化的原则。观察支持向量机的原始优化问题的目标函数：

$$\min_{\boldsymbol{w},b,\xi}\ \frac{1}{2}\|\boldsymbol{w}\|^2+C\sum_{i=1}^{n}\xi_i$$

其中，项$\sum\xi_i$ 表达样本被错分的程度，即模型对训练集样本分类的总误差，称为**经验风险**；

项$\|\boldsymbol{w}\|^2/2$表达模型的性质，称为**结构风险**；C用于对二者的折中。二者之和体现出结构化风险最小的目标。这种设计更加科学合理，SVM 分类器的设计不仅着重于对训练样本的分类误差最小，也着重于对未来样本的正确分类能力，即所谓的模型泛化能力或推广能力。

支持向量机的优点有很多，包括：

（1）能解决线性分类问题和非线性分类问题。

（2）适合于高维数据集。支持向量机的计算复杂性取决于支持向量的数目，而不依赖于样本的维数，避免了像决策树那样的高维数时计算复杂性很高的情况。

（3）适用于小样本量数据集，并具有较好的分类性能。

（4）分类器的设计目标是结构化风险最小，而不只是经验风险最小，避免了过拟合问题。

（5）SVM 分类器的泛化性能（对新样本的分类正确性）比较高。

（6）对异常值不敏感，对非关键样本具有好的鲁棒性，增加或删除非支持向量样本对 SVM 分类器的性能没有影响。

支持向量机也有一些缺点，包括：

（1）对大规模训练数据集的计算效率不高；利用二次规划求解支持向量有些困难，需要采用改进算法。

（2）经典的支持向量机方法是针对二分类设计的，不能直接用于多分类问题。

（3）对参数和核函数的选择敏感，不适合的参数和核函数会影响性能；目前主要根据经验来选取。

6.5　多分类问题

经典的支持向量机方法解决了二分类问题，在实际应用中，会有解决多个类别的分类问题的需求。常见的处理方法是通过多个二分类支持向量机的组合来解决多分类问题。经典的组合策略包括：一对一、一对多、多对多。

1．一对一组合模式

将多分类问题转化为多个二分类问题来求解。设数据集有k个类别的样本，将k个类别（包括对应的k个类别的数据）两两配对，一共可产生$k(k-1)/2$个二分类任务。然后，分别求解这些二分类任务，可获得$k(k-1)/2$个分类器。在这些分类器的使用或测试阶段，将新样本输入所有的分类器，于是获得$k(k-1)/2$个分类结果，采用结果投票方法将得票最多的类别作为新样本的类别。若同时有多个类别获得最多得票，则存在决策盲区。

2．一对多组合模式

将k分类问题转化为k个二分类问题来求解。将一个类别及其对应的样本作为正例，其他剩余的类别及其样本作为反例；于是，两个类别的数据集形成，再用于学习出一个二类分类器；每个类别都如此操作，可获得k个分类器。在使用k个分类器时，将新样本输入所有的分类器，如果仅有一个分类器判别新样本为正例，则新样本为该分类器的正例所对应的类别。如果新样本被多个分类器识别为正例，可以采用判断分类器的置信度的方法，选择置信度大的分类器的输出类别作为新样本的最终类别。该模式也存在决策盲区。

3．多对多组合模式

对于多对多组合，可以采用纠错输出码方法，编码有两种形式：只包括正类和反类的二元码，包括正类、反类和停用类的三元码。在编码阶段，对 k 个类别进行 1 次划分，其中一部分类划分为正类（类别值+1），另一部分类划分为反类（类别值−1），形成一个两类样本的数据集；由这个两类样本的数据集学习出一个分类器 M_1，k 个类别的每个类别在分类器 M_1 上有一个类别值+1 或−1；类似进行 N 次划分可获得 N 个分类器，k 个类别的每个类别在 N 个分类器上有 N 个类别值+1 或−1，这 N 个类别值构成某类的类别编码。表 6-2 是三分类的二元码编码示例。

表 6-2　三分类的二元码编码示例

分类器	M_1	M_2	M_3	M_4	M_5	M_6
类 1	+1	−1	−1	+1	−1	−1
类 2	+1	+1	−1	−1	+1	+1
类 3	−1	−1	+1	−1	−1	+1

在解码阶段，将新样本提交给 N 个分类器，得到 N 个类别值的结果，组成一个编码；将该编码与各类所对应的编码进行比较，将距离最小的编码所对应的类别作为预测结果。距离计算可采用欧氏距离，或采用海明距离，即统计对应位上编码不同的数量。表 6-3 是三分类的二元码解码示例，新样本的编码与类 2 编码的海明距离最小，则判定新样本的类别为类 2。

表 6-3　解码示例：新样本与各类别的海明距离

分类器	M_1	M_2	M_3	M_4	M_5	M_6	海明距离
类 1	+1	−1	−1	+1	−1	−1	3
类 2	+1	+1	−1	−1	+1	+1	1
类 3	−1	−1	+1	−1	−1	+1	5
新样本	+1	+1	−1	−1	+1	−1	

6.6　支持向量回归

从前文中可以看到，适用于多分类问题的支持向量机方法具有很多优点和优良性能。那么，如何调整支持向量机的原理才能适用于回归问题？支持向量回归的目标函数又是什么样的？

设已知训练数据集 $D=\{(\boldsymbol{x}_i, y_i)\}$（$i$=1,2,3,⋯,$n$），其中具有 m 维特征（或属性）的样本向量 $\boldsymbol{x}_i \in R^m$，每个样本 $\boldsymbol{x}_i$ 对应一个实数 y_i。机器学习任务希望从数据集 D 中学习出一个因变量 y 与自变量 $\boldsymbol{x}$ 之间的回归关系式 $y=f(\boldsymbol{x})$，使得 $f(\boldsymbol{x}_i)$能够与 y_i 尽可能地接近。回顾前文介绍的回归公式求解方法，以观测值 y_i 与估计值 $f(\boldsymbol{x}_i)$之差的残差平方和（称为回归误差或损失）最小为目标，求解回归公式中的回归系数 $\boldsymbol{w}$ 和 b，其线性回归公式如下：

$$y = f(\boldsymbol{x}) = \boldsymbol{w}^{\mathrm{T}}\boldsymbol{x} + b \tag{6-21}$$

其误差函数（损失函数）为残差平方和，公式如下：

$$L(\boldsymbol{w},b)=\sum_{i=1}^{n}[y_i-f(\boldsymbol{x}_i)]^2=\sum_{i=1}^{n}(y_i-\boldsymbol{w}^{\mathrm{T}}\boldsymbol{x}_i-b)^2 \tag{6-22}$$

然后，以损失函数最小化为目标求解回归系数，具体的求解过程是围绕微积分的求极值方法展开的。

上述回归问题也可以采用支持向量回归（support vector regression, SVR）方法来求解。**支持向量回归算法**建立一个类似的回归公式 $y=f(x)$来描述变量之间的回归关系，其主要不同之处在于使用不同于残差平方和的损失函数，以及采用类似支持向量机的解决原理。

在图 6-8 中，已建立回归线 $y=f(x)=\boldsymbol{w}^{\mathrm{T}}\boldsymbol{x}+b$（图 6-8 中实线 H_0）表达据点之间的关系；再建立一条与 H_0 平行的辅助直线 $y=f(x)-\varepsilon$（图 6-8 中下虚线 H_1），建立一条与 H_0 平行的辅助直线 $y=f(x)+\varepsilon$（图 6-8 中上虚线 H_2）；两条辅助线 H_1 和 H_2 之间形成 ε–间隔区，其中 $\varepsilon>0$。在 ε-间隔区内，回归线 $y=f(x)$对数据点的预测误差定义为 0。注：为便于与后文公式对照，图中的 $\boldsymbol{w}$ 和 $\boldsymbol{x}$ 仍写为向量符号，实际上它们在坐标系 xOy 都是标量。

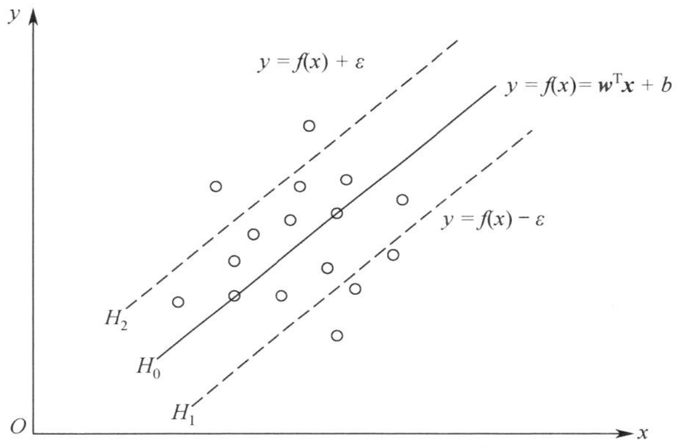

图 6-8　支持向量回归示意图

支持向量回归采用如下的 ε–不敏感损失函数：

$$L_{\varepsilon}(y_i-f(\boldsymbol{x}_i))=\begin{cases}0, & \text{当}\,|y_i-f(\boldsymbol{x}_i)|\leqslant\varepsilon\\ |y_i-f(\boldsymbol{x}_i)|-\varepsilon, & \text{其他}\end{cases} \tag{6-23}$$

上式的含义是容忍 $f(\boldsymbol{x}_i)$与 y_i 之间的绝对残差有最多 ε 的偏差，这个绝对残差大于 ε 时才计算损失，而在 ε–间隔区范围则认为损失为 0。偏差容忍之后，损失为 0 的残差范围在去掉绝对值符号后重写如下：

$$\begin{cases}f(\boldsymbol{x}_i)-y_i\leqslant\varepsilon\\ y_i-f(\boldsymbol{x}_i)\leqslant\varepsilon\end{cases} \tag{6-24}$$

再引入松弛变量 $\xi_i\geqslant0$ 和 $\xi_i^*\geqslant0$，表达预测偏差超出 ε 的部分，于是用 $f(\boldsymbol{x}_i)$预测 y_i 所带来的预测偏差或损失由 ε 与 ξ 组成。考虑 ε–不敏感损失和超出 ε 的预测损失，预测值 $f(\boldsymbol{x}_i)$与观测值 y_i 之间预测损失的范围如下：

$$\begin{cases}f(\boldsymbol{x}_i)-y_i\leqslant\varepsilon+\xi_i\\ y_i-f(\boldsymbol{x}_i)\leqslant\varepsilon+\xi_i^*\end{cases} \tag{6-25}$$

类似支持向量机方法，在上式约束条件下回归目标函数包括间隔和松弛变量的和，则回归问题的 SVR 原始最优化问题如下：

$$\begin{aligned}&\min_{w,b,\xi,\xi^*} \frac{1}{2}\|\boldsymbol{w}\|^2 + C\sum_{i=1}^{n}(\xi_i+\xi_i^*)\\&(\boldsymbol{w}^{\mathrm{T}}\boldsymbol{x}_i+b)-y_i \leqslant \varepsilon+\xi_i\\&y_i-(\boldsymbol{w}^{\mathrm{T}}\boldsymbol{x}_i+b) \leqslant \varepsilon+\xi_i^*\\&\xi_i \geqslant 0, \xi_i^* \geqslant 0,\quad i=1,2,\cdots,n\end{aligned} \tag{6-26}$$

采用类似支持向量机的求解方法，原始优化问题转化为如下的 SVR 对偶优化问题：

$$\begin{aligned}&\min_{\alpha,\alpha^*} \frac{1}{2}\sum_{i=1}^{n}\sum_{j=1}^{n}(\alpha_i-\alpha_i^*)(\alpha_j-\alpha_j^*)\boldsymbol{x}_i^{\mathrm{T}}\boldsymbol{x}_j+\varepsilon\sum_{i=1}^{n}(\alpha_i+\alpha_i^*)-\sum_{i=1}^{n}y_i(\alpha_i-\alpha_i^*)\\&\text{s.t.}\quad \sum_{i=1}^{n}(\alpha_i-\alpha_i^*)=0,\quad 0\leqslant \alpha_i,\alpha_i^* \leqslant C,\quad i=1,2,\cdots,n\end{aligned} \tag{6-27}$$

其中，$\alpha_i \geqslant 0$ 和 $\alpha_i^* \geqslant 0$ 是拉格朗日乘子。类似地，求解过程需满足 KKT 条件（略）。

适当地选定误差 ε 和 C 后，求解此对偶优化问题可获得最优解——拉格朗日乘子 α_i 和 α_i^*。对偶问题的最优解（α_i 和 α_i^*）是原始优化问题的最优解（$\boldsymbol{w}^*$ 和 b^*）。于是，计算回归系数 $\boldsymbol{w}^*$ 和 b^* 如下：

$$\boldsymbol{w}^* = \sum_{i=1}^{n}(\alpha_i-\alpha_i^*)\boldsymbol{x}_i \tag{6-28}$$

$$b^* = y_j+\varepsilon-\sum_{i=1}^{n}(\alpha_i-\alpha_i^*)\boldsymbol{x}_i^{\mathrm{T}}\boldsymbol{x}_j \tag{6-29}$$

可使用所有满足条件的样本 $\boldsymbol{x}_j$ 计算 b^*，然后取这些 b^* 的平均值作为更具鲁棒性的求解值。上式中能使 $(\alpha_i-\alpha_i^*)\neq 0$ 的样本为支持向量，它们位于 ε–间隔区之外，它们仅是整个训练集的一部分样本。

上述 SVR 求解过程完成后，最终获得符合数据集的回归关系式：

$$y=f(\boldsymbol{x})=\boldsymbol{w}^{*\mathrm{T}}\boldsymbol{x}+b^* \tag{6-30}$$

与支持向量机方法类似，支持向量回归算法也可以采用核技巧，SVR 对偶优化问题目标函数的相应变化是，将目标函数中的 $\boldsymbol{x}_i^{\mathrm{T}}\boldsymbol{x}_j$ 用核函数 $K(\boldsymbol{x}_i, \boldsymbol{x}_j)$ 替代。相类似的求解之后，获得回归关系式：

$$y=f(\boldsymbol{x})=\sum_{i=1}^{n}(\alpha_i-\alpha_i^*)K(\boldsymbol{x},\boldsymbol{x}_i)+b^* \tag{6-31}$$

其中，$b^*=y_j-\varepsilon-\sum_{i=1}^{n}(\alpha_i-\alpha_i^*)K(\boldsymbol{x}_j,\boldsymbol{x}_i)$。可计算所有满足条件的 b_j^*，其平均值作为 b^*。

6.7 实例与编程求解

例 6-2 二分类与可视化任务：对给定的二类鸢尾花数据集，建立支持向量机分类器判别样本的类别，评估所设计的二分类模型的预测性能（准确率），并可视化数据集和对应支持向量机的分类线。

数据集：机器学习库 sklearn 自带的鸢尾花（Iris）数据集包含三种鸢尾花（类别）的样本，选择其前两个类别的样本，合计 100 个样本，同时选择其前两个特征/属性（sepal length

和 sepal width）；这样构成的鸢尾花数据子集具有两个类别、两个特征、100 个样本和对应的类标。

解：采用支持向量机分类算法进行求解，由于该数据子集是线性可分的，选择线性支持向量机方法；编写 Python 代码，调用机器学习库 sklearn 中相关模型和方法进行实现。对应的求解步骤如下：

（1）导入所需的库和方法；

（2）加载数据集，选取其数据子集；

（3）将数据集划分为训练集和测试集，常见的划分比例是测试集的样本数量占总样本量的 25%或 30%，未在测试集的样本组成训练集；

（4）使用训练集训练或构建分类模型；

（5）使用获得的分类模型预测测试样本的类别；

（6）使用测试集评估分类模型的泛化性能；

（7）将训练集和分类模型对应的分类线可视化。

代码清单　支持向量机分类模型的训练、性能评估与可视化

```
#线性支持向量机示例，导入相关的库和方法
import numpy as np
import matplotlib.pyplot as plt
from sklearn.model_selection import train_test_split
from sklearn.svm import SVC
from sklearn.metrics import accuracy_score
from sklearn.datasets import load_iris

#加载数据集，选取其数据子集
adata = load_iris()
X = adata.data[0:99, [0, 1]]  #由前两个特征构成的样本
y = adata.target[0:99]  #选择前两个类别的类标

#设置比例将数据分成训练集（70%）和测试集（30%），采用分层分割数据的模式
X_train, X_test, y_train, y_test = train_test_split(X, y, test_size=0.3, stratify=y,
random_state=0)

#创建模型对象，选择线性核函数（线性支持向量机），使用训练集训练分类模型
model = SVC(kernel='linear', probability=True)
model.fit(X_train, y_train)

#使用分类模型，将测试集输入模型，模型输出测试样本的类标
y_pred_test = model.predict(X_test)

#计算模型在测试集上的准确率
acc_test = accuracy_score(y_test, y_pred_test)
print(f"模型在测试集上的准确率：{acc_test:.4f}")

#观察模型在训练集上的准确率
acc_train = model.score(X_train, y_train)
print(f"模型在训练集上的准确率：{acc_train:.4f}")
#观察每个样本属于每个类别的概率，y_prob[:, 0]对应类标 0，y_prob[:, 1]对应类标 1
y_prob = model.predict_proba(X_test)

#求出分类线的两个端点
```

```
w = model.coef_  #各特征的系数
b = model.intercept_  #分类线截距项
x1 = np.array([min(X[:, 0]), max(X[:, 0])])  #样本第 1 维的最小、最大值
x2 = (w[0, 0] * x1 + b) / (-w[0, 1])
id1 = y_train == 0  #第 1 类样本的索引
id2 = y_train == 1  #第两类样本的索引

#展示训练数据的散点图，绘制 SVM 模型的分类线
plt.rcParams['font.sans-serif'] = ['SimHei']
plt.scatter(X_train[id1, 0], X_train[id1, 1], c='k', marker='^', label='类别 1')
plt.scatter(X_train[id2, 0], X_train[id2, 1], c='k', marker='.', label='类别 2')
plt.plot(x1, x2, color='blue', label='SVM 分类线')
plt.legend(loc='upper left', fontsize=12)
plt.xlabel("X1")
plt.ylabel("X2")
plt.show()
```

执行代码获得结果：模型在测试集上的准确率为 1.0，也观察到模型在训练集上的准确率为 1.0。这样的准确率说明所建立的分类模型的泛化性能高，也归功于该数据子集的可分性好。图 6-9 展示了执行代码获得的对应分类模型的分类线。

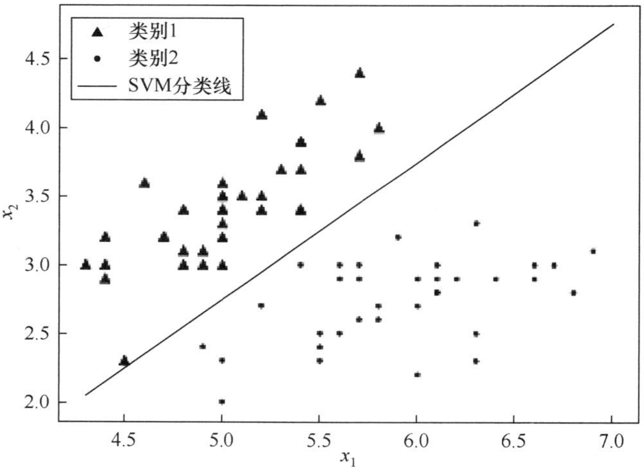

图 6-9　二类样本的散点图与 SVM 分类线

例 6-3　二分类任务：对乳腺癌数据集，建立支持向量机分类器判别样本的类别，并评估所设计的分类模型的预测性能（准确率）。

数据集：机器学习库 sklearn 自带的乳腺癌（breast cancer）数据集包含两个类型的样本，分别有 357 个良性（benign）肿瘤样本和 212 个恶性（malignant）肿瘤样本，共 30 个特征（属性）包括肿瘤的半径、纹理、周长、面积等。

解：采用支持向量机分类算法进行求解，由于每个样本的特征多，选择核函数支持向量机方法；编写 Python 代码，调用机器学习库 sklearn 中相关模型和方法进行实现。对应的求解步骤如下：

（1）导入所需的库和方法；

（2）加载数据集；

（3）将数据集划分为训练集和测试集，常见的划分比例是测试集的样本数量占总样本量

的 25%或 30%，未在测试集的样本组成训练集；

（4）使用训练集训练或构建分类模型；

（5）使用获得的分类模型预测测试样本的类别；

（6）使用测试集评估分类模型的泛化性能。

代码清单　支持向量机分类模型的训练、使用与性能评估

```
#非线性支持向量机示例，导入相关的库和方法
from sklearn.model_selection import train_test_split
from sklearn.svm import SVC
from sklearn.metrics import accuracy_score
from sklearn.datasets import load_breast_cancer

#加载数据集
adata = load_breast_cancer()
X = adata.data
y = adata.target  #类标

#设置比例将数据分成训练集（70%）和测试集（30%），采用分层分割数据的模式
X_train, X_test, y_train, y_test = train_test_split(X, y, test_size=0.3, stratify=y,
random_state=0)

#创建模型对象，选择核函数形式的支持向量机，使用训练集训练分类模型
model = SVC(kernel='rbf', C=1, probability=True)
model.fit(X_train, y_train)

#使用分类模型，将测试集输入模型，模型输出测试样本的类标
y_pred_test = model.predict(X_test)

#计算模型在测试集上的准确率
acc_test = accuracy_score(y_test, y_pred_test)
print(f"模型在测试集上的准确率：{acc_test:.4f}")

#观察模型在训练集上的准确率
acc_train = model.score(X_train, y_train)
print(f"模型在训练集上的准确率：{acc_train:.4f}")
```

执行代码获得结果：模型在测试集上的准确率为 0.9064，也观察到模型在训练集上的准确率为 0.9221。这里采用了模型的默认参数，支持向量机模型的泛化性能比较高；我们可以寻找更优的模型参数，提升其泛化性能。

6.8　习题

一、简答题

1．线性可分支持向量机的基本原理是什么？

2．平面上二类样本之间的间隔区域与最优分类线是什么关系？

3．二维空间中点(x_1, y_1)到直线 $Ax+By+C=0$ 的距离公式是什么？

4．求解最优分类线转化为一个优化问题，这种优化问题的含义是什么？

5．支持向量机原始优化问题的约束条件的含义是什么？

6．约束优化问题中约束条件的标准形式是什么？

7. 为将约束优化问题转化为无约束优化问题，举例说明如何将约束条件放入目标函数？

8．如何通俗易懂地理解核函数？

9．对于非线性分类问题，支持向量机方法的解决思路是什么？

10．使用核函数的支持向量机的公式是什么样的？与无核函数的公式有什么区别？

11．以二类分类问题为例，说明使用核函数有什么好处？

12．以二维样本集的分类问题为例，总结构建和使用一个支持向量机的原理。

13．支持向量机的目标函数如何体现出模型结构风险与经验风险？

14．多分类问题（例如，3 个类别的数据集），如何用二分类的分类器来解决？

15．支持向量回归算法采用的 ε–不敏感损失函数是什么？

二、填空题

1．________只使用全部训练样本中的少量样本训练出一个分类模型。

2．在二维空间上，若两类样本之间有一定的间隔区域（即无样本点区域），则容易在该间隔区域找到一个简单的________将两类样本点区分开。

3．支持向量机方法的理论基础是________理论。

4．支持向量机是用于解决________问题的方法和模型。

5．从平面几何角度看，支持向量机方法的目标是通过追求两类样本之间的________最大来获得最优分类线。

6．从平面几何的角度看，支持向量机方法中使两类样本之间的分类间隔最大的分类线称为________。

7．从几何的视角看，在四维及以上的样本空间，支持向量机方法建立区分两类样本的________，并称为分类超平面。

8．对于支持向量机方法的优化问题，在约束条件中引入________变量对应于允许两类样本的间隔区域有样本进入，此时的间隔称为软间隔。

9．对于支持向量机方法的优化问题，在________中引入松弛变量，其作用是允许部分样本被错分，并反映着样本被错分的程度。

10．对分类问题的数据集使用核技巧，可以将输入（数据的）特征映射到________的特征空间，其目标是促使不同类别的样本点之间出现更好的可区分性。

11．对于支持向量机方法，常用的核函数有________。

12．支持向量机方法寻找最优分类面时，最后的计算过程只用到全部样本中的一部分，称这一部分样本为________。

13．支持向量机方法寻找最优分类面时所用到的支持向量是靠近分类面的样本点，并未使用其他比支持向量________的样本点。

14. 具备核技巧的支持向量机方法能够解决在原始空间样本线性不可分的________分类问题。

15．支持向量机方法实践了统计学习理论中的________风险最小化的原则。

16．支持向量机的目标函数包含分类间隔项和松弛变量项。依据支持向量机方法的结构化风险理论，松弛变量项代表样本被错分的程度，对应着________风险。

17. 支持向量机的目标函数包含分类间隔项和松弛变量项。依据支持向量机方法的结构化风险理论，分类间隔项代表________的性质，对应着________风险。

18. 支持向量机方法的分类器设计目标是________最小，而不只是经验风险最小，避免了________问题。

19. 对于多分类任务，若可供使用的分类器只能解决二分类问题，则可以将多分类问题转化为多个________问题来求解。

20. 对于多分类任务，若可供使用的分类器只能解决二分类问题，则可以通过多个二分类的分类器的________来解决多分类问题。

21. 对于多分类任务，若可供使用的分类器只能解决二分类问题，则可以组合多个分类器来完成任务，组合策略包括：________、一对多、多对多。

22. 对应于求解回归公式时以回归误差最小为目标，________方法追求 ε–不敏感损失函数最小。

23. 对于支持向量回归算法，ε–不敏感损失函数的含义是容忍回归函数 $f(\boldsymbol{x})$的计算值与真值 y 之间的________有最多 ε 的偏差。

24. 对于支持向量回归算法，其在约束条件下的回归目标函数包括间隔项和________项。

第 7 章 模型性能评估

在农业生产中，人们会通过对比不同生产方法或工具的效果来选择一个更高效的生产方法。中国古人也懂得通过田间试验来评估不同耕作方法的效果，例如，北魏时期贾思勰所著《齐民要术》中记载，尝试不同的施肥方法、耕作深度以及播种密度，然后比较这些方法对作物生长和产量的影响，这反映出效果评估是人们选择更好生产方法的手段。

效果评估或性能评估对于分类工作也是需要的。对于一个分类任务，我们学过的分类算法（或学习算法）都可以用于建立一个分类模型来完成任务，可以设计出许多不同种类的模型；另外，同一个学习算法使用不同的参数配置时，也会产生出不同的分类模型。那么，面对众多潜在可用的模型，我们该选择哪一种学习算法，选用哪一种参数配置的模型呢？这个问题涉及机器学习中的模型选择问题。从更好地完成任务的角度看，我们希望从众多备选模型中挑选出综合性能最好的模型来使用。这涉及不同分类模型之间的性能对比问题。

在解决某个分类应用问题时，我们会建立一个分类模型，但不能主观认为所建立的模型是一个优秀模型且适合于此应用问题。我们应当遵循客观严谨的科学观，评估该模型的泛化性能是否能满足要求。上述模型选择和性能对比问题均涉及对分类模型的性能评估问题，本章讨论模型性能的评估方法和评价标准。

从系统思维的角度看，采用机器学习方法解决实际问题是一个有机的系统，需要对实际问题进行分析，研究如何建立学习模型，也研究如何对模型的性能进行评价，以及关注模型应用于实际问题的实施环节。模型的性能评估是这个有机系统的必备环节。

7.1 模型性能评估的原理与方法

当使用训练数据集建立一个分类或回归模型之后，在应用该模型到实际问题之前，需要对该模型的性能进行评估，以了解该模型是否能满足解决实际问题的要求；达到要求的模型才能用于实际问题。对一个模型的性能进行评估，依据系统思维，需要一个切实可行的**评估方法**，也需要衡量模型性能的评价标准或**评价指标**，二者组成**性能度量**的系统。采用何种性能度量取决于任务的具体情况和需求，使用不同的性能度量往往带来不同的评价结果。因此，应根据任务的情况和需求，选择适合的性能度量。

1. 回归效果评价（回归模型的性能评价）

回顾回归分析的章节——回归分析的效果评价，对于回归预测任务，性能度量的目标是评估回归模型的回归或预测效果。一种评估方法是评估回归模型输出的预测对测试数据的逼近程度，或者说比较回归模型的输出值与真实数据之间的差值，常用的评价指标有平均绝对误差、均方误差和均方根误差等，具体内容参见回归分析的章节。

另一种评估方法是评估求得的回归模型拟合数据集的程度，常用的评价指标是反映模型拟合优度的决定系数（可决系数），具体内容参见回归分析的章节。这些指标从不同角度衡量了回归效果，常常用于对比不同回归模型的回归或预测效果。

2. 分类模型的性能评价

对于分类任务，进行性能度量的目标可以是追求模型对训练样本的分类误差（**经验误差**）更小，也可以是追求模型对新样本的分类误差（**泛化误差**）更小，即追求更强的模型**泛化能力或推广能力**。在一般情况或默认情况下，分类模型的性能评估是指评估分类模型的泛化性能。下文主要以二分类问题为例讨论模型性能的评估问题。

分类模型性能的评估方法是，使用专用的**测试数据集**来计算分类模型在测试集上的误差作为泛化误差的近似，这个测试数据集应当与建立分类模型所用的训练数据集没有相同的样本。当没有给定测试数据集时，需要划分出任务数据集中一部分数据作为测试数据，剩余部分则作为训练集。划分出的测试集应尽量保持其数据分布与任务数据集的原始分布具有一致性，训练集也应遵循同样的要求。为达此目标，划分数据集时可采用保留类别比例的采样方式，即所谓的**分层采样法**。

3. 模型性能评估的实施方法

确定评估方法且选定评价指标后，还需要采用不同的评估实施策略或方法，以适用于不同情况的数据集。

模型性能评估的一种实施方法是**留出法**（hold-out）：将全部数据随机划分为相互独立的训练集（例如，包含三分之二的样本）和测试集（包含剩余的三分之一样本），然后利用训练集建立分类模型，使用测试集计算模型的泛化误差。该方法适用于数据集比较大（例如，上万个样本）且二个类别的样本数量比较均衡的情况。

模型性能评估的另一种实施方法是**交叉验证法**（cross validation），该方法适用于小数据集（例如，几十个样本）的情况，也适用于中等规模数据集且类别不平衡严重的情况。交叉验证法的基本思路是，整个数据集被划分为多个不相交的子集；选择其中一个子集作为测试集，整个数据集的剩余部分作为训练集，然后利用训练集建立分类模型，使用测试集计算泛化误差；轮流使用每个子集作为测试集，同样地工作，可获得多次泛化误差；这些泛化误差的平均值作为模型性能的评估。简言之，交叉验证法希望一组样本在一次评估工作中被作为训练样本，在下一次评估工作中则被作为测试样本，以这种方式使用数据集开展模型性能的评估工作。

依据不同的数据集划分方法，交叉验证法有如下几种常用方法：

1）简单交叉验证法（cross validation）

将数据集样本随机划分为两个不相交的子集，其中一个子集（通常包含 70%的样本）作为训练集，另一个子集（包含剩余样本）作为测试集。然后，利用训练集建立分类模型，使用测试集计算泛化误差。上述操作重复多次，可获得多次的泛化误差；将这些泛化误差的平均值作为模型性能的评估。在每次重复操作之前，将数据集的样本打乱可以获得更好的随机划分效果。

2）*K*-折交叉验证法（*K*-fold cross validation）

整个数据集被随机划分为 K 个不相交且样本数量大致相同的子集，每个子集尽量保持数据分布的一致性；选择一个子集作为测试集，剩余 $K-1$ 个子集合并作为训练集，然后利用训练集建立分类模型，使用测试集计算泛化误差；K 个子集轮流作为测试集，重复 K 次同样的工作；最后取泛化误差的平均值作为模型性能的评估。最常用的 K 值是 10，5 和 20 也比较常用。

3）留一交叉验证法（leave-one-out cross validation）

留一交叉验证法是 K-折交叉验证法当 K 等于整个数据集样本总数 n 时的特例，即 K=n。该方法主要用于样本总数 n 很少的情况。

4）留 K 交叉验证法（leave-*K*-out cross validation）

留 K 交叉验证法是留一交叉验证法的推广，每次评估从数据集中选 K 个样本作为测试集，其余 $n-K$ 个样本作为训练集；于是，C_n^K 次评估的平均泛化误差作为模型性能的评估。

对于回归分析，可以使用上述模型性能的评估方法和评价指标选择线性回归公式中回归系数大的自变量作为重要特征（这属于特征选择工作），以及从不同阶的多项式回归公式中选出最适合数据集的多项式回归公式。

对于前文提及的分类模型选择问题，可以使用模型性能的评估方法和评价指标评估备选模型，从中挑选泛化性能最好的备选模型来使用。当测试数据集较大时，实施方法采用留出法计算模型的泛化误差；当测试数据集较小时，采用交叉验证法计算模型的泛化误差。下文将介绍用于分类模型的性能评价指标。

7.2 错误率与准确率

设给定 n 个样本的测试数据集 $D=\{(\boldsymbol{x}_i, y_i)\}$（$i=1,2,3,\cdots,n$），其中类别标签 $y_i\in\{1, -1\}$；设已建立对应的分类模型 $f(\boldsymbol{x})$ 可判别某样本所属的类别。现使用测试集评估该分类模型的性能。关于衡量模型性能的评价标准，准确率和错误率是分类问题中最常用的两个性能度量的评价指标，简单直观。

错误率（error rate）：定义为分类错误的样本数 n_0 占样本总数 n 的比例（n_0/n），其公式为（其中 I 为示性函数）

$$E(f;D)=\frac{1}{n}\sum_{i=1}^{n}I(f(\boldsymbol{x}_i)\neq y_i) \tag{7-1}$$

准确率（accuracy）：分类正确的样本数 n_1 占样本总数 n 的比例（n_1/n），其公式为

$$\mathrm{Acc}(f;D)=\frac{1}{n}\sum_{i=1}^{n}I(f(\boldsymbol{x}_i)=y_i)=1-E(f;D) \tag{7-2}$$

这两个指标用于考察全部样本中判断正确或错误样本的数量总比例，它们可以相互换算，其评价效果是等价的。

依据系统思维的整体性与全面性认识观，准确率或错误率指标存在片面性。对于测试集样本存在类别不平衡情况，样本数量占比小的类别（简称小类别）会被这两个指标忽视。模

型的整体性能是由同等重要的两个类别的预测性能组成的，但这两个指标偏向重视样本数量占比大的类别（简称大类别）的预测结果而不重视小类别的预测结果。因而，这两个指标不能全面有效地评价模型的泛化能力。

例 7-1　设已建立两个对猫和狗进行预测的二分类模型 A 和 B，测试样本集有 90 只猫和 10 只狗。两个分类模型对测试样本的预测结果为模型 A 判断正确 90 只猫，判断正确 0 只狗；模型 B 判断正确 84 只猫，判断正确 5 只狗。请用准确率指标评估模型的泛化性能。

解：这里计算时使用简单的比例公式（n_1/n）作为准确率公式；

计算样本总数 n=90+10=100；

对模型 A：分类正确的样本数 n_1=90+0=90，则准确率 n_1/n=90/100=0.9；

对模型 B：分类正确的样本数 n_1=84+5=89，则准确率 n_1/n=89/100=0.89；

因此，分类模型 A 的泛化性能比分类模型 B 的泛化性能更高。

由上例可以看出，分类模型 A 只是简单地判定所有样本都是猫，就有 90%的高准确率，大于模型 B 的准确率 89%。但是，模型 A 完全没有识别狗的能力，准确率指标的评价有效性应当受到质疑。这说明测试集中大类别的识别结果主导了准确率的计算值，小类别的识别结果对准确率的影响小。

7.3　混淆矩阵

对于二分类问题，为了避免评价指标忽视样本数量占比小的类别情况，新设计评价指标应重视每一类样本的分类情况，考察和统计模型预测每一类样本的正误数量。统计这些**预测结果的数量**并填入一个 2×2 表格中，就形成所谓的**混淆矩阵**（confusion matrix）。

设二分类问题中两个类别分别称为**正类**和**反类**，对应的样本分别称为**正例**和**反例**，则其混淆矩阵是表 7-1 中的 2 行 2 列的矩阵，其每一列代表了预测类别，每一列的总数表示预测为该类别的样本数量；每一行代表了样本的真实类别情况，每一行的总数表示该类别样本的数量。

表 7-1　二分类的混淆矩阵

真实情况	预测结果	
	正例	反例
正例	TP（真正例）数量	FN（假反例）数量
反例	FP（假正例）数量	TN（真反例）数量

表中 TP 是 true positive 的缩写，FP 是 false positive 的缩写，TN 是 true negative 的缩写，FN 是 false negative 的缩写。根据真实类别情况与预测类别情况的组合，可以产生上表所示的 4 种组合结果。

（1）TP（真正例或真阳）：正例被预测为正例，预测正确（T）。

（2）FP（假正例或假阳）：反例被预测为正例，预测错误（F）。

（3）TN（真反例或真阴）：反例被预测为反例，预测正确（T）。

（4）FN（假反例或假阴）：正例被预测为反例，预测错误（F）。

例 7-2 设已建立一个分类模型用于对猫（正例）和狗（反例）进行分类预测，测试样本集有 90 只猫和 10 只狗，该分类模型对测试样本的预测结果列于表 7-2 中。请解释混淆矩阵表中各数值的含义。

表 7-2 分类结果的混淆矩阵

真实情况	预测结果	
	猫/正例	狗/反例
猫/正例	70（TP）	20（FN）
狗/反例	4（FP）	6（TN）

解：表中“猫”行表示测试集中类别猫有 70+20 只，“狗”行表示测试集中类别狗有 4+6 只；“猫”列表示 70 只猫被正确预测为猫（TP），4 只狗被错误预测为猫（FP）；“狗”列表示 20 只猫被错误预测为狗（FN），6 只狗被正确预测为狗（TN）。

7.4 精确率、召回率与 F1 指标

混淆矩阵统计了每种类别样本的预测结果的数量，期望利用混淆矩阵可以设计出几种评价指标，能够从多个角度考察和评价每种类别样本的预测结果。

1．精确率

精确率（precision）又称**查准率**，它是针对预测结果而言的。精确率表示在所有被预测为正类的样本中实际为正类的样本所占的比例。

$$\text{精确率}=\frac{\mathrm{TP}}{\mathrm{TP}+\mathrm{FP}} \tag{7-3}$$

精确率高说明被正确预测的正例数量占预测为正例的总数的比例高。一个分类模型的泛化性能更好，体现在它具有更高的精确率。

2．召回率

召回率（recall）又称**查全率**，它是针对所有正类样本而言的。召回率表示在实际为正类的样本中被预测为正类样本所占的比例。

$$\text{召回率}=\frac{\mathrm{TP}}{\mathrm{TP}+\mathrm{FN}} \tag{7-4}$$

召回率高说明被正确预测的正例数量占（实际）正例总数的比例高。一个分类模型的泛化性能更好，体现在它具有更高的召回率。

3．精确率和召回率的关系

共同使用精确率和召回率这一对评价指标，可以从两个不同角度对分类模型的性能进行评价，避免了单一的准确率指标可能出现的偏向性，使得性能评价更全面。希望一个分类模型的泛化性能更好，我们期待它既具有更高的精确率，也具有更高的召回率。

从辩证的角度看，精确率和召回率指标是有联系和相互影响的，是一对矛盾的评价指标。如果刻意提高模型泛化性能中的精确率，相对应的召回率就会不可避免地降低；如果刻意提

高模型泛化性能中的召回率，相对应的精确率会不可避免地降低。在我们追求一个性能更优的分类模型时，会出现精确率和召回率的矛盾性：通常分类模型的精确率高时，其召回率往往会比较低；而召回率高时，其精确率往往会比较低。

现在讨论这种矛盾关系的理解。假设测试集有 5 个正类样本和 5 个反类样本。追求高精确率就是将样本预测为正类时预测正确的多；技巧是只挑有把握的两个样本，将它们预测为正类，则两个预测中 TP 数量为 2，精确率高达 2/2=1（即 100%）；但是，5 个正例中 TP 数量为 2，召回率低至 2/5=0.4。追求高召回率就是将样本预测为正类时找出的正类样本多，技巧是把所有样本都预测为正类，则所有 5 个正类样本都被找出（TP 数量为 5），对于正类的总数量 5，召回率高达 5/5=1（即 100%）；但剩余 5 个样本被错误地预测为正类（FP 数量为 5），精确率低至 5/10=0.5。

4．F1 指标

在对比两个分类模型 A 和 B 的性能的时候，评估它们的精确率和召回率，期待性能更好的分类模型有更高的精确率和更高的召回率。但是，可能出现这样的情况：模型 A 的精确率比模型 B 的高，而模型 B 的召回率比模型 A 的高。此时，哪个模型的泛化性能更好呢？我们需要综合考虑精确率和召回率。

F1 分数（F1-score）是精确率和召回率的调和平均，是平衡精确率和召回率影响的综合指标。F1 分数越大说明模型的泛化性能越高。

$$\mathrm{F1}=\frac{2\times 召回率\times 精确率}{召回率+精确率}=\frac{2\mathrm{TP}}{2\mathrm{TP}+\mathrm{FP}+\mathrm{FN}} \tag{7-5}$$

例 7-3　设已建立两个分类模型 A 和 B 对猫（正例）和狗（反例）进行判别，测试样本集有 90 只猫和 10 只狗。两个分类模型对测试样本的预测结果为模型 A 判断正确 80 只猫，判断正确 2 只狗；模型 B 判断正确 76 只猫，判断正确 6 只狗。请用精确率、召回率和 F1 指标评估模型的泛化性能。

解：样本总数 n=90+10=100，将模型 A 的预测结果列于表 7-3 中。

表 7-3　模型 A 分类结果的混淆矩阵

真实情况	预测结果	
	猫/正例	狗/反例
猫/正例	80（TP）	10（FN）
狗/反例	8（FP）	2（TN）

对模型 A：精确率 P_{A}=80/(80+8)=0.909，召回率 R_{A}=80/(80+10)=0.889；

F1=2×80/(2×80+8+10)=0.899。

模型 B 的预测结果列于表 7-4 中。

表 7-4　模型 B 分类结果的混淆矩阵

真实情况	预测结果	
	猫/正例	狗/反例
猫/正例	76（TP）	14（FN）
狗/反例	4（FP）	6（TN）

对模型 B：精确率 P_B=76/(76+4)=0.950，召回率 R_B=76/(76+14)=0.844；

F1=2×76/(2×76+4+14)=0.894。

综上计算结果（参见表 7-5），在精确率指标上模型 B 的 0.950 比模型 A 的 0.909 高，但在召回率指标上模型 A 的 0.889 比模型 B 的 0.844 高，在两个指标上的对比值是矛盾的，不能推断哪个模型的泛化性能更高；采用综合指标 F1 就可以区分两个模型性能的高低，模型 A 的 0.899 比模型 B 的 0.894 高，则模型 A 的泛化性能更高。

表 7-5　模型 A 和 B 分类结果的性能

模型	A	B
精确率	0.909	0.950
召回率	0.889	0.844
F1	0.899	0.894

7.5　P-R 曲线与 ROC 曲线

1．P-R 曲线

设已设计好解决某个二分类问题的一个分类模型，当前任务是使用测试集分析该分类模型的性能。给该分类模型输入每个测试样本，该分类模型给出每个测试样本属于正类的预测概率（或者置信度）。按照预测概率从大到小对测试样本进行排序，预测概率大的测试样本排在前面，获得有排序的测试样本集。

对排序的测试样本集，逐个把排序的样本作为正例进行预测，即预测（指定）前 1 个样本为正例，其余样本为反例，依据预测结果计算精确率和召回率；预测（指定）前两个样本为正例，其余样本为反例，依据预测结果计算精确率和召回率；以此类推，获得一系列配对的召回率值和精确率值。

在以精确率（查准率）为纵坐标、召回率（查全率）为横坐标的平面上，将这些配对的召回率值和精确率值绘制为点并连接为曲线，则称为精确率-召回率（precision-recall，P-R）曲线或查准率-查全率曲线。

精确率-召回率曲线可用来评估不同分类器的优劣。如果一个分类器的 P-R 曲线被另一个分类器的 P-R 曲线完全包住，则后者的性能优于前者。如果两个分类器的曲线发生交叉，则通过曲线下的面积大小来比较，面积大的分类器更优秀；查准率等于查全率时的平衡点（break-even point，BEP）也可以用于对比不同分类器的优劣，平衡点值越大的分类器越优秀。从图 7-1 中的 P-R 曲线可以看出，分类器 A 的曲线下面积大于分类器 B，则它的泛化性能优于分类器 B 的泛化性能。

2．ROC 曲线

对测试样本集，一个二分类的分类模型给出每个测试样本属于正类的预测概率（或者置信度）。使用该分类模型对一个测试样本的类别进行判别，这取决于分类模型输出的预测概率和预定的决策阈值；例如，设定阈值为 0.5，若该样本的预测概率大于 0.5，则判定（或预测）该样本属于正类，否则属于反类。

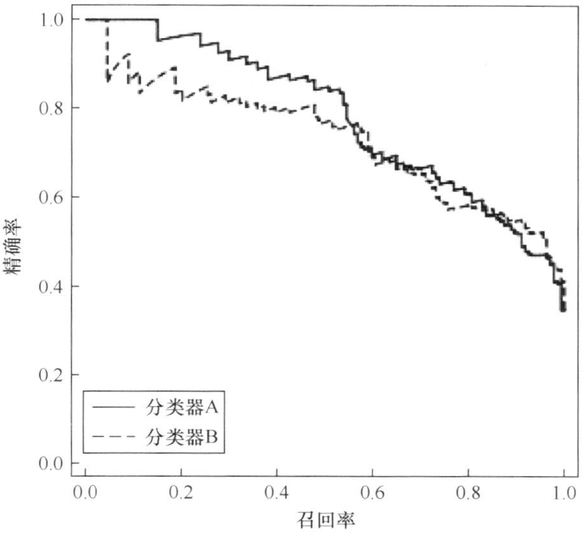

图 7-1　两个分类器的 P-R 曲线

对所有测试样本按其预测概率从大到小进行排序，最可能是正例的排在最前面，最不可能是正例的排在最后面。然后，用某个决策阈值（也称为截断点）将样本序列划分为两部分，将大于决策阈值的测试样本（样本序列的前部分）作为正例，其余测试样本（样本序列的后部分）作为反例。

在不同的应用任务中，可根据任务需求采用不同的截断点，获得不同的分类模型性能。选择大的决策阈值，在排序的样本序列中截断点的位置靠前，这倾向于更少的反样本被预测为正样本（即更少的预测错误），或者说倾向于提高预测正样本的正确概率，对应着重视提高精确率（查准率）。选择小的决策阈值，在排序的样本序列中截断点的位置靠后，这倾向于更多的正样本被预测为正样本（或者说更多的正样本被正确识别），对应着重视提高召回率（查全率）。

分析不同决策阈值时一个分类器的泛化性能，能够全面地观察这个分类器的泛化性能，反映该分类器面对不同任务时的期望泛化性能。受试者工作特征（receiver operating characteristic，ROC）曲线是从上述角度衡量一个分类器的期望泛化性能的度量工具，适用于产生实值或概率预测结果的分类器的性能评估。

为绘制出 ROC 曲线，首先由分类模型给出测试样本集中每个测试样本属于正类的预测概率，对所有测试样本依据其预测概率从大到小进行排序，获得排序的样本序列；然后，逐个把排序的样本作为正例进行预测，即预测（指定）前 1 个样本为正例，其余样本为反例，依据预测结果计算真正例率（true positive rate，TPR）和假正例率（false positive rate，FPR）；预测（指定）前两个样本为正例，其余样本为反例，依据预测结果计算 TPR 和 FPR；以此类推，获得一系列配对的 FPR 值和 TPR 值。TPR 和 FPR 的定义如下：

$$\mathrm{TPR}=\frac{\mathrm{TP}}{\mathrm{TP}+\mathrm{FN}} \tag{7-6}$$

$$\mathrm{FPR}=\frac{\mathrm{FP}}{\mathrm{TN}+\mathrm{FP}} \tag{7-7}$$

真正例率（真阳率）TPR 表示预测正确的正例数量和实际的正例数量的比值；假正例率

（假阳率）FPR 表示预测错误的正例数量和实际的反例数量的比值。

在二维平面上，分别以 FPR 和 TPR 为横坐标和纵坐标，将一系列配对的 FPR 值和 TPR 值作为点画到该坐标图上并连接起来，即得到 ROC 曲线（参见图 7-2）。

ROC 曲线的横纵坐标值都在[0,1]之间，下面讨论 ROC 曲线的特殊点和对角线情况。

（1）(0, 0)点：假阳率和真阳率都为 0，即全部测试样本被预测为反类。

（2）(0, 1)点：假阳率为 0，真阳率为 1，即全部测试样本都被正确预测。

（3）(1, 0)点：假阳率为 1，真阳率为 0，即全部测试样本都被错误预测。

（4）(1, 1)点：假阳率为 1，真阳率为 1，即全部测试样本被预测为正类。

（5）FPR=TPR 的对角线：表示预测为正样本的结果中有一半是正确的，剩余一半是错误的，这样的结果是"随机猜测"分类器的预测结果。

使用 ROC 曲线衡量一个分类器的泛化性能时，若该分类器的 ROC 曲线在 FPR=TPR 对角线以下，表示该分类器的预测效果比"随机猜测"分类器差；反之，若该分类器的 ROC 曲线在 FPR=TPR 对角线以上，表示该分类器的预测效果比"随机猜测"分类器好。我们希望建立一个预测效果更好的分类器，该分类器的 ROC 曲线位于这个对角线以上，并且尽量向左上角凸。

3．ROC 曲线下的面积

对于对比不同分类器的性能的任务，ROC 曲线比 P-R 曲线更常用。ROC 曲线可以用来评估不同分类器的性能优劣。在 FPR-TPR 坐标平面上，若一个分类器的 ROC 曲线被另一个分类器的 ROC 曲线完全包住，则后者的性能优于前者。若两个分类器的 ROC 曲线发生交叉，则通过曲线下的面积大小来比较，面积大的分类器具有更优秀的性能。ROC 曲线下的面积（area under roc curve，AUC）提供了一个量化的性能指标来衡量分类器的泛化性能。

从图 7-2 中的 ROC 曲线可以看出，分类器 A 的曲线下面积大于分类器 B，则它的泛化性能优于分类器 B 的泛化性能。

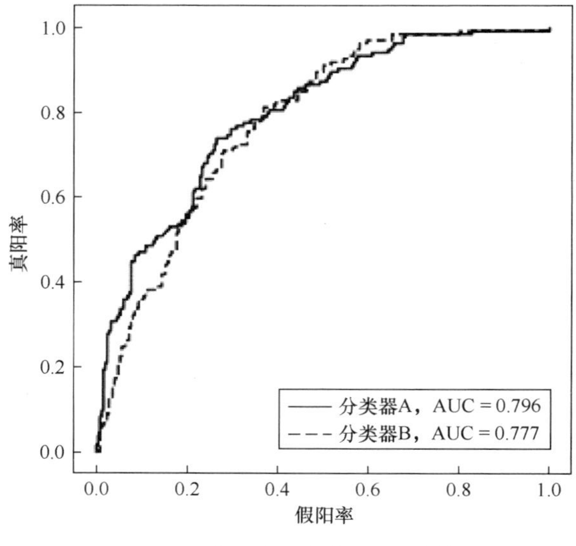

图 7-2　两个分类器的 ROC 曲线

7.6　实例与编程求解

例 7-4　二分类模型的性能评估任务：对乳腺癌数据集，建立适合的分类器判别样本的类别，计算混淆矩阵，并评估所设计的分类模型的泛化性能。

数据集：机器学习库 sklearn 自带的乳腺癌（breast cancer）数据集包含两个类型的样本，分别有 357 个良性（benign）肿瘤样本和 212 个恶性（malignant）肿瘤样本，其 30 个属性/特征包括肿瘤的半径、纹理、周长、面积等。恶性样本占总样本量的 37.26%，属于轻度不平衡数据集。

解：采用 k-近邻分类算法判别样本的类别，计算混淆矩阵，然后评估分类模型的泛化性能；对于不平衡数据，评估指标使用精确率、召回率和 F1 分数。编写 Python 代码，调用机器学习库 sklearn 中相关模型和方法进行实现。对应的求解步骤如下：

（1）导入所需的库和方法；

（2）加载数据集；

（3）将数据集划分为训练集和测试集，常见的划分比例是测试集的样本数量占总样本量的 25%或 30%，未在测试集的样本组成训练集；

（4）使用训练集训练或构建分类模型；

（5）使用获得的分类模型预测测试样本的类别；

（6）使用测试集评估分类模型的泛化性能。

代码清单　评估分类模型的泛化性能

```
#分类模型的性能评价示例，导入相关的库和方法
from sklearn.model_selection import train_test_split
from sklearn.neighbors import KNeighborsClassifier as KNN
from sklearn.metrics import confusion_matrix, accuracy_score
from sklearn.metrics import precision_score, recall_score, f1_score
from sklearn.datasets import load_breast_cancer

def performance_metrics(true_labels=[0], pred_labels=[0]):
    #分类模型的性能测度/指标示例
    if len(true_labels) == 1:
        true_labels = [1, 0, 1, 1, 0, 1, 1, 0]
        pred_labels = [1, 0, 0, 1, 0, 1, 0, 1]
        print("---- 以下输出值是几种性能评价指标的演示：----")

    #计算混淆矩阵，并重排位置以符合本章混淆矩阵表的格式
    cm = confusion_matrix(true_labels, pred_labels)
    m_confusion = cm.copy()
    m_confusion[0, 0] = cm[1, 1]
    m_confusion[1, 0] = cm[0, 1]
    m_confusion[0, 1] = cm[1, 0]
    m_confusion[1, 1] = cm[0, 0]
    print("混淆矩阵的 TP、FN: ", m_confusion[0, :])
    print("混淆矩阵的 FP、TN: ", m_confusion[1, :])

    #准确率是模型预测正确的样本数占总样本数的比例
```

```
    accuracy = accuracy_score(true_labels, pred_labels)
    print(f"Accuracy: {accuracy:.4f}")
    #精确率指在预测为正的样本中实际为正的比例
    precision = precision_score(true_labels, pred_labels)
    print(f"Precision: {precision:.4f}")
    #召回率指在所有实际为正的样本中被预测为正的比例
    recall = recall_score(true_labels, pred_labels)
    print(f"Recall: {recall:.4f}")
    #F1 分数是精确率和召回率的调和平均数
    f1 = f1_score(true_labels, pred_labels)
    print(f"F1 Score: {f1:.4f}")
    return accuracy, f1, precision, recall

if __name__ == '__main__':
    #加载数据集
    adata = load_breast_cancer()
    X = adata.data
    y = adata.target  #类标，类标 0 对应于正类

    #设置比例将数据分成训练集（70%）和测试集（30%）
    X_train, X_test, y_train, y_test = train_test_split(X, y, test_size=0.3, stratify=y,
random_state=0)

    #由训练集构造 k-近邻分类器/模型，并指定 k 值
    model = KNN(n_neighbors=5).fit(X_train, y_train)

    print("---- 计算模型在测试集上的性能指标----")
    y_pred_test = model.predict(X_test)
    performance_metrics(y_test, y_pred_test)
```

执行代码获得结果：混淆矩阵的 TP、FN 为[100, 7]，FP、TN 为[8, 56]；模型在测试集上 Accuracy=0.9123，Precision=0.9259，Recall=0.9346，F1 Score=0.9302。这些说明模型的泛化性能比较高。

例 7-5 分类模型的性能对比任务：对糖尿病数据集，建立两种不同方法的分类器判别样本的类别，并评估哪种分类模型的泛化性能更优。

数据集：皮马印第安人糖尿病（Pima Indians diabetes）数据集包含两个类型的样本，分别有 268 个糖尿病样本和 500 个非糖尿病样本，其 8 个特征包括葡萄糖、血压等。糖尿病样本占总样本量的 34.9%，属于轻度不平衡数据集。数据文件可以搜索互联网下载。

解：建立 *k*-近邻分类算法的分类模型和朴素贝叶斯方法的分类模型，采用 *K*-折交叉验证法实施模型性能评估；对于不平衡数据，采用平均 F1 分数对比这两种分类模型的泛化性能，F1 分数更高者性能更优；编写 Python 代码，调用机器学习库 sklearn 中相关模型和方法进行实现。对应的求解步骤如下：

（1）导入所需的库和方法；

（2）加载数据集；

（3）采用 *K*-折交叉验证法将数据集划分为训练集和测试集；

（4）使用训练集训练或构建分类模型；

（5）使用测试集评估分类模型的泛化性能；

（6）使用平均性能指标对比不同分类模型的性能。

代码清单　不同分类模型泛化性能的对比

```
#分类模型的性能对比示例，导入相关的库和方法
import numpy as np
import pandas as pd
from sklearn.model_selection import KFold
from sklearn.neighbors import KNeighborsClassifier as KNN
from sklearn.naive_bayes import GaussianNB
from sklearn.metrics import confusion_matrix, accuracy_score
from sklearn.metrics import precision_score, recall_score, f1_score

def performance_metrics(true_labels, pred_labels):
    #分类模型的性能测度/指标
    accuracy = accuracy_score(true_labels, pred_labels)
    precision = precision_score(true_labels, pred_labels)
    recall = recall_score(true_labels, pred_labels)
    f1 = f1_score(true_labels, pred_labels)
    return accuracy, f1, precision, recall

if __name__ == '__main__':
    #加载数据集
    adata = pd.read_csv('pima-diabetes.csv', encoding='utf-8')
    n_dim = adata.shape[1] - 1
    X = adata.values[:, 0:n_dim]  #特征
    y = adata.values[:, n_dim]  #类标，类别 0 对应正类
    #创建模型对象
    model_a = KNN(n_neighbors=5)
    model_b = GaussianNB()

    #创建 K-折交叉验证对象
    n_kfold = 10
    obj_fold = KFold(n_splits=n_kfold, shuffle=True, random_state=0)

    #存放性能指标的数组，存储：Accuracy，F1 Score，Precision，Recall
    sc_a = np.zeros((n_kfold, 4))
    sc_b = sc_a.copy()
    i = 0
    #循环执行 K 折交叉验证
    for id_train, id_test in obj_fold.split(X):
        X_train, X_test = X[id_train, :], X[id_test, :]
        y_train, y_test = y[id_train], y[id_test]
        #使用训练集训练分类模型
        model_a.fit(X_train, y_train)
        model_b.fit(X_train, y_train)

        #计算模型在测试集上的性能指标
        y_pred = model_a.predict(X_test)
        sc_a[i,0], sc_a[i,1], sc_a[i,2], sc_a[i,3] = performance_metrics(y_test, y_pred)
        y_pred = model_b.predict(X_test)
        sc_b[i,0], sc_b[i,1], sc_b[i,2], sc_b[i,3] = performance_metrics(y_test, y_pred)
        i = i + 1

    #计算模型 K-折交叉验证的平均性能
    score_mean_a = np.mean(sc_a, axis=0)
    print("模型 a 的 Accuracy，F1 Score，Precision，Recall: ", score_mean_a)
    score_mean_b = np.mean(sc_b, axis=0)
```

```
print("模型 b 的 Accuracy, F1 Score, Precision, Recall: ", score_mean_b)

#依据 F1 Score 对比两个模型的泛化性能
if score_mean_a[1] > score_mean_b[1]:
    print("模型 a 的泛化性能高于模型 b")
elif score_mean_a[1] < score_mean_b[1]:
    print("模型 b 的泛化性能高于模型 a")
else:
    print("两个模型的泛化性能相同")
```

执行代码获得结果：模型 a 的 Accuracy、F1 Score、Precision、Recall 分别为[0.6940, 0.5294, 0.5720, 0.5011]，模型 b 的 Accuracy、F1 Score、Precision、Recall 分别为[0.7486, 0.6138, 0.6558, 0.5858]；依据 F1 Score，模型 b 的泛化性能高于模型 a。

7.7 习题

一、简答题

1. 实施模型性能评估需要划分给定数据集，简述如何划分才是合理的。
2. 简述模型性能评估的实施方法——简单交叉验证法。
3. 简述模型性能评估的实施方法——K-折交叉验证法。
4. 简述模型性能评估的实施方法——留一交叉验证法。
5. 度量分类模型性能的评价指标——准确率是什么含义？
6. 度量分类模型性能的评价指标——错误率是什么含义？
7. 对于什么样的测试数据，只使用准确率指标评价二分类模型的泛化能力是失效的？为什么？
8. 在何种情况下，只使用准确率指标能够有效对比两个分类模型性能的优劣？
9. 对于二分类问题的混淆矩阵，矩阵中的 4 个数分别具有什么含义？
10. 关于分类模型泛化能力的评价指标，什么是精确率？写出精确率公式。
11. 关于分类模型泛化能力的评价指标，什么是召回率？写出召回率公式。
12. 关于分类模型泛化能力的评价指标，精确率的大小如何对应模型性能的优劣？
13. 关于分类模型泛化能力的评价指标，召回率的大小如何对应模型性能的优劣？
14. 关于分类模型泛化能力的评价指标，请分析精确率和召回率之间的关系？
15. 关于评价分类模型的泛化能力的评价指标，什么是 F1 指标？

二、填空题

1. 在实际应用我们建立的分类模型之前，应当对该模型的________进行评估。
2. 对于回归预测任务，常用的模型性能的评价指标有________、________、________等。
3. 对于分类任务，对所建立的分类模型性能进行评价，一般指评价分类模型的________能力，或者说________能力。
4. 对于分类模型的性能评估，可以采用________采样法划分出数据集的一部分作为测试集，使得测试数据与全部数据的类别比例一致。
5. 模型性能评估的实施方法——交叉验证法更适合于________数据集或者类别不平衡

的非大数据集。

6. 交叉验证法的常用方法有简单交叉验证法、________交叉验证法和留一交叉验证法。

7. 评价模型的泛化能力的准确率指标和________指标是等价的，它们可以相互换算。

8. 对于二分类问题，统计分类模型预测________样本的正误数量，并记录于混淆矩阵。

9. 关于评价分类模型泛化能力，同时使用________和召回率，可以从两个不同角度对分类模型的性能进行评价，使得性能评价更全面。

10. 一个分类模型的泛化性能更好，体现在它具有更高的精确率，也具有更高的________。

11. 关于评价分类模型泛化能力的精确率和召回率指标，通常精确率高时，召回率往往会比较低；召回率________时，精确率会比较低。

第 8 章 集成学习

面对一个复杂或有难度的分类问题，我们会从前文学过的机器学习方法中尝试不同的分类算法，建立几个对应不同分类算法的分类模型，然后进行实验评估它们的分类效果，试图从中找出一个性能优良的分类模型来解决此分类问题。这是解决分类问题的常见思路或策略，其核心是寻找一个优良模型（即泛化性能强的分类模型）来解决分类问题。

从逆向思维的角度思考求解思路，解决分类问题的策略会是什么呢？泛化性能强的分类模型的一种相反对照是泛化性能弱的分类模型。如果将泛化性能弱的分类模型用于完成一个分类任务，它完成任务的效果好于或不差于泛化性能强的分类模型，这个特别的愿望能实现吗？有没有新的机器学习策略能实现这个愿望呢？

我们再从现实生活中获取启发，通过类比思维设计出新的机器学习策略。在现实生活中面对复杂任务，人类是如何完成任务的？我们会组建一个由多个成员组成的团队来完成任务，各成员分工协作；面临重大问题的决策时，团队成员们可以集体讨论形成一个决策；团队中某个成员的工作能力可能并不强，但遵循合作规范的团队比单一成员具有更强的工作能力，团队协作可以带来工作效率提升、任务完成更好等好处。

将人类的团队工作框架类比到机器学习的框架，即将一个模型看成一个团队成员，多个模型组合为一个团队，则创新出一类新的机器学习策略或方法——集成学习。集成学习体现着“集体决策”的思想和中国古人“博采众长”的思维。

8.1 集成学习的原理

集成学习（ensemble learning）通过构建并组合多个学习器，形成一个分类模型（或者预测模型）。通常**个体学习器**是由某种机器学习算法从训练数据中学习产生的分类器（或者预测模型）。集成学习的工作原理是：按照某种学习策略独立地构建多个分类器，每个分类器预测给定样本的类别，按照某种组合策略（或结合策略）将这些预测结果综合，给出一个最终的预测结果。集成学习也称为基于委员会的学习。

集成学习方法的基本框架是利用训练数据集产生多个个体学习器，然后通过组合策略构造出一个强学习器，如图 8-1 所示。

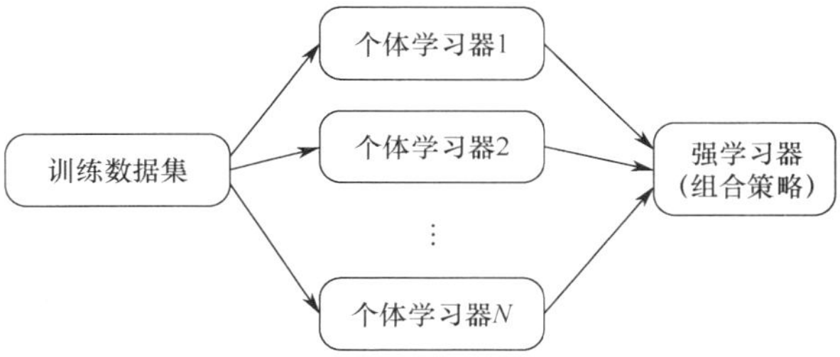

图 8-1　集成学习的基本框架

1. 个体学习器

集成学习基本框架的第一个关键是如何设计个体学习器。集成学习的目标是组合多个个体学习器来获得比最好的单一学习器更好的性能，这正是中国古人"博采众长"思想的具体体现。为具备"众长"，个体学习器的设计目标应当注重有差别的学习器，注重具有多样性（diversity）或差异性的个体学习器。

同时追求个体学习器的"准确性"和"多样性"是有冲突的。集成学习要求优先满足"多样性"的目标，这需要放松对个体学习器预测性能的要求。于是，个体学习器一般采用**弱学习器**的设计方案。弱学习器的含义是个体学习器的预测能力（如正确率）不需要很强，只要比随机猜测（正确率 50%）高一点就行。对应的**强学习器**的含义是个体学习器的预测能力很强（如正确率很高）。

为获得有差别的、多样性的个体学习器，如下的个体学习器产生策略可供使用：

（1）使用不同的机器学习算法从训练数据中学习产生个体学习器。这种由不同类型的个体学习器组合构成的集成模型称为异质（heterogenous）集成，个体学习器也称为**组件学习器**（component learner）。

（2）使用相同的机器学习算法，但使用不同的算法参数来产生不同的个体学习器，例如，k-近邻算法中的 k 值，回归决策树算法中生成叶节点的误差阈值。这种由同类型的个体学习器组合构成的集成模型称为同质（homogeneous）集成，并称同类型的个体学习器为**基学习器**（base learner）。

（3）使用相同的机器学习算法，并使用相同的输入样本（或对象），但使用样本（或对象）的不同特征来产生不同的个体学习器。

（4）使用相同的机器学习算法，但使用不同的训练集来产生不同的个体学习器。

2. 组合策略

集成学习基本框架的另一个关键是如何设计组合策略，组合策略将多个个体学习器的预测结果进行综合，给出最终预测结果，获得比单一个体学习器更好的预测性能。

（1）平均法：对于数值型的回归预测方法，组合策略常用平均法，即对 K 个个体学习器的预测结果求平均，作为最终的预测结果。

（2）投票法：对于分类预测方法，**相对多数投票法**是一种常用的组合策略，其规则是"多数票赢"，即对 K 个个体学习器的分类结果进行统计，出现次数最多的类别作为最终的预测结果。这种投票法相当于 K 个个体学习器输出结果的线性组合。

（3）学习法：学习法是将 K 个个体学习器的分类结果再次作为输入，将训练集的输出作为输出，重新训练一个学习器来得到最终结果。

3. 集成学习方法的分类

个体学习器和组合策略部分设计好之后，集成学习方法可以把多个弱学习器组合起来，实现弱学习器之间的互补，使得弱学习器的组合转化为预测精度更高、泛化能力更强的强学习器。

根据个体学习器的构建方式，集成学习方法大致可分为如下几类。

（1）串行方式或结构：这是个体学习器之间存在强依赖关系、串行生成的序列化方法。一种典型的串行方式是，串行结构中的下一个分类器只在前一个分类器预测不够准确的样本（或实例）上进行训练或检测，代表方法是 Boosting（提升）。

（2）并行方式或结构：这是个体学习器间不存在强依赖关系、可同时生成的并行化方法。并行结构中所有的个体学习器都独立构建并给出各自的预测结果，图 8-1 显示的是集成学习的并行方式。代表方法是 Bagging（装袋）和随机森林。

（3）其他方式：代表方法是 Stacking（堆叠），它由两层结构组成，其中第一层按并行方式训练出多个个体学习器（初级学习器），它们的预测结果被作为新数据；第二层用新数据训练一个元学习器（次级学习器），学习如何更好地整合新数据得到最终结果。

8.2 Bagging 和随机森林

1. Bagging

设计个体学习器的核心是注重个体学习器的多样性，这可以通过由不同的训练集产生不同个体学习器的策略来实现。由一个训练集产生多个不同的训练子集，可以采用自助采样方法来实现。**自助采样**（bootstrap sampling）方法的具体操作是：对具有 n 个样本的数据集 $D=\{x_i\}$（$i=1,2,3,\cdots,n$），从中随机抽取 1 个样本放入采样集 D_1 中，然后把该样本放回 D 中，可看成每次抽样时 D 都具有原始的 n 个样本；重复进行 n 次这种有放回的随机抽样操作，得到包含 n 个样本的采样集 D_1。数据集 D 中有的样本出现在采样集中，有的样本则从未出现在采样集中，有的样本会被重复采集到，总计有 63.2%数据集 D 的样本会出现在采样集 D_1 中。重复上述自助采样 K 次，可获得 K 个采样集$\{D_1, D_2,\cdots, D_K\}$。

Bagging（bootstrap aggregating，称为装袋或自助聚集）方法的基本框架是通过对训练集 D 进行自助采样产生 K 个不同的训练子集，由这 K 个训练子集分别构建 K 个具有差异性的个体学习器，然后通过投票法决定预测结果。

用于分类问题和回归问题的 Bagging 算法步骤如下。

（1）产生 K 个训练子集：从具有 n 个样本的训练集中自助采样 n 次，得到包含 n 个样本的一个训练子集，这个过程称为子集生成；重复 K 次子集生成，得到 K 个训练子集。

（2）构建 K 个基学习器：对每个训练子集，单独构建一个基学习器（分类器或回归模型）；对应 K 个训练子集，可获得 K 个基学习器。

（3）综合 K 个学习器的预测结果。

- 分类问题：对给定样本，每个分类器输出一个类别值；对 K 个分类器的类别值，采用投票法以多数票赢的决策得到分类结果；

- 回归问题：对给定样本，每个回归模型输出一个预测值；对 K 个回归模型的预测值，采用平均法求它们的平均值作为预测结果。

从训练子集的产生过程中可以看出，Bagging 方法主要通过样本的随机采样（样本扰动）来增加基学习器之间的多样性。与回归问题中求 K 个回归模型输出的平均值类似，分类问题采用的相对多数投票法相当于等权重条件下 K 个学习器输出的加权线性组合，可看成 K 个学习器输出的平均值；这种平均值平抑了单个学习器输出的波动性。

Bagging 方法使用自助采样，全部数据中的 63.2%数据被用于构建一个个体学习器，剩余的 36.8%数据未被这个个体学习器选用，这些剩余数据称为袋外（out of bag）数据，可用于评估模型（该个体学习器）的泛化性能。

2. 随机森林

随机森林（random forest）是一种基于 Bagging 方法的集成学习方法，它以决策树为基学习器构建 Bagging 集成模型，并且在决策树的训练过程中增加了随机属性（或随机特征）选择。随机森林由很多棵决策树组成，决策树通常采用分类与回归树（CART），每一棵决策树构建时对训练集的样本（数据矩阵的行）随机采样，也对训练集的属性（数据矩阵的列）随机采样。

随机森林的算法步骤如下。

（1）产生 K 个训练子集：从具有 n 个样本的训练集中自助采样 n 次，生成包含 n 个样本的一个训练子集；重复 K 次子集生成，得到 K 个训练子集。

（2）构建一棵决策树：选择一个训练子集，构建一棵决策树；建树过程中，对每个非叶节点，随机选择 m 个属性作为当前节点的属性集，从该属性集中挑选测试属性拆分样本集，形成分支和子节点。

（3）对其余 $K-1$ 个训练子集，重复同样的决策树构建过程，获得 $K-1$ 棵决策树；将所有 K 棵决策树组成随机森林模型。

（4）随机森林模型的输出是综合 K 棵决策树的预测结果。

- 分类问题：对给定样本，每棵决策树输出一个类别值；对 K 棵决策树的类别值，采用投票法以多数票赢的决策得到分类结果；
- 回归问题：对给定样本，每棵决策树输出一个预测值；对 K 棵决策树的预测值，采用平均法求它们的平均值作为预测结果。

3. 随机森林的特点

随机森林利用自助采样产生的多个差异性的训练子集，分别构建多棵决策树，并在决策树构建过程中增加了随机属性选择，再通过组合策略构造出一个强学习器。随机森林是一种强大实用的机器学习方法，了解它的特点和优缺点可以帮助我们更好地掌握和使用该方法，它有如下一些特点：

（1）它构建基学习器时对样本集和特征集都进行随机采样形成随机子集，可以避免对训练集的过拟合。

（2）它的学习能力强，不需要费力调节参数就具备高的预测性能，也不需要对数据进行缩放。

（3）它的适用范围广，在很多应用问题上都可以展现较高的预测准确率。

（4）它在对给定样本分类的同时，还能给出各个属性变量的重要性评分，评估各个变量在分类中所起的作用。

（5）在随机森林的构造过程中，能够利用袋外数据获取泛化误差的一个无偏估计；无须通过额外的交叉验证获取泛化误差。

（6）随机采样避免了过拟合，使得每棵决策树构造时可以最大程度地生长、无须剪枝。

随机森林方法的主要优点包括：

（1）泛化能力强、预测准确率高。

（2）能够处理高维数据，无须对数据集做特征选择或者降维。

（3）训练时每棵树的构建是独立的，易于实施并行计算，于是在大数据集上有速度优势。

（4）每棵树的训练速度比较快。

（5）每棵决策树的构建都是随机抽取部分属性，故缺失某些属性对组合模型的性能影响较小。

（6）每棵决策树的构建都是使用数据集的部分样本，不容易对整个数据集过拟合。

（7）对于不平衡的数据集来说，它可以平衡误差。

随机森林方法也有一些缺点：

（1）在某些噪声较大的分类或回归问题上会过拟合训练数据，因为它不能做出超出训练集数据范围的预测。

（2）对于维度非常高的稀疏数据（比如文本数据），它的表现不是很好。对于这种数据，使用线性模型可能更合适。

（3）在解决回归问题时不如它在分类问题中表现好，因为它不能给出连续的输出。

（4）对于小数据集或者低维数据，集成模型的性能可能不好，因为可供抽样的样本数量或特征数量少。

（5）当决策树的数量很多时，计算耗时会很多。

8.3 Boosting 和 Adaboost

这类集成方法的个体学习器之间存在强依赖关系，是一种**串行结构**，后一个学习器只在前一个学习器预测出错或不够准的样本上开展工作。**Boosting 方法**也称为增强学习或提升法，其关键思想是：找出前一个学习器 L_i 不足的地方，即学习器 L_i 预测错误或准确率低的那些训练样本（并做标记），增加训练集中标记样本的权重，然后后一个学习器 L_{i+1} 训练时尽可能纠正这些错误；如此重复进行，直至产生所需的多个基学习器，最后各学习器的集成采用加权组合。

Boosting 算法的著名代表是 **Adaboost**（adaptive boosting，自适应增强）算法。Adaboost 算法的思路是：每个训练样本被赋予一个权值（形成权值分布），采用从前向后串行的多个基分类器的学习结构；在当前迭代轮中，以集成模型的损失函数最小为目标，利用训练集训练出一个（以样本权值）加权的预测误差最小的基分类器，然后计算该基分类器的预测误差和权重，更新样本的权值分布，其中被错误分类的样本权值会升高，以使后一个分类器尽可能纠正这些错分的样本；继续下一轮迭代，直到满足停止条件；用基分类器权重加权组合这些分类器作为集成模型。

设给定一个分类器的学习算法，一个训练数据集 $D=\{(\boldsymbol{x}_i, y_i)\}$（$i=1,2,3,\cdots,n$），其中样本 $\boldsymbol{x}_i$ 是特征（或属性）向量，类别标签 $y_i\in\{1, -1\}$。按照加性模型的组合方式，Adaboost 集成模型 $H(\boldsymbol{x})$为 T 个个体分类器 $h_t(\boldsymbol{x})$的线性组合，即

$$H(\boldsymbol{x})=\sum_{t=1}^{T}\alpha_t h_t(\boldsymbol{x}) \tag{8-1}$$

最优集成模型 $H(\boldsymbol{x})$的输出与真实标签 y 之间的误差或损失应当越小越好。当采用指数损失时，上式可以通过最小化如下的指数损失函数（其中 F 为样本的权值分布）来求解：

$$L(H\mid F)=E_{\boldsymbol{x}}[\mathrm{e}^{-yH(\boldsymbol{x})}] \tag{8-2}$$

具体的求解过程展示为如下的分类问题的 **Adaboost 集成学习算法**。

输入： 训练集 $D=\{\boldsymbol{x}_i, y_i\}$，其中 $i=1,2,3,\cdots,n$。

（1）初始化。训练样本的权值分布 $F_1(\boldsymbol{x})$：$w_i=1/n$，其中 $i=1,2,3,\cdots,n$，即每个训练样本 $\boldsymbol{x}_i$ 被赋予相同的权值 w_i；集成模型 $H_0=\{\ \}$；$t=1$。

（2）开始第 t 次迭代，求出一个弱分类器 $h_t(\boldsymbol{x})$。这里以最小化损失函数 $L(h|F_t)$为目标，推导求 $h_t(\boldsymbol{x})$的公式。由于弱分类器是串行工作的，损失函数包含前面的集成模型 H_{t-1}。考虑到集成模型 H_{t-1} 是已求出且固定的，移除它不影响弱分类器 $h_t(\boldsymbol{x})$的求解，则求解 $h_t(\boldsymbol{x})$的等价公式如下：

$$h_t(\boldsymbol{x})=\arg\min_h L_{\mathrm{e}}(H_{t-1}+h\mid F_t)\Leftrightarrow \arg\min_h L_{\mathrm{e}}(h\mid F_t) \tag{8-3}$$

将公式(8-2)代入上式的等价公式，再用权值 w_i 展开，则有

$$\begin{aligned}h_t(\boldsymbol{x})&=\arg\min_h E_{\boldsymbol{x},F_t}[\mathrm{e}^{-yh(\boldsymbol{x})}]\\&=\arg\min_h\sum_{i=1}^{n}[w_i\,\mathrm{e}^{-y_i h(\boldsymbol{x}_i)}]\end{aligned} \tag{8-4}$$

上式可以通过化简指数项获得求解 $h_t(\boldsymbol{x})$的一个等价公式：

$$h_t(\boldsymbol{x})=\arg\min_h\sum_{i=1}^{n}[-w_i y_i h(\boldsymbol{x}_i)] \tag{8-5}$$

依据上式，利用训练集 D 和权值分布 F_t 就可以训练出弱分类器 $h_t(\boldsymbol{x})$；集成模型增加一个成员，$H_t=\{H_{t-1}, h_t\}$。

（3）估计 $h_t(\boldsymbol{x})$的误差 e_t。令 $I(\cdot)$是示性函数，误差公式列于下面：

$$e_t=\sum_{i=1}^{n}w_i I(h_t(\boldsymbol{x}_i)\neq y_i) \tag{8-6}$$

（4）计算分类器 $h_t(\boldsymbol{x})$的权重 α_t。权重公式的目标是给分类误差小的弱分类器分配大的权值，给分类误差大的弱分类器分配小的权值，具体公式如下：

$$\alpha_t=\frac{1}{2}\ln\left(\frac{1-e_t}{e_t}\right) \tag{8-7}$$

（5）更新样本的权值分布。更新工作的目标是：若某训练样本被分错，应该提高它的权

值，则在下一轮训练中该样本的权值大，对分类损失的影响就大，应重点关注该分错样本；若某训练样本被正确分类，应降低它的权值。样本权值（权值分布）的更新公式如下：

$$F_{t+1}(\boldsymbol{x}):\quad w_i = w_i \frac{\mathrm{e}^{-y_i h_t(\boldsymbol{x}_i)}}{z_t} \tag{8-8}$$

其中，z_t是规范化因子，用于确保所有样本的权重之和为 1。

（6）令 t=t+1，返回步骤（2）进行循环，直到迭代次数达到指定值 T。

输出：集成模型 $H(\boldsymbol{x})$，其结果为各个弱分类器结果的加权和。

$$H(\boldsymbol{x}) = \operatorname{sgn}\left(\sum_{t=1}^{T} \alpha_t h_t(\boldsymbol{x})\right) \tag{8-9}$$

上面是 Adaboost 集成学习算法的基本步骤，算法具体实现时还有一些细节需要考虑。例如，求得的弱分类器应强于随机猜测的方法，则需约束集成模型中弱分类器的误差小于 0.5。这个算法只适用于二分类问题，它的改进算法可适用于多分类问题，可参考有关文献。

8.4 提升树

提升树（boosting decision tree）是以决策树为基学习器的 Boosting 算法。提升树集成学习方法以决策树的 CART 算法作为训练方法。提升树有着可解释性强、可处理分类与回归问题、无须归一化处理数据、对异常样本不敏感等优点，被认为是泛化能力强的机器学习算法之一。

梯度提升决策树（gradient boosting decision tree, GBDT）是一种以决策树为个体学习器的 Boosting 算法，由多棵回归决策树（regression decision tree）组成串行结构。GBDT 算法具有与 Adaboost 算法相类似的工作框架，每轮迭代中以最小化损失函数为目标来构建个体决策树，当前决策树在前一棵决策树的基础上继续最小化预测残差；最终的集成模型 $H(\boldsymbol{x})$ 是个体决策树的线性组合，输出结果是所有个体决策树结果的累加和。特别地，GBDT 利用了负梯度方向是函数值下降最快方向的原理，将损失函数对当前模型的负梯度值作为预测残差的近似值。

适用于回归分析的 GBDT 使用的损失函数 $L(\bullet)$包括均方误差和绝对值误差等，衡量决策树模型的预测值与真实值之间的差异。设 $H(\boldsymbol{x})$代表决策树，也代表决策树节点的输出，y 是目标输出，则均方误差损失函数为

$$L(y, H(\boldsymbol{x})) = \frac{1}{2}(y - H(\boldsymbol{x}))^2 \tag{8-10}$$

针对回归问题，基于 CART 回归树（指个体决策树采用 CART 回归树）的 **GBDT 算法**列于下面。

已知：训练数据集 D={($\boldsymbol{x}_i$, y_i)}（i=1,2,3,$\cdots$,n），其中 y_i 是目标输出，损失函数为 $L(\bullet)$。

求解：梯度提升树 $H(\boldsymbol{x})$。

（1）初始化决策树：设 c 是决策树节点的输出，构建只有根节点的决策树 $H_0(\boldsymbol{x})$，估计一个使损失函数最小的常数作为 $H_0(\boldsymbol{x})$的输出，其公式为

$$H_0(\boldsymbol{x}) = \arg\min_{c} \sum_{i=1}^{n} L(y_i, c) \tag{8-11}$$

（2）决策树的提升阶段，进行如下的迭代循环（$t = 1,2,3,\cdots,T$）。

- 计算损失函数对模型的负梯度值 $r_{t,i}$，并作为残差的近似值，其计算公式如下：

$$r_{t,i} = -\left[\frac{\partial L\left(y_i, H(\boldsymbol{x}_i)\right)}{\partial H(\boldsymbol{x}_i)}\right]_{H(\boldsymbol{x}_i)=H_{t-1}(\boldsymbol{x}_i)} \tag{8-12}$$

- 利用新数据集$\{(\boldsymbol{x}_i, r_{t,i})\}$（$i$=1,2,3,⋯,$n$）构建（训练）第 t 棵个体决策树 $h_t(\boldsymbol{x})$，其中残差 $r_{t,i}$ 是 $h_t(\boldsymbol{x})$的目标输出；该决策树具有 J 个叶节点区域 $R_{t,j}$，其中 j=1,2,3,⋯, J。
- 针对决策树 $h_t(\boldsymbol{x})$的每个叶节点区域 $R_{t,j}$，以损失函数最小为目标，求出 $R_{t,j}$ 的叶节点 j 的输出值 $c_{t,j}$（也是最佳残差拟合值），其计算公式如下：

$$c_{t,j} = \arg\min_{c} \sum_{\boldsymbol{x}_i \in R_{t,j}} L\left(y_i, H_{t-1}(\boldsymbol{x}_i) + c\right) \tag{8-13}$$

- 更新决策树：给第 t 棵决策树 $h_t(\boldsymbol{x})$输入样本 $\boldsymbol{x}$，该决策树的输出是样本 $\boldsymbol{x}$ 能到达的叶节点的输出之和，其计算公式为

$$h_t(\boldsymbol{x}) = \sum_{j=1}^{J} c_{t,j} I(\boldsymbol{x} \in R_{t,j}) \tag{8-14}$$

于是，第 t 轮的提升树 $H_t(\boldsymbol{x})$为上一轮的提升树 $H_{t-1}(\boldsymbol{x})$ 与当前决策树 $h_t(\boldsymbol{x})$之和：

$$H_t(\boldsymbol{x}) = H_{t-1}(\boldsymbol{x}) + h_t(\boldsymbol{x}) \tag{8-15}$$

（3）输出梯度提升树：迭代完成之后，最终的集成模型为 T 个个体决策树的组合，即

$$H(\boldsymbol{x}) = H_T(\boldsymbol{x}) = \sum_{t=1}^{T} \sum_{j=1}^{J} c_{t,j} I(\boldsymbol{x} \in R_{t,j}) \tag{8-16}$$

上述算法使用了梯度下降法求损失函数的局部极小值，在第 t 轮迭代中函数值与函数的负梯度值相加是损失函数值下降最快的，于是才设计第 t 棵决策树的输出逼近这个负梯度值。另外，计算损失函数对模型的负梯度值，解决了损失函数对样本 $\boldsymbol{x}$ 不可微的情况，扩大了 GBDT 算法的适用范围。

上述 GBDT 算法也可以用于分类问题，需要将损失函数 $L(\cdot)$更换为适合于分类的损失函数。对于二分类问题，可以采用类似公式(8-2)的指数损失函数；也可以采用如下的对数似然（指数）损失函数（其中 $y \in \{+1,-1\}$）：

$$L\left[y, H(\boldsymbol{x})\right] = \log[1 + \mathrm{e}^{-yH(\boldsymbol{x})}] \tag{8-17}$$

总之，梯度提升决策树（GBDT）是梯度提升的基本形式，易于理解和实现，但在大规模数据集上的训练速度较慢。

一些算法对 GBDT 进行了改进以提高性能和适用大规模数据。例如，极致的梯度提升树（eXtreme gradient boosting, XGBoost）支持并行计算来加快模型的训练速度，能够处理数据中的缺失值，采用了预剪枝和后剪枝技术来避免过拟合；轻量的梯度提升机（light gradient boosting machine，LightGBM）支持分布式和并行训练，通过减少分裂点候选的数量和使用直方图的差分来加速训练过程，并降低内存消耗，从而适用于大规模数据集。这几种梯度提升算法的特点列于表 8-1 中。

表 8-1 几种梯度提升算法的特点

特点	GBDT	XGBoost	LightGBM
基本原理	决策树算法结合负梯度拟合损失函数	GBDT 的高效实现，多项改进和优化	XGBoost 的改进，提升训练速度和准确性
性能提高措施	/	增加正则化项	直方图差分，减少分裂点候选数量，单边梯度采样，互斥特征捆绑
并行处理	/	支持特征并行	支持特征并行和数据并行
缺失值处理	无特殊处理	自动处理缺失值	自动处理缺失值
内存使用	高	中等	低
应用场景	适合中小规模数据	适合大规模数据	适合大规模数据

8.5 实例与编程求解

例 8-1 分类任务：对乳腺癌数据集，采用并行方式和串行方式的集成学习方法，分别建立分类模型判别样本的类别，并评估所设计的分类模型的预测性能。

数据集：机器学习库 sklearn 自带的乳腺癌（breast cancer）数据集包含两个类型的样本，分别有 357 个良性（benign）肿瘤样本和 212 个恶性（malignant）肿瘤样本，其 30 个特征（属性）包括肿瘤的半径、纹理、周长、面积等。

解：采用并行方式的随机森林分类算法和串行方式的梯度提升决策树（GBDT）分类算法进行求解；考虑提升阶段的次数（即个体决策树的数量）多有利于提高性能，GBDT 模型的提升阶段次数选默认的 100（棵个体决策树），随机森林模型选默认的 100（棵个体决策树）；编写 Python 代码，调用机器学习库 sklearn 中相关模型和方法进行实现。对应的求解步骤如下：

（1）导入所需的库和方法；

（2）加载数据集；

（3）采用 K-折交叉验证法将数据集划分为训练集和测试集；

（4）使用训练集训练或构建分类模型；

（5）使用测试集评估分类模型的泛化性能；

（6）计算 K 次评估结果的平均泛化性能。

代码清单　集成学习分类模型的训练、使用与性能评估

```
#随机森林分类和梯度提升决策树分类算法示例，导入相关的库和方法
import numpy as np
from sklearn.model_selection import KFold
from sklearn.ensemble import RandomForestClassifier, GradientBoostingClassifier
from sklearn.metrics import accuracy_score, f1_score
from sklearn.datasets import load_breast_cancer

#加载数据集
adata = load_breast_cancer()
X = adata['data']
y = adata['target']  #类标
```

```
#创建模型对象，采用默认参数，决策树数量为 100
model1 = RandomForestClassifier(n_estimators=100, random_state=0)
#创建模型对象，采用默认参数，提升阶段的次数为 100
model2 = GradientBoostingClassifier(n_estimators=100, random_state=0)
#创建 K-折交叉验证对象
n_kfold = 5
obj_fold = KFold(n_splits=n_kfold, shuffle=True, random_state=0)

#存放性能指标的数组，存放 Accuracy 和 F1 Score
sc = np.zeros((n_kfold, 4))
i = 0
#循环执行 K-折交叉验证
for id_train, id_test in obj_fold.split(X):
    X_train, X_test = X[id_train, :], X[id_test, :]
    y_train, y_test = y[id_train], y[id_test]
    #使用训练集训练分类模型
    model1.fit(X_train, y_train)
    model2.fit(X_train, y_train)
    #计算模型在测试集上的性能指标
    y_pred_test = model1.predict(X_test)
    sc[i,0] = accuracy_score(y_test, y_pred_test)
    sc[i,1] = f1_score(y_test, y_pred_test)
    y_pred_test = model2.predict(X_test)
    sc[i,2] = accuracy_score(y_test, y_pred_test)
    sc[i,3] = f1_score(y_test, y_pred_test)
    i = i + 1

#计算模型在测试集上 K 次结果的平均性能
score_mean = np.mean(sc, axis=0)
print("模型 1 在测试集上的平均准确率、平均 F1 分数：", score_mean[0:2])
print("模型 2 在测试集上的平均准确率、平均 F1 分数：", score_mean[2:4])
```

执行代码获得结果：模型 1 在测试集上的平均准确率、平均 F1 分数为[0.9614, 0.9697]，模型 2 在测试集上的平均准确率、平均 F1 分数为[0.9667, 0.9736]。这样的性能指标值说明所建立的分类模型具有高的泛化性能。可以看到，模型 2 的泛化性能稍高于模型 1 的泛化性能。

例 8-2　回归预测任务：采用集成学习的回归算法，对体脂数据进行多元回归分析，并评估回归模型的回归效果。

数据集：StatLib 男性体脂（bodyfat）数据集有关于 252 名男性水下称重等测量的 252 个样本，每个样本有身高、体重和胸围等 14 个特征，以及回归目标——体脂率。数据集可在互联网上获取或在本书配套资源包中获取。将数据复制后保存在本地文本文件中。

解：采用并行方式的随机森林回归算法和串行方式的梯度提升决策树（GBDT）回归算法进行求解；考虑提升阶段的次数（即个体决策树的数量）多有利于提高性能，GBDT 模型的提升阶段次数选默认的 100，随机森林模型也选默认的 100；编写 Python 代码，调用机器学习库 sklearn 中相关模型和方法进行实现。对应的求解步骤如下：

（1）导入所需的库和方法；

（2）加载数据集，数据预处理；

（3）采用 *K*-折交叉验证法将数据集划分为训练集和测试集；

（4）使用训练集训练或构建回归模型；

（5）使用获得的回归模型预测测试集的目标值；

（6）使用测试集评估回归模型的回归效果。

代码清单　集成学习回归模型的训练、使用与性能评估

```
#随机森林回归和梯度提升决策树回归算法示例，导入相关的库和方法
import pandas as pd
import numpy as np
from sklearn.model_selection import KFold
from sklearn.ensemble import GradientBoostingRegressor, RandomForestRegressor
from sklearn.metrics import r2_score
from sklearn.preprocessing import StandardScaler

#加载数据集，数据文件中数据由连续的空格分隔
adata = pd.read_table('bodyfat.txt', header=None, sep='\s+')
idx = adata.columns != 1
X = adata.values[:, idx]  #由特征构成的样本
y = adata.values[:, 1]  #回归目标
#数据被标准化处理为零均值且单位方差
scaler = StandardScaler()
X = scaler.fit_transform(X)

#创建模型对象，采用默认参数，决策树数量为 100
model1 = RandomForestRegressor(n_estimators=100, random_state=0)
#创建模型对象，采用默认参数，提升阶段的次数为 100
model2 = GradientBoostingRegressor(n_estimators=100, random_state=0)

#创建 K-折交叉验证对象
n_kfold = 5
obj_fold = KFold(n_splits=n_kfold, shuffle=True, random_state=0)

#存放性能指标的数组
sc = np.zeros((n_kfold, 2))
i = 0
#循环执行 K-折交叉验证
for id_train, id_test in obj_fold.split(X):
    X_train, X_test = X[id_train, :], X[id_test, :]
    y_train, y_test = y[id_train], y[id_test]
    #使用训练集构造回归模型
    model1.fit(X_train, y_train)
    model2.fit(X_train, y_train)
    #计算模型在测试集上的性能指标
    y_pred_test = model1.predict(X_test)
    sc[i,0] = r2_score(y_test, y_pred_test)
    y_pred_test = model2.predict(X_test)
    sc[i,1] = r2_score(y_test, y_pred_test)
    i = i + 1

#计算模型在测试集上 K 次结果的平均性能
score_mean = np.mean(sc, axis=0)
print("模型 1 在测试集上的平均决定系数：", score_mean[0])
print("模型 2 在测试集上的平均决定系数：", score_mean[1])
```

执行代码获得结果：模型 1 在测试集上的决定系数为 0.9576，模型 2 在测试集上的决定

系数为 0.9582。这样的性能指标值说明回归模型的回归效果好。可以看到，模型 2 的回归效果好于模型 1，但差别很小。

8.6　习题

一、简答题

1. 集成学习（分类器）的工作原理是什么？

2. 设计集成学习中的个体学习器，应当设计具有什么特点的个体学习器？为什么？

3. 请叙述两种集成学习中个体学习器的产生策略。

4. 在使用相同的机器学习算法的前提下，请叙述两种集成学习中个体学习器的产生策略。

5. 集成学习的组合策略将多个个体学习器的预测结果进行综合后输出，请叙述两种组合策略。

6. 根据个体学习器的构建方式（个体学习器之间的关系），集成学习方法可以分为哪几类？

7. 集成学习的串行方式具有什么特点？哪几个算法属于串行方式？

8. 集成学习的并行方式具有什么特点？哪几个算法属于并行方式？

9. 集成学习有哪几种典型的组合结构（结构模式）？它们的工作思路分别是什么？

10. 集成学习的 Bagging 方法的基本思想是什么？

11. 集成学习的随机森林方法的基本原理是什么？

12. 由集成学习的原理分析，为什么随机森林的分类性能高于或不低于单棵决策树？

13. 集成学习的 Boosting 方法（提升法）的基本思想是什么？

14. 给定具有 20 门课成绩的 100 名学生（样本）的训练数据集，建立由 10 棵决策树组成的随机森林模型，实施对学生成绩的分类（类别为优秀、一般）。试讨论如何使用该训练集产生 10 棵有差别的决策树？如何综合 10 棵决策树的分类结果输出新样本的类别？

二、填空题

1. ________是一类机器学习方法，其核心是通过构建并组合多个学习器，形成一个分类模型。

2. 在设计集成学习模型的个体学习器时，应当注重设计具有________的个体学习器。

3. 在设计集成学习模型的个体学习器时，一般采用弱学习器的设计方案，即个体学习器的预测能力只要比________高一点就行。

4. 对于集成学习方法，当使用相同的机器学习算法产生多样性的个体学习器时，可以使用________的训练集来产生不同的个体学习器。

5. 对于集成学习方法，设计个体学习器的核心是注重个体学习器的________。

6. 对于集成学习方法，当使用相同的机器学习算法产生多样性的个体学习器时，可以使用算法的不同________来产生不同的个体学习器。

7. 对于集成学习方法，当使用相同的机器学习算法产生多样性的个体学习器时，同时使用相同数据集（输入样本），可以使用样本的不同________来产生不同的个体学习器。

8．对于分类预测方法，相对多数________法是一种常用的组合策略，其规则是“多数票赢”。

9．集成学习的 Bagging 方法通过对训练集进行自助________产生多个不同的训练子集，然后使用这些训练子集分别构建多个具有差异性的________学习器。

10．集成学习的 Bagging 方法主要通过样本的随机________来增加基学习器之间的多样性。

11．集成学习的 Bagging 方法使用自助采样，全部数据的 63.2%被用于构建某个个体学习器，剩余的________%数据称为________数据，可用于评估该个体学习器的泛化性能。

12．随机森林（random forest）是一种基于 Bagging 的集成学习方法，它通常以________为基学习器。

13．随机森林由很多棵决策树组成，每一棵决策树构建时对训练集的样本________，也对训练集的________随机采样。

14．在随机森林的构造过程中，每个基学习器都留有袋外数据，可用于评估基学习器的________性能，无须通过额外的交叉验证获取泛化性能。

15．随机森林的每棵决策树的构建都随机抽取部分属性（来实现），则缺失少量属性对随机森林的性能影响较________。

16．随机森林的每棵决策树的构建都使用数据集的部分样本（来实现），不容易对整个数据集________。

17．集成学习的提升法（Boosting 方法）的个体学习器之间存在强________关系，是一种________结构，后一个学习器只在前一个学习器预测出错或不够准的样本上开展工作。

18．集成学习的 Boosting 算法的著名代表是________（自适应增强）算法。

19．集成学习的提升树（boosting decision tree）算法是以决策树为基学习器的________算法，并以决策树的________算法作为训练方法。

20．集成学习的________（GBDT）是一种以决策树为基学习器的 Boosting 算法，由多棵回归决策树组成________结构。

第 9 章 降维算法

人类的视觉能直观看到一维（线）、二维（平面）和三维（立体）空间中的对象。设一个数据集有 n 个样本，每个样本由 3 个特征（对应 3 个变量）的连续值构成，例如，某个样本的 3 个特征的值是(3.5, 17.2, 9.6)。若每个特征对应空间中的 1 个坐标系（或 1 个维度），则该样本(3.5, 17.2, 9.6)在三维空间中展示为一个点，n 个样本在三维空间中展示为散点图。于是，我们可以观察三维空间中这些数据的分布情况（分布结构）。在许多实际问题中，会遇见更多维度的多维数据集，甚至几十、上百个维度的高维数据集；此时要观察高维数据集的内在分布结构，需要从数据集提取能表达其内在分布结构且不超过三维的新数据，然后在二维或三维空间中将新数据可视化。

这种将更多维数的数据转换为更少维数数据的过程就是降维工作。对应的降维算法应当产生反映高维数据内在分布结构的低维数据，这种低维数据可用于高维数据的可视化等用途。本章主要介绍线性的降维算法——主成分分析和奇异值分解，它们属于无监督学习方法。

9.1 降维的概念

在机器学习领域，降维是指高维数据被转换为低维数据，即数据（或样本）从高维空间被转换到低维空间。从更广的含义上讲，降维是较多维数的数据被转换为更少维数的数据。降维的目的包括减少特征的个数，剔除不相关或冗余的特征，提高模型的精度，减少数据相关的运算时间。实现降维任务的方法称为降维方法或算法。

实施降维的两种工作方式包括：

（1）降维过程不改变数据或样本的每个特征的性质，只是从所有特征中筛选出部分特征，这种工作方式称为**特征选择**（feature selection）。这种工作方式对应的降维工作是从高维数据的众多特征中选择一部分特征组成低维数据，低维数据是高维数据的子集。通过降维减少特征数量，希望达到如下的效果：使模型的泛化能力更强，减少过拟合，增强对特征的理解等。

（2）原始特征通过空间变换（映射）产生新的特征，新特征改变了原始特征的性质，这种工作方式称为**特征提取**（feature extraction）。这种工作方式对应着复杂的降维方法，即从高维的数据中提取它的内在分布结构，这种内在分布结构是由低维的新数据表达的。通过将原始数据集变换为由更少的新特征组成的数据集，提取原始数据中的主要信息和去除某些不必要的信息，这有利于更好地开展分类、回归、聚类等后续工作。

本章将讨论的降维算法属于第二种工作方式。降维算法可以分为线性的方法和非线性的方法，常用的线性降维方法有主成分分析、奇异值分解和线性判别分析，非线性的方法有核主成分分析（KPCA）和 t 分布随机近邻嵌入（t-distribution stochastic neighbour embedding，t-SNE）。

9.2 主成分分析

1．主成分分析的基本思想

主成分分析（principal component analysis，PCA）是将多个原始变量转化为少数几个综合变量（或指标）的一种统计分析方法；主成分分析也称为主分量分析。主成分分析的基本思想是：用较少的综合变量代替较多的原始变量，而且这些综合变量尽可能多地保留原始变量所反映的信息，同时综合变量之间又是彼此独立的。这样的综合变量称为**主成分**。

主成分分析是一种无监督学习方法，对给定的多维数据集实施主成分分析，可以获得少于给定数据集维数的几个主成分和主成分对应的数据，并且主成分之间相互独立。简言之，主成分分析是将分散在一组原始变量上的信息集中到少数几个主成分上的一种统计分析方法。

2．原始变量与新变量之间的转换公式

为更好地理解主成分的求解原理，下面对一组原始变量转换为一组新变量的问题进行分析。从辩证思维角度分析，事物之间是互相联系的，同一个事物可以“亦此亦彼”或展现为不同的形式。在中国古代典籍《道德经》中也有同样的辩证思维，老子认为阴阳两种基本力量并不是固定不变的，而是不断地在变化中相互转化，从而推动了世界的演化和发展。

于是，在辩证思维的视角，同样的信息可以存储在一组原始变量的数据里，也可以存储在一组新变量的数据里。那么，在存储相同信息的条件下，如何由一组原始变量构造出一组存储相同信息的新变量呢？

构造一组新变量的一种简单方法是利用一组原始变量的线性组合进行构造，此时的原始变量可以看成一组基底。一个简单的例子可以说明线性组合构造方法是有效的：使用由奇数和偶数组成的基底($x_1=1, x_2=2$)可以构造出整数变量 z 的值域中任何一个整数，例如，整数 14 可以用一组系数(2,6)乘基底的方式写为 $14 = 2\times1 + 6\times2$，也可以用另一组系数(−2,8)写为 $14 = -2\times1 + 8\times2$。可以看出，线性组合构造方法中系数可以有多种不同的取值。

设 $\boldsymbol{A}$（$\boldsymbol{A}=\{a_{ij}\}$，$i=1,2,\cdots,p$，$j=1,2,\cdots,p$）是系数，$p$ 个原始变量记为 $\boldsymbol{X}=(x_1,x_2,\cdots,x_p)$，$p$ 个新变量记为 $\boldsymbol{Z}=(z_1,z_2,\cdots,z_p)$。在一组新变量 $\boldsymbol{Z}$ 与一组原始变量 $\boldsymbol{X}$ 具有相同数量的条件下，使用线性组合构造方法，由 $\boldsymbol{X}$ 构造 $\boldsymbol{Z}$ 的公式如下：

$$\begin{cases} z_1 = a_{11}x_1 + a_{12}x_2 + \cdots + a_{1p}x_p \\ z_2 = a_{21}x_1 + a_{22}x_2 + \cdots + a_{2p}x_p \\ \cdots \\ z_p = a_{p1}x_1 + a_{p2}x_2 + \cdots + a_{pp}x_p \end{cases} \tag{9-1}$$

上面的新变量 $\boldsymbol{Z}$ 的构造公式可以写为矩阵与向量的形式：

$$\boldsymbol{Z}=\boldsymbol{AX} \tag{9-2}$$

当系数矩阵 $\boldsymbol{A}$ 可逆时，上式可以改写为原始变量 $\boldsymbol{X}$ 的构造公式：

$$\boldsymbol{X}=\boldsymbol{A}^{-1}\boldsymbol{Z} \tag{9-3}$$

上面两个公式展示出，通过线性组合构造方法，原始变量 $\boldsymbol{X}$ 和新变量 $\boldsymbol{Z}$ 可以相互表示，或者说当系数矩阵 $\boldsymbol{A}$ 可逆时原始变量 $\boldsymbol{X}$ 可以用新变量 $\boldsymbol{Z}$ 重构出来，这也说明新变量 $\boldsymbol{Z}$ 和原始变量 $\boldsymbol{X}$ 具有相同的信息。这里将我们关注的原始变量 $\boldsymbol{X}$ 拥有的信息称为**总信息量**。

我们讨论用较少的新变量代替原始变量可能带来的问题。由上文可知，p 个原始变量 $\boldsymbol{X}$ 可以用 p 个新变量 $\boldsymbol{Z}$ 重构出来，即用 p 个新变量代替 p 个原始变量时总信息量是相同的，并且总信息量被分散保存在 p 个新变量中。一般情况下，若选出 k（$k<p$）个新变量代替 p 个原始变量，则缺少了 $p-k$ 个新变量，总信息量自然是有损失的。

从由新变量 $\boldsymbol{Z}$ 构造公式的角度重新叙述并理解主成分分析的基本思想（也是求解要求）：主成分分析要求从 p 个新变量中选出较少的 k 个新变量作为主成分，这 k 个新变量所拥有的信息量占总信息量的比例要尽可能地大，同时这 k 个新变量之间是彼此独立的。

上文已给出由原始变量 $\boldsymbol{X}$ 构造新变量 $\boldsymbol{Z}$ 的方法框架。于是，待解的问题是：如何求解出系数矩阵 $\boldsymbol{A}$ 以获得新变量 $\boldsymbol{Z}$，并且满足主成分分析的求解要求，使得 $\boldsymbol{Z}$ 成为主成分。

3．主成分的求解过程

对给定的多维数据集实施主成分分析，主要的工作目标包括：在数据集中求出主成分，确定主成分的数量，获得对应主成分的数据。

1）利用数据集构造特征的协方差矩阵

设数据集 D 有 n 个样本，每个样本有 p 个特征（对应 p 个随机变量 $X_1,X_2,\cdots,X_p$），简记为矩阵形式 $\boldsymbol{D}=\{x_{ij}\}$，其中 $i=1,2,3,\cdots,n$，$j=1,2,\cdots,p$。将数据集 D 写为如下的数据矩阵 $\boldsymbol{X}$ 的形式（$\boldsymbol{X}$ 可看成 $\boldsymbol{D}$ 的转置）：

$$\boldsymbol{X}=\begin{bmatrix} x_{11} & x_{12} & \cdots & x_{1n} \\ x_{21} & x_{22} & \cdots & x_{2n} \\ \vdots & \vdots & & \vdots \\ x_{p1} & x_{p2} & \cdots & x_{pn} \end{bmatrix} \tag{9-4}$$

其中，第 j 个特征（变量）对应的数据位于数据矩阵的第 j 行。需注意的是，本章的 $\boldsymbol{X}$ 和 X_j 兼具变量和数据的含义，当它们涉及具体的数值计算时，展现数据的含义。

随机变量 X_j 的数据方差（表征单个随机变量的数据离散程度）为

$$\sigma_{X_j}^2=E[(X_j-E(X_j))^2] \tag{9-5}$$

将随机变量 X_j 的数据进行标准化处理，处理后数据的均值为 0 且方差为 1，处理后的 X_j 仍记为 X_j：

$$X_j=\frac{X_j-E(X_j)}{\sigma_{X_j}} \tag{9-6}$$

两个随机变量 X_i 和 X_j 之间的协方差（衡量两个随机变量之间线性关系的强度）为

$$c_{ij}=\operatorname{cov}(X_i,X_j)=E[(X_i-E(X_i))(X_j-E(X_j))] \tag{9-7}$$

一组随机变量 $\{X_1,X_2,\cdots,X_p\}$ 的协方差矩阵是一个 $p\times p$ 的实数对称矩阵，即

$$\boldsymbol{\Sigma}=\begin{bmatrix} c_{11} & c_{12} & \cdots & c_{1p} \\ c_{21} & c_{22} & \cdots & c_{2p} \\ \vdots & \vdots & & \vdots \\ c_{p1} & c_{p2} & \cdots & c_{pp} \end{bmatrix} \tag{9-8}$$

对于零均值且单位方差的数据，协方差矩阵的计算公式也可用数据矩阵表达，即

$$\boldsymbol{\Sigma}=\boldsymbol{X}\boldsymbol{X}^{\mathrm{T}} \tag{9-9}$$

2）协方差矩阵分解为特征值和特征向量

对于实数对称方阵$\boldsymbol{\Sigma}$，采用特征值分解法将$\boldsymbol{\Sigma}$分解为特征值和特征向量，即

$$\boldsymbol{\Sigma}=\boldsymbol{U}\boldsymbol{\Lambda}\boldsymbol{U}^{-1}=\boldsymbol{U}\boldsymbol{\Lambda}\boldsymbol{U}^{\mathrm{T}} \tag{9-10}$$

其中，$\boldsymbol{U}$是由特征向量$\{\boldsymbol{U}_1,\boldsymbol{U}_2,\cdots,\boldsymbol{U}_p\}$构成的正交阵（满足$\boldsymbol{U}\boldsymbol{U}^{\mathrm{T}}$等于单位矩阵），$\boldsymbol{\Lambda}$是由特征值$\{\lambda_i\}$组成的对角矩阵（主对角线以外的元素全为 0）：

$$\boldsymbol{\Lambda}=\begin{bmatrix} \lambda_1 & 0 & \cdots & 0 \\ 0 & \lambda_2 & \cdots & 0 \\ \vdots & \vdots & & \vdots \\ 0 & 0 & \cdots & \lambda_p \end{bmatrix} \tag{9-11}$$

每个特征值λ_i与对应的特征向量$\boldsymbol{U}_i$满足下式：

$$\boldsymbol{\Sigma}\boldsymbol{U}_i=\lambda_i\boldsymbol{U}_i \tag{9-12}$$

设λ是特征值变量，$\boldsymbol{I}$是单位矩阵，求解如下的特征方程可获得p个特征值$\{\lambda_i\}$：

$$|\lambda\boldsymbol{I}-\boldsymbol{\Sigma}|=0 \tag{9-13}$$

在求得特征值后，关于第i个特征值λ_i和特征向量$\boldsymbol{U}_i$的式（9-12）可以转换为下式：

$$(\boldsymbol{\Sigma}-\lambda_i\boldsymbol{I})\boldsymbol{U}_i=0 \tag{9-14}$$

对上式进行齐次线性方程组的求解，可以求出对应特征值λ_i的特征向量$\boldsymbol{U}_i$。于是，可获得所有的特征向量。

3）确定主成分

备选主成分是公式（9-2）所表达的由原始变量$\boldsymbol{X}$构造出的新变量$\boldsymbol{Z}$，其中的系数矩阵$\boldsymbol{A}$就是上文求出的特征矩阵$\boldsymbol{U}$。于是，新变量（备选的主成分）Z_i的数据由原始数据的矩阵$\boldsymbol{X}^{\mathrm{T}}$乘特征向量$\boldsymbol{U}_i$计算得到，其公式如下：

$$Z_i=\boldsymbol{X}^{\mathrm{T}}\boldsymbol{U}_i \tag{9-15}$$

主成分分析的一个要求是主成分所拥有的信息量要尽可能多，这里采用新变量的数据方差（即矩阵$\boldsymbol{\Lambda}$中的特征值$\{\lambda_i\}$）代表信息量。某个变量的方差（或特征值λ_i）越大，其拥有的信息量越大；方差越小，则信息量越小。

将获得的特征值从大到小进行排序，假设排序后的特征值序列为$\lambda_1\geqslant\lambda_2\geqslant\cdots\geqslant\lambda_p\geqslant0$，其中第$i$个特征值$\lambda_i$对应着第$i$个新变量$Z_i$的方差。于是，排序靠前的特征值包含的信息量大，其对应的新变量应当被选为主成分。

特征值λ_1对应的新变量Z_1是第一主成分，具有最大的方差（最多的信息量），特征值λ_2对应的新变量Z_2是第二主成分，具有次大的方差（次多的信息量），以此类推。由于特征向量$\{\boldsymbol{U}_i\}$之间是相互正交的，使得主成分之间是相互独立的。

选多少个新变量作为主成分才能包含足够的信息量？通常采用基于特征值的方差贡献率（主成分贡献率）h_i来衡量第i个主成分的信息量占总信息量的比例，采用前k个特征值

的累计贡献率 H_k 来衡量这 k 个主成分的信息量占总信息量的比例，它们的公式如下：

$$h_i = \frac{\lambda_i}{\sum_{j=1}^{p}\lambda_j} \tag{9-16}$$

$$H_k = \sum_{i=1}^{k} h_i \tag{9-17}$$

确定**主成分数量**的一般规则是：取 H_k 为 85%至 95%时的前 k 个主成分。当确定了 k 个主成分时，剩余的累计贡献率 $1-H_k$ 就是**损失的信息量**。

最后，给出主成分分析的算法流程。

主成分分析算法

输入：对应变量$(X_1,X_2,\cdots,X_p)$的数据集 $D=\{x_{ij}\}$，其中 $i=1,2,\cdots,n$，$j=1,2,\cdots,p$；阈值 H_t

1．数据集 D 标准化：将每个变量 X_j 的数据标准化为零均值且单位方差；

2．计算协方差矩阵：计算各变量之间的协方差矩阵 $\boldsymbol{\Sigma}$；

3．计算特征值和特征向量：对 $\boldsymbol{\Sigma}$ 进行特征值分解，求出特征值并从大到小排序，计算特征值对应的特征向量；

4．确定主成分数量：计算累计贡献率 H_k，选 $H_k \geqslant H_t$ 时的 k 值为主成分的数量；

5．转换为主成分数据：利用特征向量和数据集 $\boldsymbol{D}$，计算前 k 个主成分对应的数据。

输出：k 个主成分对应的数据

4．主成分的含义

在主成分分析中，主成分的数据方差（即特征矩阵中的特征值）代表着信息量。某个主成分的方差贡献率反映出该主成分所拥有的信息量占总信息量的比例，也体现出该主成分捕获原始数据信息量的程度。

通过将原始变量的协方差矩阵进行分解，选出最大的几个特征值对应的新变量作为主成分，使得原始变量上的信息被集中到这几个主成分上，并且主成分之间相互独立。简言之，若干个主成分集中了原始变量的信息且相互独立，其中第一主成分具有最大的方差（或特征值），第二主成分具有次大的方差，以此类推。

利用主成分分析获得主成分和主成分数据后，将它们进行可视化，可直观地了解主成分的含义。从几何的角度看，在原始数据的直角坐标系，原始数据展示为散点图；原始数据被映射到由主成分的主轴构成的主成分坐标系，每个主成分是主成分坐标系中的一个主轴；在主成分坐标系可以展示主成分的数据为散点图。在原始数据的直角坐标系，每个主成分 Z_i 的主轴是一个方向向量，这个方向向量就是公式（9-15）中的特征向量 $\boldsymbol{U}_i$。

假设对某个二维数据集（对应两个原始变量 x_1 和 x_2），通过主成分分析，获得了两个主成分（新变量 z_1 和 z_2）。如图 9-1 所示，在直角坐标系 x_1Ox_2 给出了二维数据的散点图，两个主成分给出了主成分直角坐标系 z_1Oz_2，数据在第一主成分的主轴 z_1 上具有最大的数据方差，数据在第二主成分的主轴 z_2 上具有次大的数据方差。

观察图 9-1，第一主成分 z_1 的数据方差较大，数据在主轴 z_1 上的离散程度（分散程度）较大，携带的信息量较多；而第二主成分 z_2 的数据方差较小，数据在主轴 z_2 上的离散程度较小，携带的信息量较少。总之，一组数据在某个主成分主轴上的数据方差越大，或者说数据离散程度越大，则携带的信息量越多；反之，数据方差越小，或者说数据的分布越集中，离散程度越小，则携带的信息量越少。

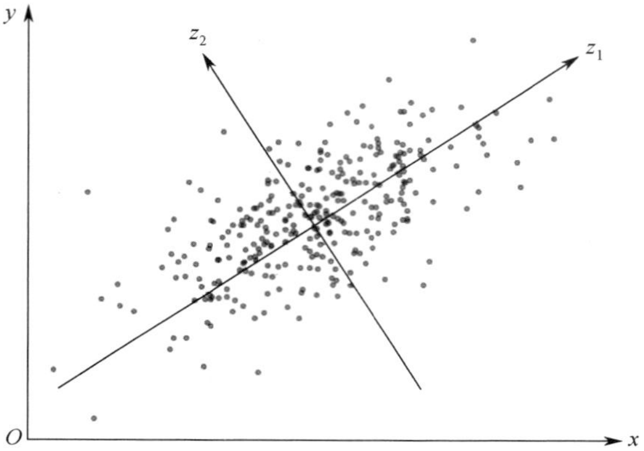

图 9-1　主成分的可视化

值得注意的是，我们可以使用若干个主成分及其数据替代原始变量及其数据，也可以在主成分坐标系用主成分的数据对原始数据进行重构，但这种替代和重构一般是有信息损失或信息丢失的。

主成分分析能够实现高维数据的降维，同时保留原始数据中的重要信息，这个特性使主成分分析常被用于数据可视化、数据解释，以及分类或聚类的后续分析。

在进行主成分分析之前，通常需要对数据进行标准化处理，以消除不同特征具有不同的量纲或取值范围的影响。

当主成分分析被用于分类工作之前的数据预处理时，若数据集被划分为训练集和测试集时，则应当对训练集进行主成分分析，获得训练集的主成分数据，再利用主成分方向的变换参数对测试集进行主成分计算，获得测试集的主成分数据。这样的处理方式可以实现训练集和测试集的信息隔离，但它们又具有相同的主成分方向。

例 9-1　对如下的矩阵，使用特征值分解法求其特征值和特征向量。

$$\boldsymbol{B}=\begin{bmatrix}4 & 2\\ -1 & 1\end{bmatrix}$$

解：设 λ 是特征值变量，$\boldsymbol{I}$ 是单位矩阵，依据公式（9-13）有如下的特征方程：

$$|\lambda\boldsymbol{I}-\boldsymbol{B}|=\begin{vmatrix}\lambda-4 & -2\\ 1 & \lambda-1\end{vmatrix}=0$$

将上式展开后得到 $\lambda^2-5\lambda+6=0$。

求解方程 $\lambda^2-5\lambda+6=0$，获得两个根（特征值）：$\lambda_1=2$，$\lambda_2=3$。

对应特征值 λ_1 和特征向量 $\boldsymbol{U}_1$ 的式（9-14）是：$(\boldsymbol{B}-\lambda_1\boldsymbol{I})\boldsymbol{U}_1=0$，将数据代入此式，有

$$\left(\begin{bmatrix}4 & 2\\ -1 & 1\end{bmatrix}-2\begin{bmatrix}1 & 0\\ 0 & 1\end{bmatrix}\right)\boldsymbol{U}_1=\begin{bmatrix}2 & 2\\ -1 & -1\end{bmatrix}\begin{pmatrix}u_{11}\\ u_{12}\end{pmatrix}=0$$

由上式可解出：$u_{11}=-u_{12}$。

选择一种取值 $u_{12}=1$，则获得特征向量 $\boldsymbol{U}_1$ 的一个基础解：$\boldsymbol{U}_1=(-1, 1)$。

同理，对应特征值 λ_2，有

$$\left(\begin{bmatrix}4 & 2\\-1 & 1\end{bmatrix}-3\begin{bmatrix}1 & 0\\0 & 1\end{bmatrix}\right)\boldsymbol{U}_2=\begin{bmatrix}1 & 2\\-1 & -2\end{bmatrix}\begin{pmatrix}u_{21}\\u_{22}\end{pmatrix}=0$$

由上式可解出：$u_{21}=-2u_{22}$。

选择一种取值 $u_{22}=1$，则获得特征向量 $\boldsymbol{U}_2$ 的一个基础解：$\boldsymbol{U}_2=(-2, 1)$。

9.3　奇异值分解

奇异值分解（singular value decomposition，SVD）是指任意一个矩阵都可以被分解为三个矩阵（一个正交矩阵、一个对角矩阵和另一个正交矩阵）乘积的形式。SVD 可以用于降维任务，将数据从高维空间转换到低维空间，也可以用于数据压缩。

将 n 行 p 列的矩阵 $\boldsymbol{A}$ 分解为三个矩阵的乘积的奇异值分解公式如下：

$$\boldsymbol{A}=\boldsymbol{USV}^{\mathrm{T}} \tag{9-18}$$

其中，$\boldsymbol{U}$ 是 n 阶正交方阵（满足 $\boldsymbol{UU}^{\mathrm{T}}=\boldsymbol{I}$），称为左奇异矩阵；$\boldsymbol{V}$ 是 p 阶正交方阵（满足 $\boldsymbol{VV}^{\mathrm{T}}=\boldsymbol{I}$），称为右奇异矩阵；$\boldsymbol{S}$ 是 $n\times p$ 的奇异值矩阵 $\boldsymbol{S}$ 的子矩阵（即从 $\boldsymbol{S}$ 左上角开始的方阵，其维度取 n 和 p 中较小者）的主对角线上的元素从大到小排列，主对角线上的每个元素都称为奇异值。$\boldsymbol{U}$ 的列向量 $\boldsymbol{u}_i$ 是特征向量，$\boldsymbol{V}$ 的列向量 $\boldsymbol{v}_j$ 是特征向量。

已知矩阵 $\boldsymbol{A}$，如何求解出奇异值分解公式中的各项（$\boldsymbol{U}$、$\boldsymbol{V}$ 和 $\boldsymbol{S}$）？这里介绍基本的求解方法。首先，讨论如何求出左奇异矩阵 $\boldsymbol{U}$。构造 n 阶方阵 $\boldsymbol{AA}^{\mathrm{T}}$，采用特征值分解法将 $\boldsymbol{AA}^{\mathrm{T}}$ 分解为特征值矩阵和包含特征向量的正交矩阵，获得的特征值 λ_i 和特征向量 $\boldsymbol{u}_i$ 满足：

$$(\boldsymbol{AA}^{\mathrm{T}})\boldsymbol{u}_i=\lambda_i\boldsymbol{u}_i \tag{9-19}$$

将 n 个特征向量构成左奇异矩阵，即 $\boldsymbol{U}=(\boldsymbol{u}_1,\boldsymbol{u}_2,\cdots,\boldsymbol{u}_n)$。

其次，讨论如何求出右奇异矩阵 $\boldsymbol{V}$。构造 p 阶方阵 $\boldsymbol{A}^{\mathrm{T}}\boldsymbol{A}$，采用特征值分解法将 $\boldsymbol{A}^{\mathrm{T}}\boldsymbol{A}$ 分解为特征值矩阵和包含特征向量的正交矩阵，获得的特征值 λ_i 和特征向量 $\boldsymbol{v}_i$ 满足：

$$(\boldsymbol{A}^{\mathrm{T}}\boldsymbol{A})\boldsymbol{v}_i=\lambda_i\boldsymbol{v}_i \tag{9-20}$$

将 p 个特征向量构成右奇异矩阵，即 $\boldsymbol{V}=(\boldsymbol{v}_1,\boldsymbol{v}_2,\cdots,\boldsymbol{v}_p)$。

再次，讨论如何求出奇异值对角矩阵 $\boldsymbol{S}$。在奇异值分解公式的两边右乘 $\boldsymbol{V}$，有

$$\boldsymbol{AV}=\boldsymbol{USV}^{\mathrm{T}}\boldsymbol{V}=\boldsymbol{US} \tag{9-21}$$

这个公式可以写成单个奇异值的公式：

$$\boldsymbol{Av}_i=\sigma_i\boldsymbol{u}_i \tag{9-22}$$

最后，得到奇异值对角矩阵 $\boldsymbol{S}$ 的每个奇异值的计算公式：

$$\sigma_i=\frac{\boldsymbol{Av}_i}{\boldsymbol{u}_i} \tag{9-23}$$

求解奇异值的更简单方法是，在前文求解左奇异矩阵 $\boldsymbol{U}$ 时，获得 $\boldsymbol{AA}^{\mathrm{T}}$ 的特征值 λ，再按下式计算奇异值矩阵 $\boldsymbol{S}$ 的每个奇异值：

$$\sigma_i=\sqrt{\lambda_i} \tag{9-24}$$

至此，已给出求解奇异值分解公式中各项的公式和方法。

对于实数对称方阵 $\boldsymbol{AA}^{\mathrm{T}}$，它的秩与矩阵 $\boldsymbol{A}$ 的秩 r 相同。当且仅当 $\boldsymbol{AA}^{\mathrm{T}}$ 满秩时，矩阵 $\boldsymbol{A}$ 的奇异值分解存在唯一解。奇异值对角矩阵 $\boldsymbol{S}$ 的对角上奇异值元素是从大到小排列的，其中前 r 个奇异值不为 0，其余 $n-r$ 个奇异值为 0。

奇异值分解的能力比前文介绍的特征值分解法强，能够分解任意一个矩阵；而特征值分解法只能对一个方阵（比如实对称矩阵）进行分解。

奇异值分解可以用于主成分分析中的关键工作，即使用 SVD 将 PCA 中的协方差矩阵分解，获得的右奇异矩阵 $\boldsymbol{V}^{\mathrm{T}}$ 作为 PCA 中特征向量构成的矩阵，获得的平方奇异值作为 PCA 中的特征值，将它们替换入主成分分析中的对应工作。

奇异值分解方法可以直接对数据进行降维。设原始数据集被写为 n 行 p 列的矩阵 $\boldsymbol{A}$，使用 SVD 将 $\boldsymbol{A}$ 分解为 $\boldsymbol{U}$、$\boldsymbol{V}$ 和 $\boldsymbol{S}$，选取最大的 k（$k<p$）个奇异值和对应的右奇异向量，可以对数据集 $\boldsymbol{A}$ 实现降维，即 p 维数据集 $\boldsymbol{A}$ 被转换为 k 维数据集 $\boldsymbol{Z}$，或者说 p 维空间的数据被映射到更低的 k 维特征空间：

$$\boldsymbol{Z}_{n\times k} = \boldsymbol{A}_{n\times p}\boldsymbol{V}_{p\times k} \tag{9-25}$$

奇异值分解可用于数据压缩的任务。一个数据矩阵 $\boldsymbol{A}$ 被 SVD 分解后，可以只用最大的 k（$k<r$）个奇异值（丢弃其余的奇异值）和对应的左右奇异向量来近似重构数据矩阵 $\boldsymbol{A}$，即

$$\boldsymbol{A} = \boldsymbol{U}_{n\times n}\boldsymbol{S}_{n\times p}\boldsymbol{V}_{p\times p}^{\mathrm{T}} \approx \boldsymbol{U}_{n\times k}^{*}\boldsymbol{S}_{k\times k}^{*}\boldsymbol{V}_{k\times p}^{*\mathrm{T}} \tag{9-26}$$

此时，若存储三个矩阵 $\boldsymbol{U}^*$、$\boldsymbol{S}^*$和 $\boldsymbol{V}^*$所需的容量小于存储 $\boldsymbol{A}$ 的容量时，就实现了数据的压缩存储。自然，这种数据压缩是有信息损失的，损失的大小对应于被丢弃的奇异值。一个典型的例子是使用 SVD 方法存储一张图片，实现图片的压缩存储。

9.4 主成分分析的特点

主成分分析是一个无监督学习的降维方法，它通过线性变换将原始数据转换为主成分的数据，使得原始数据的变异信息被集中到少数相互独立的主成分数据中。

主成分分析的主要特点如下：

（1）较少的主成分代替较多的原始变量；

（2）主成分保留原始变量的信息尽可能多，信息被集中到主成分上；

（3）主成分之间相互独立；

（4）以方差衡量数据的信息量。

主成分分析的一些主要优点包括：

（1）降维效果显著，能有效地减少数据的维度，同时尽可能多地保留原始数据的信息；

（2）揭示数据结构，能有效地揭示数据的内部结构，减少问题分析的复杂度；

（3）各主成分之间独立，而原始数据的特征间可能存在相关性或影响因素；

（4）计算方法简单，主要运算是特征值分解，易于实现。

这些特点和优点，使得主成分分析在多方面有广泛的应用，例如，数据预处理、特征提取、数据可视化和数据压缩等。主成分分析在一些典型应用中所起的作用讨论如下。

（1）数据降维：PCA 提取数据中的主成分降低了数据的维度，相当于减少了数据量，这有助于减少后续数据处理的计算量；数据的特征存在冗余时，PCA 能够去除冗余特征。

（2）数据可视化：在高维数据空间中，直接可视化数据是非常困难的。PCA 可以将数据降至二维或三维，从而便于在平面上或空间中可视化数据，这有助于理解数据的结构、分布和异常值。

（3）特征提取：PCA 可作为特征提取的工具，主成分可以作为从数据中提取的特征，往往比原始特征更能反映数据的本质，在机器学习模型中使用主成分有利于提高其性能。

（4）数据压缩：PCA 可以去除数据中的冗余信息，存储时只保存几个主成分的数据，能减少数据的存储空间，相当于数据压缩。

（5）数据去噪：因方差较小而被舍弃的主成分往往包含的是噪声，则 PCA 在一定程度上去除了数据中的噪声。

（6）无监督学习：PCA 是一种无监督学习方法，能从数据中提取有用的信息。

（7）更简洁的解释：在某些情况下，主成分具有实际的意义，替代很多的原始变量用于解释数据会更简洁。

主成分分析的一些主要缺点包括：

（1）信息丢失，尽可能多的信息被集中到主成分上，通常会有信息丢失。

（2）可解释性不足，主成分是原始特征的线性组合，常常难以直接解释其实际含义，其含义具有一定的模糊性，而原始数据的特征的可解释性好。

（3）可能忽略重要特征，方差小的备选主成分可能包含样本差异的重要信息，因降维被丢弃可能对后续工作带来不利影响；若原始数据的重要特征是低方差时，PCA 可能忽略这些特征。

（4）对数据的方差敏感，如果小数据集中存在异常值，很可能对方差的计算影响较大，从而影响主成分的确定。

（5）非线性关系处理不足，PCA 是线性变换方法，不能有效地提取非线性关系，导致非线性关系的信息丢失。

（6）数据的假设性强，PCA 假设数据在原始特征空间中高斯分布，各主成分之间正交；对于某些复杂数据，这些假设不成立时会影响 PCA 的效果。

（7）维度过高时效果受限，数据维度过高时，数据的稀疏性和距离度量问题可能影响 PCA 的效果。

为了克服或应对主成分分析的一些缺点，出现了一些主成分分析的改进或扩展方法。例如，适合于稀疏数据的 Sparse PCA。主成分分析是基于线性变换的降维方法，对于非线性结构的数据集，更适合于非线性的降维方法。

非线性的降维方法包括核主成分分析、多维尺度变换、自组织映射、流形学习方法和随机邻域映射（*t*-SNE）等。

9.5　实例与编程求解

例 9-2　主成分分析算法的实现任务：对主成分分析的算法流程进行编程实现，将鸢尾花数据集转换为主成分的数据，并确定主成分的数量。

数据集：机器学习库 sklearn 自带的鸢尾花（Iris）数据集包含 setosa、versicolor 和 virginica

这三种鸢尾花的 150 个样本，每个样本有 4 个特征包括花萼长度（sepal length）、花萼宽度（sepal width）、花瓣长度（petal length）和花瓣宽度（petal width）。

解：将主成分分析的算法流程编写为 Python 代码，并调用机器学习库 sklearn 中相关方法进行实现。由于主成分分析的算法是无监督学习方法，未使用数据集中的类别信息。对应的求解步骤如下：

（1）导入所需的库和方法；

（2）加载数据集；

（3）计算协方差矩阵及其特征值和特征向量；

（4）从大到小排序特征值，重新排列对应的特征向量；

（5）计算累计贡献率，依据主成分数量的确定规则选取主成分；

（6）计算主成分的数据。

代码清单　主成分分析的算法流程

```
#主成分求解过程示例，导入相关的库和方法
import numpy as np
import matplotlib.pyplot as plt
from sklearn.preprocessing import scale
from sklearn.datasets import load_iris

#加载数据
X = load_iris().data
#数据标准化：零均值且单位方差
X = scale(X)

#计算协方差矩阵及其特征值和特征向量
cov_matrix = np.cov(X, rowvar=False)  #列的协方差
eigValues, eigVectors = np.linalg.eigh(cov_matrix)

#从大到小排序特征值，重新排列对应的特征向量
index = np.argsort(eigValues)[::-1]  #从大到小的索引
eigValues = abs(eigValues[index])  #重新排列
eigVectors = eigVectors[:, index]  #重新排列

#计算累计贡献率
sum_eigValue = np.cumsum(eigValues)  #累计方差
Hsum = sum_eigValue / sum_eigValue[-1]

#选取主成分（累计贡献率达到 0.85 以上）
idx_pc = Hsum < 0.85
k = sum(idx_pc) + 1
print(f"主成分的个数：{k}，主成分的累计贡献率依次为", Hsum)

#计算前 k 个主成分的数据
data_pca = np.dot(X, eigVectors[:,:k])
```

执行代码获得结果：以累计贡献率 0.85 为阈值，主成分的个数为 2，所有备选主成分的累计贡献率依次为[0.7296, 0.9581, 0.9948, 1.0]。可以看到，前两个主成分集中了 4 个原始特征 95.81%的信息，信息集中度很高。

例 9-3　数据降维与可视化任务：采用主成分分析方法，对小麦种子数据进行降维，并在主成分坐标系可视化。

数据集：小麦种子（seeds）数据集包含 Kama、Rosa 和 Canadian 这三个品种的 210 个样本，每个样本有面积（area）、周长（perimeter）和核长度（length of kernel）等 7 个特征。数据集可在本书配套资源包中获取。

解：采用主成分分析方法将移除类标后的数据集转换为主成分的数据，然后在主成分坐标系将主成分数据可视化；编写 Python 代码，调用机器学习库 sklearn 中相关方法进行实现。对应的求解步骤如下：

（1）导入所需的库和方法；

（2）加载数据集；

（3）使用 sklearn 中主成分分析方法转换数据；

（4）计算累计贡献率，依据主成分数量的确定规则选取主成分；

（5）主成分数据的可视化。

代码清单　主成分分析的使用与可视化

```
#利用主成分分析的数据降维与可视化示例，导入相关的库和方法
from sklearn.decomposition import PCA
from sklearn.preprocessing import scale
import matplotlib.pyplot as plt
import pandas as pd

#加载数据集
adata = pd.read_table('seeds.txt', header=None, sep="\t+")
idx = adata.columns != 7
X = adata.values[:, idx]
labels = adata.values[:, -1]  #类标
#数据标准化：零均值且单位方差
X = scale(X)

#主成分分析，并获得主成分的数据
model = PCA()
X_pca = model.fit_transform(X)

#获取主成分的贡献率，计算累计贡献率
var_ratio = model.explained_variance_ratio_
Hsum = var_ratio.cumsum()

#找出满足阈值（0.85）的 k 个主成分
idx_pc = Hsum < 0.85
k = sum(idx_pc) + 1
Hsum_k = Hsum[k - 1]
print(f"主成分的个数：{k}，它们的累计贡献率：{Hsum_k:.4f}")
print(f"备选主成分的累计贡献率依次为", Hsum)

#主成分数据的可视化
mk = ['.', '.', '^', '*']
lab = ['.', '类别 1', '类别 2', '类别 3']
plt.figure()
plt.rcParams['font.sans-serif'] = ['SimHei']
plt.rcParams['axes.unicode_minus'] = False
for i in [1, 2, 3]:
    id = labels == i
    plt.scatter(X_pca[id, 0], X_pca[id, 1], c='k', marker=mk[i], label=lab[i])
plt.xlabel('主成分 1', fontsize=13)
```

```
plt.ylabel('主成分 2', fontsize=13)
plt.legend(fontsize=13)
plt.show()
```

执行代码获得结果：以累计贡献率 0.85 为阈值，主成分的个数为 2，它们的累计贡献率为 0.8898；备选主成分的累计贡献率依次为[0.7187, 0.8898, 0.9866, 0.9964, 0.9991, 0.9998, 1.0]。可以看到，7 个原始特征被降维为两个主成分，这两个主成分集中了 7 个原始特征 88.98% 的信息；若以累计贡献率 0.95 为阈值，则选前 3 个主成分，它们集中了 7 个原始特征 98.66% 的信息，降维效果非常好。图 9-2 展示了执行代码后，具有 3 个类别 7 个特征的 seeds 数据集被降维为两个主成分的数据，并在主成分坐标系展现的散点图。

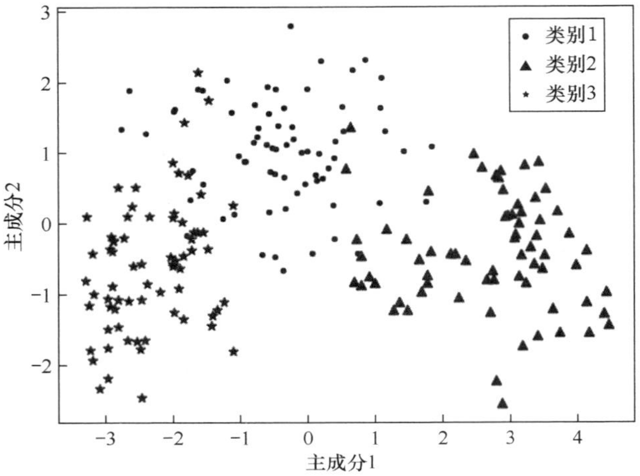

图 9-2　在主成分坐标系的数据散点图

例 9-4　图片压缩任务：采用奇异值分解方法，对中国长城图片进行图片数据的压缩，并将压缩后的图片数据可视化。

图片数据：本例使用的中国八达岭长城图片可从互联网获取。

解：采用奇异值分解方法将原始图片数据分解为 3 个矩阵，然后选取一定数量的奇异值和对应的左右奇异向量重构图片数据（压缩数据），再将压缩数据可视化；编写 Python 代码，调用相关库和方法进行实现。对应的求解步骤如下：

（1）导入所需的库和方法；

（2）加载图片，将图像转换为矩阵数据；

（3）使用 SVD 方法分解图片数据；

（4）使用一定数量的奇异值和奇异向量重构图片数据（数据压缩）；

（5）压缩数据的可视化。

代码清单　奇异值分解的使用与可视化

```
#使用 SVD 压缩图片示例，导入相关的库和方法
import numpy as np
from PIL import Image
import matplotlib.pyplot as plt

#读取图像
image = Image.open('八达岭长城.jpg')
```

```
#将图像转换为灰度图像
image_gray = image.convert('L')
image_gray = np.array(image_gray)  #矩阵形式
nrow, ncol = np.shape(image_gray)
asize = nrow*ncol
print(f"原始数据矩阵尺寸：{nrow} x {ncol}: ", asize)
#用 SVD 分解图像矩阵
U, Sigma, Vt = np.linalg.svd(image_gray)

#不同的奇异值数量以观察压缩质量
k_list = [2, 10, 20, 40, 80]

plt.rcParams['font.sans-serif'] = ['SimHei']
for i in range(6):
    plt.subplot(2, 3, i+1)
    #使用压缩后的奇异值、左右奇异向量重构图像
    k = k_list[i]
    image2 = U[:, :k] @ np.diag(Sigma[:k]) @ Vt[:k, :]
    nsize = nrow*k + k*k + k*ncol
    reduced_ratio = 1 - nsize/asize
    print(f"{k}个奇异值压缩后尺寸，减少的比例：", nsize, reduced_ratio)

    #显示压缩的图像
    plt.imshow(image2, cmap='gray')
    plt.title(f'奇异值数目{k}')
    plt.axis('off')

plt.subplot(2, 3, 6)
plt.imshow(image_gray, cmap='gray')
plt.title('原始图')
plt.axis('off')
plt.show()
```

执行代码获得结果：图片数据压缩中使用的不同奇异值数量为[2, 10, 20, 40, 80]；图 9-3 展示了执行代码获得的重构图片。从图中可以看到，奇异值数量为 80 时，压缩图片的质量已很好，数据量的减少比例为 56.57%。如果可以接受奇异值数量为 40 时的压缩质量，数据量的减少比例为 79.26%。

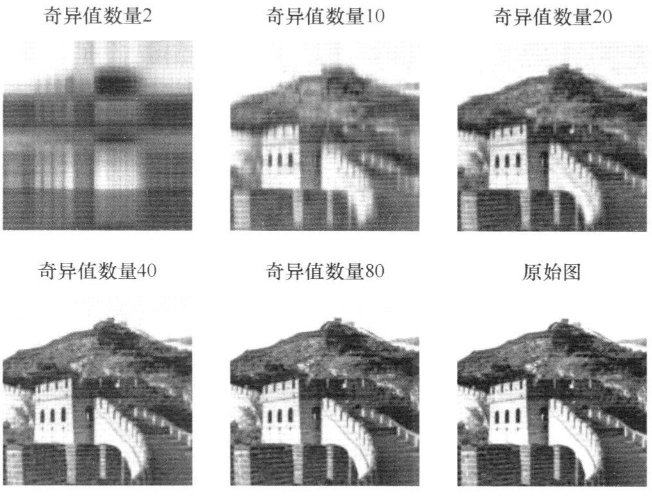

图 9-3　中国长城图片的压缩效果，不同奇异值数量下的重构图片

9.6 习题

一、简答题

1. 什么是降维？常用的降维方法有哪些？
2. 实施降维的两种工作方式是什么？它们分别是什么含义？
3. 主成分分析的基本思想是什么？
4. 请写出特征值分解法的公式，并说明公式中每项的含义。
5. 什么是主成分贡献率？
6. 简述如何确定主成分的数量。
7. 请写出单个主成分的计算公式，并说明公式中每项的含义。
8. 简述主成分分析的算法流程。
9. 简述主成分的含义。
10. 什么是奇异值分解？
11. 奇异值分解与特征值分解方法在功能上的主要区别是什么？

二、填空题

1. 从高维数据的众多特征中选择少数特征组成低维数据，称这种工作方式为________。

2. 原始特征通过空间变换（映射）产生新的特征，新特征改变了原始特征的性质，称这种工作方式为________。

3. 通过主成分分析获得的主成分之间是相互________的。

4. 主成分分析是一种________的学习方法，将分散在原始变量上的信息集中到几个________上。

5. 通过________组合的构造方法，一组原始变量和新变量可以相互表示，或者说原始变量可以用一组新变量________出来。

6. 主成分分析是由一组原始变量构造出一组主成分，并且主成分的数量应当________原始变量的数量。

7. 一个随机变量的数据方差描述的是该变量数据的________程度。

8. 特征值分解法能够将一个实数的________分解为特征值和特征向量。

9. 在主成分分析中，主成分拥有原始数据的信息是指原始数据的________程度。

10. 主成分分析常用于数据________、数据解释，以及________或聚类的后续分析。

11. 主成分分析的典型应用包括数据预处理、________、________和________等。

12. 奇异值分解能够分解________一个矩阵，而特征值分解法只能对一个________进行分解。

13. 奇异值分解的典型应用包括________和________等。

第 10 章 聚类

有监督学习方法需要使用带有标签的数据来学习出模型，其中分类算法所用的训练数据是包含类别标签的。给定一个数据集，但没有关于这个数据集的知识，我们想探索这个数据集潜在的分布、结构和模式等。对应于分类任务，我们想探索的是：数据集中的哪些样本属于同一个类别，哪些样本属于另一个类别，以及数据集有多少个不同的类别？

中国古籍《战国策·齐策三》中提出“物以类聚，人以群分”的思想就涉及对这个问题的论述，描述事物或人的自然分组和聚集；常用于比喻同类的东西聚在一起，志同道合的人相聚成群。找出这样的自然分组和聚集的类别引出一个新的机器学习任务——聚类任务，其解答工作对应着新的机器学习方法——聚类方法，即从数据中学习或归纳出数据的聚集结构（类别结构）。

聚类方法或算法是无监督学习方法，工作对象是没有类别标签的数据。一个聚类算法寻找数据中潜在的自然分组结构，将数据集划分为多个分组，每个分组应反映数据点的自然聚集。聚类方法在图像处理、市场营销、信息检索等领域有着广泛应用。本章将介绍多种聚类方法，包括基于划分的方法、基于层次的方法和基于密度的方法。

10.1 聚类的概念

聚类（clustering）方法将数据集划分为若干个不相交的子集（称为簇，cluster），并使得同一簇中的数据点（样本）尽可能相似，而不同簇中数据点的差异尽可能大。这个定义的一个内含要求是每个样本只能归属一个簇，这可以看成硬聚类（hard clustering）方式。考虑更一般的表达，聚类是将一组对象分成多个簇的过程，使得每个簇中的对象彼此相似，而不同簇中的对象相似性较小。

依据聚类的定义，聚类算法的工作目标是使得簇内对象的相似性最大化，簇间对象的相似性最小化。与分类不同，聚类算法不依赖于预先标记的数据，而是从数据本身的分布和特征中发现内在的结构和模式。

依据聚类算法的原理，可以对聚类算法进行如下的分类：基于划分的聚类、基于层次的聚类、基于密度的聚类、基于模型的聚类、基于图的聚类和模糊聚类等。不同的聚类方法具有不同的特点和适用性，一般需要针对具体的应用背景或问题选择适用的聚类算法。

例如，在某个实际应用中，事物本身存在模糊性和不确定性，则模糊聚类能够更好地处理这类数据。模糊聚类允许一个对象以一定的隶属度归属于多个簇，而不是仅属于一个簇。这种隶属度通常是一个介于 0 和 1 之间的数值，表示对象属于某个簇的程度。

本章将重点讨论经典的聚类方法，包括：基于划分的聚类方法、基于层次的聚类方法和基于密度的聚类方法。在基于划分的聚类方法中，主要介绍 k-均值算法和 k-中心点算法，这些算法以最小化簇内距离且最大化簇间距离为目标将数据集划分成多个簇。基于层次的聚类方法主要介绍凝聚层次聚类和分裂层次聚类方法，这些方法通过构建簇的层次结构，逐步合并或分裂，形成最终的簇。基于密度的聚类方法主要介绍 DBSCAN 算法，它依赖数据点的局部密度来形成簇，能够识别任意形状的簇并处理噪声数据。

对获得的聚类结果，还需要评价它的聚类质量，以保障聚类分析给出优良的聚类效果。在实际应用中，获得最终聚类结果之后，一般需要对聚类结果进行解释，希望对各个簇的特征进行准确描述，可以借助描述性统计计量进行分析，例如，计算一个簇在各特征变量上的均值，以及解释某个簇产生的原因等。

一个聚类任务例子如图 10-1 所示，数据集本身呈现出两个自然的分组结构；聚类算法需要找出数据中的这两个分组，将这些数据样本正确划分到两个簇。

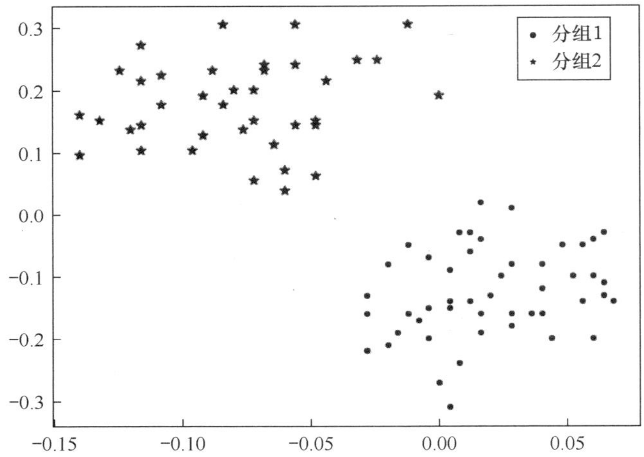

图 10-1　数据呈现出两个自然的分组结构

聚类技术能够发掘数据中的自然分组，特别适用于无监督学习的场景。聚类分析常用于如下这些应用场景。

（1）探索性数据分析：需要理解数据集中的潜在模式或者结构，认识数据的分布。

（2）数据简化：简化数据集，例如，通过减少维度或创建更简单的数据表示。

（3）模式识别：识别数据中的模式，寻找数据中的异常值或离群点。

（4）图像分析：对图像中的对象进行分组来实现图像分割或目标检测。

（5）商业有关的分类或分组：例如，对客户的行为进行分类，依据消费者的特性将消费者分组。

（6）文本分析：对文档或文本数据进行主题建模或文档分类，对相似的文章或短文进行分组。

（7）推荐系统：根据用户的偏好或行为将用户分组，以提供个性化推荐。

（8）生物信息学：对基因表达数据进行分组，以找出具有相似表达模式的基因群组。

（9）社交网络分析：识别社交网络中的社群或团体。

（10）空间数据分析：对地理空间数据进行分组，以发现具有共同特征的区域。

10.2　基于划分的聚类方法

基于划分的聚类方法，通过对数据集进行划分，使得每个簇包含至少一个对象，并通过优化某个准则（例如，簇内距离最小化）来进行划分。最常见的基于划分的聚类方法包括 *k*-均值算法和 *k*-中心点算法。

1．*k*-均值算法

k-均值（*k*-means）算法是一种广泛使用的迭代聚类技术，目的是将数据集划分为 *k* 个簇，使得每个簇内的数据点之间的相似度高，而簇间的相似度低。*k*-均值算法的核心思想是最小化簇内数据点与其簇中心（即簇内所有数据点的均值）之间的距离总和。

k-均值算法的工作过程利用了迭代优化与渐进式改进的科学思维。算法起始时随机选择 *k* 个数据点作为初始的 *k* 个簇中心，然后通过不断迭代优化簇中心位置，逐渐达到稳定的聚类结果（对应着收敛）。聚类结果会受到初始簇中心选择的影响，尽管迭代优化的过程是寻找最优解，但不能保证达到全局最优解，有可能算法收敛到局部最优解。一种解决方法是，多次运行 *k*-均值算法，每次使用不同的随机初始簇中心，然后选择最好的聚类结果作为最终结果。

k-均值算法可以写成如下的算法形式：

***k*-均值算法**

输入：数据集 $D=\{x_1,x_2,\cdots,x_n\}$，其中 x_i 表示数据点，簇的数量 k

1．初始化：随机选择 k 个数据点作为初始的簇中心 $\{\mu_1,\mu_2,\cdots,\mu_k\}$；

2．重复以下步骤直到收敛。

分配步骤：对于每个点 x_i，找到最近的簇中心 μ_j，将 x_i 分配到簇 C_j；

更新步骤：对于每个簇 C_j，更新簇中心 μ_j 为 C_j 中所有点的均值。

输出：簇的集合 $\{C_1,C_2,\cdots,C_k\}$，簇中心的集合 $\{\mu_1,\mu_2,\cdots,\mu_k\}$

---

k-均值算法作为一种迭代聚类技术，具备了诸多优点和缺点，使其在特定场景下非常有效，而在其他情形下可能面临挑战。该算法的主要优点在于其简单性和高效性：算法结构直观易于实现，并且在处理大规模数据集时表现出良好的效率，时间复杂度为 $O(nkt)$，其中 n 是数据点数量，k 是簇的数目，t 是迭代次数。

k-均值算法也存在一些明显的局限性。首先，*k*-均值算法需要预先指定簇的数量 *k*，这在很多实际应用中是一个难以提前确定的参数。其次，它的聚类结果极度依赖于初始簇中心的选择，不同的初始中心可能导致截然不同的聚类结果。*k*-均值算法通常只能有效识别凸形状的簇，对于具有复杂几何形状的数据结构则难以处理。最后，该算法对噪声和异常值也相当敏感，容易受到这些数据点的影响，从而影响最终的聚类质量。因此，尽管 *k*-均值算法在许多情况下是一个优秀的选择，用户在应用时需要仔细考虑这些优缺点，并根据具体的数据特性和需求做出适当的调整。

例 10-1 对于表 10-1 所示的 6 个二维数据点，请使用 k-均值算法将其划分为两个簇。

表 10-1 二维数据点

数据点编号	1	2	3	4	5	6
数据点值	(1,2)	(2,3)	(3,4)	(5,7)	(6,8)	(8,9)

解： 这里依据 k-均值算法的步骤进行解题。

（1）初始有 6 个数据点，选择簇中心，不妨是第 1 个和第 6 个数据点，如表 10-2 所示。

表 10-2 选择簇中心

数据点编号	1	2	3	4	5	6
初始簇中心	簇 1					簇 2

（2）开启迭代并进行首次迭代。

度量采用欧式距离，计算每个数据点到簇中心的距离，将数据点分配到其最近簇中心所属的簇，如表 10-3 所示。

表 10-3 开启迭代并进行首次迭代

数据点编号	1	2	3	4	5	6
到簇 1 中心距离	0	1.41	2.83	6.40	7.81	9.90
到簇 2 中心距离	9.90	8.49	7.07	3.61	2.24	0
分配结果	簇 1	簇 1	簇 1	簇 2	簇 2	簇 2

（3）更新簇中心和重新分配。

重新计算簇中心，对簇 1 的 3 个点的坐标值{(1, 2), (2, 3), (3, 4)}进行平均，获得簇 1 新的中心坐标(2, 3)；对簇 2 的 3 个点的坐标值{(5, 7), (6, 8), (8, 9)}进行平均，获得簇 2 新的中心坐标(6.33, 8)。

依据数据点到新簇中心的距离，将数据点分配到其最近簇中心所属的簇，如表 10-4 所示。

表 10-4 更新簇中心和重新分配

数据点编号	1	2	3	4	5	6
到簇 1 中心距离	1.41	0	1.41	5.00	6.40	8.49
到簇 2 中心距离	8.03	6.61	5.20	1.66	0.33	2.54
分配结果	簇 1	簇 1	簇 1	簇 2	簇 2	簇 2

（4）继续下一次迭代。重新计算簇中心，由于新获得的两个簇中心［簇 1 中心(2, 3)，簇 2 中心(6.33, 8)］均不再发生变化，结束迭代。

（5）获得最终结果，即数据点被划分为两个簇，其中簇 1 包含数据点 1、2、3，簇 2 包含数据点 4、5、6。

2. k-中心点算法

尽管 k-均值算法因其简单性和效率被广泛使用，但该算法对异常值和噪声点十分敏感，容易受到极端值的影响，导致簇中心的偏移。为了减少这种影响并提高聚类算法的稳健性，出现了 ***k*-中心点算法**（*k*-medoids），该算法的主要步骤与 *k*-均值算法类似，但选择数据集中实际存在的点作为簇中心，以提高聚类结果的代表性和稳定性。

k-中心点算法的基本思想是将数据集中的点划分为预定数量的簇，并选择簇内的代表点作为簇的中心点（称为 medoids）。这些 medoids 是簇内其他点到该点的平均距离（或总距离）最小的点。与 *k*-均值算法使用算术均值作为簇中心不同，*k*-中心点算法通过选择最能代表簇的实际数据点来优化聚类质量，这使得算法对于异常值具有更好的抵抗力。

k-中心点算法可以写成如下的算法形式：

***k*-中心点算法**

输入：数据集 $D=\{x_1,x_2,\cdots,x_n\}$，每个数据点 x_i 是一个 d 维实数向量；聚类的数目 k；最大迭代次数 T

1．初始化：从数据集 D 中随机选择 k 个数据点作为初始中心点 $\{m_1,m_2,\cdots,m_k\}$

2．迭代过程如下。

　for t=1 to T:

　　对每个数据点 x_i：将 x_i 分配到最近的中心点所代表的簇 C_j；

　　对每个簇 C_j：在簇内选择新的中心点 m_j^*，使得 $\sum_{x_i\in C_j}\left\|x_i-m_j^*\right\|$ 最小；

　　更新中心点：$m_j=m_j^*$；

　　如果中心点不再变化或无显著变化，则终止迭代。

输出：簇的划分 $C=C_1,C_2,\cdots,C_k$

10.3　基于层次的聚类方法

基于层次的聚类（hierarchical clustering）方法也简称层次聚类，它通过构建层次树（dendrogram）来表示数据的聚类过程，形成从单一对象到整个数据集的嵌套聚类结构。整个聚类过程可以表示为一棵树形结构，称为聚类树或者树状图。对该聚类树，我们可以选择合适的切割点将树分割，获得最终的聚类结果。层次聚类的优点是能够发现数据的层次结构，且不需要预先指定簇的数量。

层次聚类主要分为两种：自底向上的**凝聚层次聚类**（aglomerative hierarchical clustering）和自顶向下的**分裂层次聚类**（divisive hierarchical clustering），参见图 10-2。

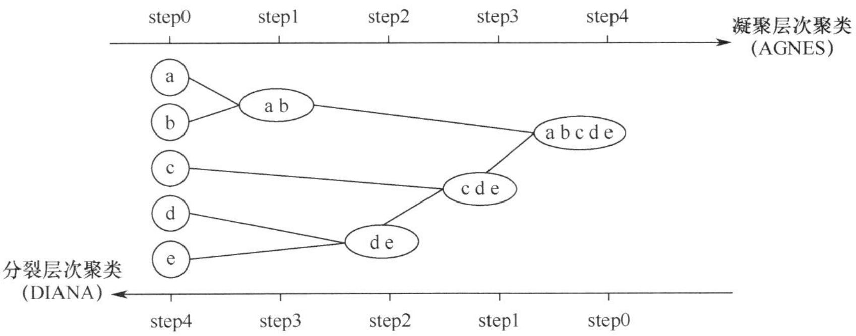

图 10-2　两种层次聚类方法示意

1．簇间距离度量

簇的凝聚或分裂要遵循一定的距离（或相似度）准则。设对象 p 和 q 的距离为$\|p-q\|$，c_i和 c_j分别是簇 C_i和簇 C_j的质心（质心是簇内所有点的平均位置）；常见的簇间距离度量方法主要有如下几种。

（1）单链法（single linkage）：采用两个簇间的最小距离，即

$$d_{\min}(C_i,C_j)=\min_{p\in C_i,q\in C_j}\|p-q\| \tag{10-1}$$

（2）全链法（complete linkage）：采用两个簇间的最大距离，即

$$d_{\max}(C_i,C_j)=\max_{p\in C_i,q\in C_j}\|p-q\| \tag{10-2}$$

（3）平均链（average linkage）：采用两个簇间的平均距离，即

$$d_{\text{avg}}(C_i,C_j)=\frac{1}{|C_i||C_j|}\sum_{p\in C_i}\sum_{q\in C_j}\|p-q\| \tag{10-3}$$

（4）质心法（centroid linkage）：采用两个簇的质心之间的距离，即

$$d_{\text{centroid}}(C_i,C_j)=\|c_i-c_j\| \tag{10-4}$$

在我们使用凝聚层次聚类和分裂层次聚类方法进行工作时，可以视应用问题选择上面的簇间距离度量，其中距离计算函数可以选择欧氏距离、曼哈顿距离、闵可夫斯基距离或马哈拉诺比斯距离（马氏距离）等。于是，采用不同的簇间距离度量与不同的距离函数可以得到有差异的层次聚类算法。

2．凝聚层次聚类算法

凝聚层次聚类的代表算法是 AGNES（agglomerative nesting）算法，它是一种自底向上的层次聚类方法，从每个对象作为一个单独的簇开始，将最近的两个簇合并，直到剩下一个簇或达到预定的簇数量。AGNES 算法的基本步骤包括初始化每个对象为一个单独的簇，计算所有簇间的距离，选择距离最小的两个簇合并，并更新簇间距离矩阵，重复上述步骤直至满足停止条件。

AGNES 算法可以写成如下的算法形式：

AGNES 算法

输入：数据集 $D=\{x_1,x_2,\cdots,x_n\}$，选定的距离度量

1．初始化：将 D 中每个对象初始化为一个独立的簇。

2．迭代过程：

　　计算所有簇之间的距离；

　　合并簇间距离最小的两个簇，更新簇的集合；

　　簇集合中簇的数量为 1 或达到预定值时，结束迭代。

输出：层次聚类结果

通过这种逐步合并的方法，AGNES 算法构建了一棵层次树，从中可以看到数据集在不同层次上的聚类结果，适用于探索性数据分析和揭示数据的内在结构。

例10-2　对于表 10-5 所示的 6 个二维数据点，请使用 AGNES 算法将其划分为两个簇。

表 10-5　二维数据点

数据点编号	1	2	3	4	5	6
数据点值	(1,2)	(2,3)	(3,4)	(5,7)	(6,8)	(8,9)

解：这里依据 AGNES 算法的步骤进行解题。簇间距离度量采用质心法，距离函数采用欧氏距离。

（1）将每个数据点初始化为独立的簇，如表 10-6 所示。

表 10-6　初始化

簇编号	1	2	3	4	5	6
簇内数据点	{1}	{2}	{3}	{4}	{5}	{6}
簇中心坐标	(1,2)	(2,3)	(3,4)	(5,7)	(6,8)	(8,9)

（2）进行首次迭代。

计算所有簇之间的距离，用矩阵表示如下：

簇编号	1	2	3	4	5	6
1	0	$\sqrt{2}$	$\sqrt{8}$	$\sqrt{41}$	$\sqrt{62}$	$\sqrt{98}$
2	$\sqrt{2}$	0	$\sqrt{2}$	$\sqrt{25}$	$\sqrt{41}$	$\sqrt{72}$
3	$\sqrt{8}$	$\sqrt{2}$	0	$\sqrt{13}$	$\sqrt{25}$	$\sqrt{50}$
4	$\sqrt{41}$	$\sqrt{25}$	$\sqrt{13}$	0	$\sqrt{2}$	$\sqrt{13}$
5	$\sqrt{62}$	$\sqrt{41}$	$\sqrt{25}$	$\sqrt{2}$	0	$\sqrt{5}$
6	$\sqrt{98}$	$\sqrt{72}$	$\sqrt{50}$	$\sqrt{13}$	$\sqrt{5}$	0

合并距离最小的两个簇：从簇间距离矩阵中可以看出，最小值 $\sqrt{2}$ 对应着簇 1 与 2、簇 2 与 3、簇 4 与 5；这里选择将簇 1 与 2 合并，记为簇 1。更新簇的集合如表 10-7 所示。

表 10-7　首次迭代

簇编号	1		3	4	5	6
簇内数据点	{1,2}		{3}	{4}	{5}	{6}
簇中心坐标	(1.5,2.5)		(3,4)	(5,7)	(6,8)	(8,9)

（3）进行第 2 次迭代。

计算更新后的 5 个簇之间的距离，获得簇间距离如下：

簇 1 与簇 3 之间的距离为 $\sqrt{4.5}$，簇 1 与簇 4 之间的距离为 $\sqrt{32.5}$，簇 1 与簇 5 之间的距离为 $\sqrt{50.5}$，簇 1 与簇 6 之间的距离为 $\sqrt{84.5}$。

簇 3 与簇 4 之间的距离为 $\sqrt{13}$，簇 3 与簇 5 之间的距离为 $\sqrt{25}$，簇 3 与簇 6 之间的距离为 $\sqrt{50}$。

簇 4 与簇 5 之间的距离为 $\sqrt{2}$，簇 4 与簇 6 之间的距离为 $\sqrt{13}$。

簇 5 与簇 6 之间的距离为 $\sqrt{5}$。

合并距离最小的两个簇：从簇间距离矩阵中可以看出，最小值 $\sqrt{2}$ 对应着簇 4 与 5，将它们合并，记为簇 4。更新簇的集合如表 10-8 所示。

（4）进行第 3 次迭代。

计算更新后的 4 个簇之间的距离，获得簇间距离如下：

表 10-8　第 2 次迭代

簇编号	1		3	4		6
簇内数据点	{1,2}		{3}	{4,5}		{6}
簇中心坐标	(1.5,2.5)		(3,4)	(5.5,7.5)		(8,9)

簇 1 与簇 3 之间的距离为 $\sqrt{4.5}$，簇 1 与簇 4 之间的距离为 $\sqrt{41}$，簇 1 与簇 6 之间的距离为 $\sqrt{84.5}$。

簇 3 与簇 4 之间的距离为 $\sqrt{18.5}$，簇 3 与簇 6 之间的距离为 $\sqrt{50}$。

簇 4 与簇 6 之间的距离为 $\sqrt{8.5}$。

合并距离最小的两个簇：从簇间距离矩阵中可以看出，最小值 $\sqrt{4.5}$ 对应着簇 1 与 3，将它们合并，记为簇 1。更新簇的集合如表 10-9 所示。

表 10-9　第 3 次迭代

簇编号	1			4		6
簇内数据点	{1,2,3}			{4,5}		{6}
簇中心坐标	(2,3)			(5.5,7.5)		(8,9)

（5）进行第 4 次迭代。

计算更新后的 3 个簇之间的距离：簇 1 与簇 4 之间的距离为 $\sqrt{32.5}$，簇 1 与簇 6 之间的距离为 $\sqrt{72}$，簇 4 与簇 6 之间的距离为 $\sqrt{8.5}$。

合并距离最小的两个簇：可以看出，最小值 $\sqrt{8.5}$ 对应着簇 4 与 6，将它们合并，记为簇 4。更新簇的集合如表 10-10 所示。

表 10-10　第 4 次迭代

簇编号	1			4		
簇内数据点	{1,2,3}			{4,5,6}		
簇中心坐标	(2,3)			(6.3,8)		

（6）进行第 5 次迭代。

计算更新后的两个簇之间的距离，获得簇 1 与簇 4 之间的距离为 $\sqrt{43.78}$。

合并这两个簇，记为簇 1。更新簇的集合只有簇 1，停止迭代。

最终，得到一个包含所有点的簇，簇的中心为（4.1,5.5），聚类完成。

3. 分裂层次聚类算法

前文的 AGNES 算法通过不断地合并两个簇，形成聚类结构。从逆向思维的角度（相反操作）可以产生出新的算法思路，即通过不断地分裂一个簇，形成聚类结构。新思路对应的是分裂层次聚类方法，其代表算法是 DIANA（divisive analysis）算法，它是一种自顶向下的层次聚类方法，从所有对象组成的一个簇开始，不断将簇分裂，直到每个对象成为单独的簇或达到预定的簇数量。

DIANA 算法可以写成如下的算法形式：

DIANA 算法

输入：包含 n 个对象的数据集

1. 初始化：构建 1 个簇，包含所有对象；
2. 选择簇：选择一个簇进行分裂，选择标准为簇内相似性最小或簇间距离最大；
3. 分裂簇：将选定的簇分裂为两个子簇；分裂的方法可以是通过计算簇内对象的距离，选择距离最大的两个对象分别作为两个子簇的初始中心，然后将其他对象分配到这两个子簇中，使簇内相似性最大化或簇间距离最小化；
4. 更新簇结构：更新簇结构，以反映新的簇划分；
5. 重复：若每个对象成为单独的簇或达到预定的簇数量，停止；否则，执行步骤 2～4。

输出：一棵层次聚类树

DIANA 算法的优点在于可以生成层次树，直观地展示簇的形成过程；然而，该算法的时间复杂度较高，特别是在处理大规模数据时，效率较低。

10.4　基于密度的聚类方法

当一个数据集分布在一个空间中，呈现出数据点聚集的几个区域且聚集的数据点比较密集，希望一个聚类方法能够利用数据点的密集性找出这样的聚集区域（聚类），这正是基于密度的聚类方法要做的工作。

基于密度的聚类方法是一种通过数据点的密度进行聚类的方法，其主要思想是将密度高的样本点作为簇的核心，然后逐渐将邻近的高密度点（密度相邻的点）加入簇中，最终形成一些簇。基于密度的方法的优点是可以发现任意形状的簇，并能有效处理噪声。

1. 相关概念

下面将介绍的概念构成了基于密度的聚类方法的基础，通过这些概念的定义，可以识别出数据空间中的高密度区域，从而发现聚类。基于密度的聚类方法的重要概念（部分概念的示意图参见图 10-3）如下。

ε 邻域（epsilon neighborhood）：以给定对象为中心，半径为 ε 的圆（或球体）内的所有对象的集合。

核心对象（core object）：如果一个对象的 ε 邻域包含至少 MinPts 个对象，则该对象称为核心对象。这意味着核心对象在其邻域内具有足够高的密度。

直接密度可达（directly density-reachable）：如果对象 p 在对象 q 的 ε 邻域内，并且 q 是核心对象，则对象 p 对于对象 q 是直接密度可达的。

密度可达（density-reachable）：如果对象 p 可以通过一系列直接密度可达的对象到达对象 q，则 p 对 q 是密度可达的。这意味着 p 可以通过多个中介对象到达 q，并且每个中介对象都是核心对象。

密度相连（density-connected）：如果对象 p 和对象 q 存在一个对象 o，使得 p 和 q 都密度可达于 o，则 p 和 q 是密度相连的。这意味着 p 和 q 可以通过一个共同的核心对象 o 连接起来。

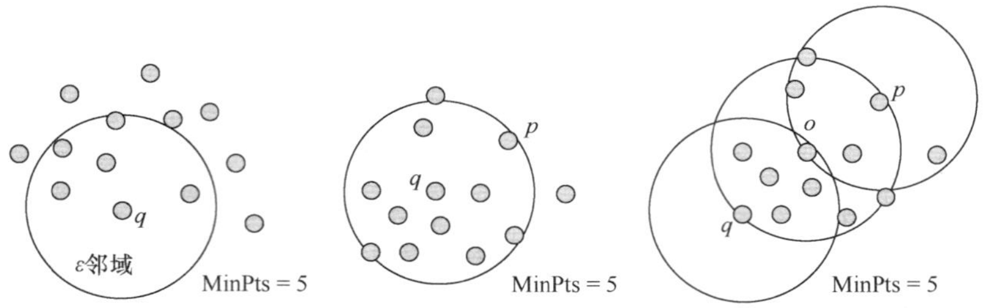

(a) q的ε邻域包含6个点，是核心对象　(b) 核心对象q直接密度可达对象p　(c) q直接密度可达o，o直接密度可达p，对象q密度可达p

图 10-3　基于密度聚类方法的部分概念的示意图

2. DBSCAN 算法

DBSCAN（density-based spatial clustering of applications with noise）算法是一种基于密度的空间聚类算法，它通过指定半径参数ε和密度阈值 MinPts 来确定簇，簇中的点必须包含至少 MinPts 个ε邻居，从而将高密度的区域划分为簇。

DBSCAN 算法将簇定义为由密度可达性最大的点集组成，这意味着簇内的每个点都可以通过一系列密度可达的点与簇内的其他点相连。DBSCAN 算法的算法形式如下：

DBSCAN 算法

输入：包含 n 个对象的数据集，半径参数ε，密度阈值 MinPts

1. 初始化：遍历数据集中的每个点，找到其ε邻域内的所有点；
2. 核心点识别：对于每个点，如果其ε邻域内包含至少 MinPts 个点，则将该点标记为核心点，该核心点与其ε邻域的点组成一个初始簇；
3. 簇扩展：选择 1 个未处理的核心点，继续扩展其ε邻域内的所有点，将扩展点也包含在同一个簇中；如果被扩展的点也是核心点，则继续扩展其ε邻域，直到没有新的点可以加入该簇；
4. 处理所有点：若有未处理的核心点，转步骤 3；将非核心点且不属于任何簇的点标记为噪声点，停止。

输出：簇集合

DBSCAN 算法的优点包括：能够在数据空间中发现任意形状的簇，不受簇形状的限制；能够处理含噪声的数据集，并将噪声点标记出来；不需要预先指定簇的数量，自动确定簇的数量。但是，DBSCAN 算法对参数ε和 MinPts 的选择较为敏感，不同参数可能导致不同的聚类结果，而且在高维数据上效果不佳，距离计算的准确性下降（出现维度灾难现象）。

例 10-3　对于表 10-11 所示的 6 个二维数据点，请使用 DBSCAN 算法将其聚类。

表 10-11　二维数据点

数据点编号	1	2	3	4	5	6
数据点值	(1,2)	(2,2)	(3,2)	(8,8)	(8,9)	(25,80)

解：这里采用 DBSCAN 算法进行解题，设定参数ε=1.5，MinPts=2。

（1）初始化：遍历数据集中的每个点，找到其ε邻域内的所有点。

- 点 1 的ε邻域：距离≤1.5 的点是点 2（其距离为 1），共 1 个点，不满足 MinPts=2，

非核心点。
- 点 2 的 ε 邻域：距离≤1.5 的点是点 1 和点 3（其距离均为 1），共两个点，满足 MinPts=2，为核心点。
- 点 3 的 ε 邻域：距离≤1.5 的点是点 2（其距离 1），共 1 个点，不满足 MinPts=2，非核心点。
- 点 4 的 ε 邻域：距离≤1.5 的点是点 5（其距离 1），共 1 个点，不满足 MinPts=2，非核心点。
- 点 5 的 ε 邻域：距离≤1.5 的点是点 4（其距离 1），共 1 个点，不满足 MinPts=2，非核心点。
- 点 6 的 ε 邻域：没有其他点在距离≤1.5 内，非核心点。

（2）簇扩展：核心点是点 2，其 ε 邻域内的点是点 1 和点 3，于是这三个点组成一个簇，记为簇 1。

（3）处理所有点：
- 点 1 和点 3 虽然不是核心点，但由于与核心点点 2 的邻域重叠，也加入簇 1。
- 点 4、点 5 和点 6 都不满足核心点条件，并且不与任何核心点邻域重叠，被标记为噪声点。

（4）输出最终的簇集合。
- 簇集合：{(1,2),(2,2),(3,2)}；
- 噪声点：{(8,8),(8,9),(25,80)}。

前文已介绍基于划分的聚类方法、基于层次的聚类方法、基于密度的聚类方法的有关算法。在实际应用中，需根据数据集的特点选择合适的聚类方法，并结合具体需求和数据特性开展聚类分析与优化工作。

10.5 聚类评估

在使用一个聚类方法完成聚类工作后，我们不能主观认为这个聚类工作是成功的且适合于应用问题。我们应当遵循客观严谨的科学观，开展聚类评估的工作，评估聚类工作及其结果是否能满足应用问题的要求。聚类评估旨在估计在数据集上进行聚类的可行性和评价聚类结果的质量。本节将主要讨论聚类质量评价。

对于聚类的可行性，聚类趋势评估给定的数据集是否具有可以得到有意义聚类的非随机结构。仅当数据中存在非随机结构时，数据集上的聚类分析才是有意义的。

聚类质量评价不仅可以测定聚类结果的质量，也间接反映一个聚类算法的性能。度量聚类质量或聚类算法的性能（也称聚类有效性）需要设计一些评价指标。对一个簇结构复杂的数据集，其聚类结果的聚类质量涉及许多方面，很难设计一个评价指标涵盖所有方面。下面给出聚类质量涉及的四个方面。

（1）簇的同质性（cluster homogeneity）：聚类中的簇越纯（簇中的对象属于同一类别），聚类质量越好。

（2）簇的完整性（cluster completeness）：簇的完整性要求（根据基准）将属于相同类别的对象分配到相同的簇。

（3）小簇保持性（small cluster Preservation）：希望（簇中对象数量少的）小簇不再被划分。

（4）碎布袋性（rag bag property）：那些与其他数据点差异较大、难以归入任何现有簇的数据点（如噪声或异常值），放入一个特殊的簇（“碎布袋”）中比放入一个纯度高的簇中更好。

聚类有效性的评价方式可分为基于外部基准的外部评价和不利用外部基准进行考察的内部评价。外部评价方式是借助外部的参考标准（基准）——已知或预先定义的聚类结构，通过测量聚类结果与基准的匹配程度来衡量聚类的质量，对应的测度称为外部指标（external index）。内部评价方式是指只依据数据集本身和利用聚类结果的统计特征对聚类结果进行评价，对应的测度称为内部指标（internal index）。

1．评价聚类质量的外部指标

外部评价的本质是用某种测度比较聚类结果与基准的一致性。当获得聚类结果后，一个外部指标是对聚类结果与基准一致性或吻合性的测量，一般用 0 到 1 之间的值表达这种一致性的程度，值越大表示一致性越好。下面介绍几种常用的外部指标，这些指标从不同的角度评估聚类的质量。

设 n 个样本的数据集中的任两个不同的样本记为 x_i 和 x_j，该数据集被划分为 k 个簇，C 是聚类算法给出的簇划分结果，P 是外部基准给出的簇划分结果。对于样本 x_i 和 x_j，存在以下四种关系。

（1）SS：x_i 和 x_j 在 C 中属于相同的簇，在 P 中也属于相同的簇。

（2）SD：x_i 和 x_j 在 C 中属于相同的簇，但在 P 中属于不同的簇。

（3）DS：x_i 和 x_j 在 C 中属于不同的簇，但在 P 中属于相同的簇。

（4）DD：x_i 和 x_j 在 C 中属于不同的簇，在 P 中也属于不同的簇。

令 a、b、c、d 分别表示关系 SS、SD、DS、DD 的数目。x_i 和 x_j 之间的关系必属于这四种关系中的一种，关系总数为 $a+b+c+d$；再考虑 1 个关系对应 1 个样本对，于是关系总数等于样本对总数，即 $a+b+c+d=n(n-1)/2$。

1）兰德指数和调整兰德指数

兰德指数（Rand index, RI）的定义如下：

$$\mathrm{RI}=\frac{a+d}{a+b+c+d} \tag{10-5}$$

RI 的取值范围为[0,1]，值越大表示聚类结果与基准越吻合，聚类结果的准确性越高，每个簇内的纯度越高。对于随机产生的聚类结果，不能保证 RI 接近零。

调整兰德指数（adjusted Rand index, ARI）出现的原因是考虑符合“在聚类结果随机产生的情况下，评价指标应该接近零”，它给出了更公平的评价。ARI 的取值范围为[−1,1]，值越大表示聚类结果与基准越吻合。ARI 的定义如下：

$$\mathrm{ARI}=\frac{\mathrm{RI}-E(\mathrm{RI})}{\max(\mathrm{RI})-E(\mathrm{RI})} \tag{10-6}$$

ARI 的具体计算过程需要使用列联表（contingency table），具体计算略。

2）Jaccard 指数

Jaccard 指数（Jaccard index）又称为 Jaccard 相似系数（Jaccard similarity coefficient，JC），用于比较有限样本的集合之间的相似性与差异性，JC 值越大，它们的相似度越高。对于两个集合，JC 可以理解为它们的交集的元素数量对并集的元素数量比例。JC 的定义如下：

$$\mathrm{JC}=\frac{a}{a+b+c} \tag{10-7}$$

3）FM 指数

FM 指数（fowlkes and mallows index）用于评估两个聚类结果的相似性，FM 值越大，它们的相似度越高。FM 指数定义如下：

$$\mathrm{FM}=\frac{a}{\sqrt{(a+b)(a+c)}} \tag{10-8}$$

4）归一化互信息

归一化互信息（normalized mutual information, NMI）衡量两个聚类结果之间的信息共享程度，其取值范围为[0, 1]，其中 1 表示两个聚类结果完全一致，0 表示没有任何信息共享。NMI 的定义如下：

$$\mathrm{NMI}=\frac{2I(C,P)}{H(C)+H(P)} \tag{10-9}$$

其中互信息 I 的计算公式（这里的绝对值符号表示取集合元素的数量）如下：

$$I(P,C)=\sum_{i=1}^{K}\sum_{j=1}^{K}\frac{\left|C_i\cap P_j\right|}{n}\log\frac{n\left|C_i\cap P_j\right|}{\left|C_i\right|\left|P_j\right|} \tag{10-10}$$

信息熵 H 的计算公式如下：

$$H(C)=-\sum_{i=1}^{K}\frac{\left|C_i\right|}{n}\log\frac{\left|C_i\right|}{n} \tag{10-11}$$

5）纯度

聚类的纯度（purity）指用聚类正确的样本数除以总样本数，也称为聚类准确率。纯度定义如下：

$$\mathrm{purity}=\frac{1}{n}\sum_{i=1}^{K}\max_{j\in[1,K]}\left|C_i\cap P_j\right| \tag{10-12}$$

其中的绝对值项表示同时在簇（集合）C_i 和 P_j 中的样本（元素）数量。纯度的值范围为[0,1]，值越大表示聚类效果越好。

纯度（聚类准确率）的优点是其含义容易理解，但其缺点也是明显的：纯度没有考虑大簇与小簇的差异，只要大簇中主要类别比例足够高，纯度仍然可以很高；对于样本数目不平衡的多类别数据集，其评估结果可能失真。因此，纯度更适合于类别少且不同簇的样本数量相当的数据集。

2．评价聚类质量的内部指标

内部指标依据的是聚类结果的统计特征，不少内部指标会综合衡量簇之间的可分性和簇内的紧密性。内部指标都不使用外部的参考标准，例如，原始数据的类别标签。

1）轮廓系数

设聚类算法给出 K 个簇的划分结果 C，$a(x)$为簇 C_l 中的样本 x 与 C_l 内所有其他样本的平均不相似度或距离，并且 C_l 的样本 x 到簇 C_j 的所有样本的平均不相似度或距离为 $d(x,C_j)$，则 $b(x)=\min\{d(x,C_j)\}$，其中 $j\in[1,K]$，$j\neq l$。样本 x 的轮廓系数（silhouette coefficient，SC）定义如下：

$$\mathrm{SC}(x)=\frac{b(x)-a(x)}{\max\{a(x),b(x)\}} \tag{10-13}$$

一个数据集的所有 n 个样本的平均轮廓系数可以反映聚类结果的质量，数据集的轮廓系数定义如下：

$$\mathrm{SC}=\frac{1}{n}\sum_{i=1}^{n}\frac{b(x_i)-a(x_i)}{\max\{a(x_i),b(x_i)\}} \tag{10-14}$$

SC 反映了簇的紧密性（簇内平均距离）和可分性（最小簇间距离），SC 值越大表示聚类质量越好。

2）Davies-Bouldin 指数

Davies-Bouldin 指数（Davies-Bouldin index，DBI）考虑了每个簇与其最近簇的簇内紧致性和簇间分离度，其值越小表示聚类质量越好。设 $d(C_i)$表示簇 C_i 的所有样本到其簇中心的平均距离，$d(C_i,C_j)$表示簇 C_i 中心与 C_j 中心之间的距离，则 DBI 定义如下：

$$\mathrm{DB}=\frac{1}{k}\sum_{i=1}^{K}\max_{j\in[1,K],j\neq i}\left(\frac{d(C_i)+d(C_j)}{d(C_i,C_j)}\right) \tag{10-15}$$

3）Calinski-Harabasz 指数

Calinski-Harabasz 指数（Calinski-Harabasz index，CHI）是基于全部样本的类内离差矩阵与类间离差矩阵的测度，也称为方差比准则。CHI 定义如下：

$$\mathrm{CHI}=\frac{S_b}{S_w}\frac{n-K}{K-1} \tag{10-16}$$

其中，S_w 是数据点 x 与其归属的簇 C_i 的质心（中心）μ_i 之间的欧氏距离的平方和，S_b 是每个簇的质心 μ_i 与整体数据的质心 μ 之间欧氏距离的加权（簇 C_i 的样本数量 n_i）平方和，它们的计算公式如下：

$$S_w=\sum_{i=1}^{K}\sum_{x\in C_i}(x-\mu_i)^2 \tag{10-17}$$

$$S_b=\sum_{i=1}^{K}n_i(\mu_i-\mu)^2 \tag{10-18}$$

3. 聚类效果的相对评估

获得更好的聚类结果也可以通过相对评估的方式来实现。相对评估指通过对比不同聚类算法（或同一聚类算法但不同的参数设置）所给出的聚类结果来评估聚类效果。

例如，给一个特定算法设计一个参数集合，然后让特定算法使用参数集中的不同参数，对数据集实施 m 次聚类，获得 m 个聚类结果，以某种聚类质量的评价指标评估这 m 个聚类结果，并以某种准则选择最适合数据集的一个聚类结果。

10.6 确定数据集中簇的数目

基于划分的聚类方法（例如，k-均值算法和 k-中心点算法）将数据集划分为预先指定数目的簇，但它不能自动确定簇的数目。对于这类聚类方法，簇数目（聚类数）的确定是一个关键问题，它直接影响聚类结果的质量和解释性。

簇数目的确定是无监督的聚类分析中一个的重要主题。不仅是基于划分的聚类方法，还有许多聚类算法需要预先指定簇数目。对于一些复杂的数据集或高维的大数据集，只有找到最佳的簇数目，才能控制聚类分析的聚类质量，才能获得高质量的聚类结果。

在聚类分析中确定簇数目是一个困难的问题，不同种类的聚类算法所适用的簇数目确定方法通常是不同的。一种方法是肘部法（elbow method），它计算不同簇数目时聚类的簇内误差平方和，并绘制为图形来确定最佳簇数目；当增加簇数目时，误差平方和会逐渐减小，但在某个点之后减少的速度会显著放缓，形成一个“肘部”形状；“肘部”所对应的簇数目被认为是最佳簇数目。

对于基于划分的聚类方法，常用的簇数目确定方法是搜索评估法（search and evaluation method）。该方法借鉴聚类效果的相对评估方式，将一系列不同的簇数目作为同一个聚类算法的参数集，通过遍历参数执行一系列聚类过程，评估不同簇数目下聚类结果的聚类质量，选出其中最佳的聚类结果，此最佳结果所对应的簇数目即是最佳簇数目。对于样本量不多的 n 个样本的数据集，簇数目的搜索上限可以设置为 $\sqrt{n/2}$ 。

例如，选择内部指标中轮廓系数用于评价聚类质量，指定簇数目 k 的参数集为{2, 3, 4, 5, 6, 7, 8, 9}，从中依次取值并用 k-均值算法对某个数据集进行聚类，获得一系列聚类结果，计算这些聚类结果的轮廓系数，这些簇数目与对应的轮廓系数如图 10-4 所示。

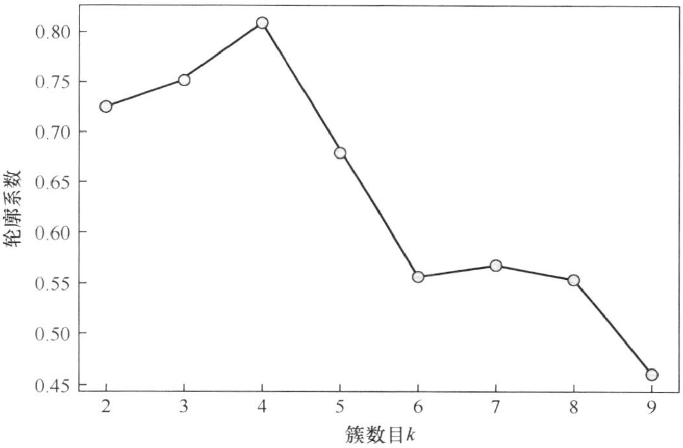

图 10-4　不同簇数目时 k-均值算法聚类结果的轮廓系数

比较这些轮廓系数值，值越大表示聚类质量越好，故选最大值对应的簇数目 4 为最佳簇数目，对应的聚类结果是最优的。

10.7　几种聚类方法的特点

不同的聚类方法具有不同的特点和适合的应用场景，选择哪种方法取决于具体的应用需求和数据的特性。了解不同聚类算法的特点，有助于应用时选择适合的算法。

基于划分的聚类方法（例如，k-均值算法和 k-中心点算法）的特点如下。

（1）算法简单：划分聚类算法相对简单，易于实现；

（2）可扩展性强：对于大规模数据集，可以通过增加计算资源或改进算法来实现；

（3）线性可分数据效果好：对于线性可分的数据（即各个簇之间能够用一条直线或超平面分割），其聚类效果比较好；

（4）局限性：需要预先指定簇的数目，容易陷入局部最优，对初始聚类中心的选取敏感，无法处理噪声和离群点，不能解决非凸数据等。

层次聚类方法（例如，凝聚层次聚类算法和分裂层次聚类算法）的特点如下。

（1）无须预先指定簇数目：层次聚类不需要预先指定簇的数目，能够根据数据自身情况划分成不同的簇；

（2）分层结构：聚类结果以树状图的形式展示，可以清晰地反映数据之间的相似度关系；

（3）可视化效果好：层次聚类的结果可以直观地通过树状图或热力图展示，有助于用户对聚类结果的理解和分析；

（4）计算复杂度高：在数据规模较大的情况下，层次聚类的计算复杂度较高；

（5）对离群点敏感：如果存在离群点或异常值，会对聚类结果产生较大的影响。

基于密度的聚类方法（例如，DBSCAN 算法）的特点如下。

（1）对噪声和离群点鲁棒：密度聚类算法通常能够有效地处理噪声数据和离群点，不容易受到其影响，具有鲁棒性；

（2）发现任意形状聚类：不受聚类形状的限制，能够发现任意形状的聚类结构，这在处理非凸形数据时具有明显的优势；

（3）无须预先指定簇数目：同样不需要预先指定聚类的数量，而是根据数据点的密度分布自动确定聚类的数量和形状；

（4）参数敏感：需要设置参数（邻域半径、密度阈值），参数值的选取会直接影响聚类结果，需要谨慎调整。

在实际应用中，上述聚类方法的特点（也列于表 10-12 中）可以帮助我们依据数据的特点和应用需求来选择合适的聚类方法。例如，对于大规模数据集且数据分布较为均匀的情况，可以选择基于划分的聚类方法；对于需要自动确定聚类数量和形状的情况，可以选择基于密度的聚类方法；对于存在大量噪声和离群点的数据集，优先选择基于密度的聚类方法。

表 10-12　几种聚类方法的特点

特点	基于划分的聚类	层次聚类	基于密度的聚类
适合的聚类形状	球形或凸形	无限制	任意形状
需要的初始条件	预先指定簇的数目	无	预先设置参数
受理噪声或离群点影响	影响大	影响大	影响小
算法的复杂度	较低	较高	适中
大规模数据上的可扩展性	较强	较弱	适中
初始化或参数的敏感性	对簇中心的初始化敏感	无	对预设的参数敏感

10.8　实例与编程求解

例 10-4　聚类任务：对鸢尾花数据集，采用聚类算法发现数据中的簇，评估聚类结果的质量，并将聚类结果可视化。

数据集：机器学习库 sklearn 自带的鸢尾花（Iris）数据集包含 setosa、versicolor 和 virginica 这三种鸢尾花的 150 个样本，每个样本有 4 个特征包括花萼长度（sepal length）、花萼宽度（sepal width）、花瓣长度（petal length）和花瓣宽度（petal width）。

解：采用 *k*-均值算法和层次聚类算法进行求解，指定簇的数量为 3；编写 Python 代码，调用机器学习库 sklearn 中相关模型和方法进行实现。对应的求解步骤如下：

（1）导入所需的库和方法；

（2）加载数据集；

（3）使用聚类算法对数据集进行聚类；

（4）评估聚类结果；

（5）聚类结果的可视化。

代码清单　聚类算法的使用、聚类结果的质量评价与可视化

```
#聚类算法的使用示例，导入相关的库和方法
import numpy as np
import matplotlib.pyplot as plt
from sklearn.cluster import KMeans, AgglomerativeClustering
from sklearn.metrics import adjusted_rand_score, silhouette_score
from sklearn.decomposition import PCA
from sklearn.preprocessing import scale
from sklearn.datasets import load_iris

#加载数据集
iris = load_iris()
X = iris.data
y = iris.target

#使用 k-均值聚类算法
model = KMeans(n_clusters=3, random_state=0)
kmeans = model.fit(X)
y_kmean = kmeans.labels_
#聚类结果的评价-内部指标
sil_kmean = silhouette_score(X, y_kmean)
print(f"k-Means Silhouette score: {sil_kmean: .4f}")
#聚类结果的评价-外部指标
ar_kmean = adjusted_rand_score(y, y_kmean)
print(f"k-Means Adjusted rand score: {ar_kmean: .4f}")

#使用层次聚类算法
model = AgglomerativeClustering(n_clusters=3, metric='euclidean', linkage='average')
y_aggl = model.fit_predict(X)
sil_aggl = silhouette_score(X, y_aggl)
print(f"Agglomerative Silhouette score: {sil_aggl: .4f}")
ar_aggl = adjusted_rand_score(y, y_aggl)
print(f"Agglomerative Adjusted rand score: {ar_aggl: .4f}")

#k-均值聚类结果的可视化
XC = np.vstack((kmeans.cluster_centers_, X))
XC = scale(XC)
model = PCA(n_components=2)  #指定主成分数量
X_pca = model.fit_transform(XC)
cen = X_pca[:3, :]
```

```
    X_pca = X_pca[3:, :]
    y_kmean = y_kmean + 1
    mk = ['', '.', '^', '*']
    lab = ['', '簇1', '簇2', '簇3', '簇中心']
    plt.rcParams['font.sans-serif'] = ['SimHei']
    plt.rcParams['axes.unicode_minus'] = False
    for i in [1, 2, 3]:
        id = y_kmean == i
        plt.scatter(X_pca[id, 0], X_pca[id, 1], c='k', marker=mk[i], label=lab[i])
    plt.scatter(cen[:, 0], cen[:, 1], s=60, marker='o', edgecolors='r', facecolors='none',
label=lab[4]);
    plt.xlabel('主成分 1', fontsize=13)
    plt.ylabel('主成分 2', fontsize=13)
    plt.legend(fontsize=13)
    plt.show()
```

执行代码获得结果：对于使用真实类标的外部指标，*k*-均值算法的 Adjusted rand score = 0.7163，层次聚类算法的 Adjusted rand score = 0.7592；对于无真实类标的内部指标，*k*-均值算法的 Silhouette score = 0.5512，层次聚类算法的 Silhouette score = 0.5542。可以看出，层次聚类算法的质量评价指标更高一些。图 10-5 展示了执行代码获得的 *k*-均值算法聚类结果的主成分散点图。

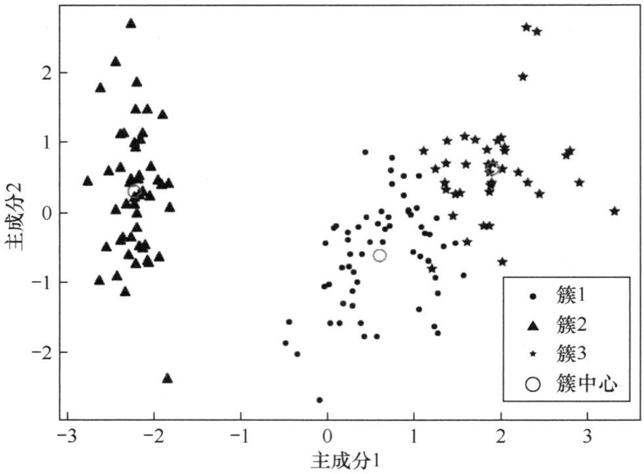

图 10-5　*k*-均值算法聚类结果的主成分散点图

10.9　习题

一、简答题

1．聚类算法的主要目标是什么？

2．聚类与分类的主要区别是什么？

3．基于层次的聚类方法有哪两种主要类型？

4．DBSCAN 算法如何确定一个数据点是不是核心对象？

5．*k*-均值算法有哪些主要的缺点？

6．k-中心点算法与 k-均值算法的主要区别是什么？

7．什么是 ε 邻域？

8．AGNES 算法的主要步骤是什么？

9．层次聚类方法的优点是什么？

10．简述簇的同质性和簇的完整性在聚类质量评价中的意义。

二、填空题

1．聚类是一种________的机器学习方法，主要用于在没有预定义标签的情况下，通过分析数据的相似性或距离来发现数据中的自然分组结构。

2．基于划分的聚类算法将数据集划分为若干个________的子集，每个子集称为簇，每个簇包含一组相似的数据点。

3．k-均值算法是一种迭代优化方法，它通过最小化簇内数据点与其________之间的距离总和来实现聚类，从而将数据点聚集到更紧密的簇中。

4．层次聚类方法通过构建________来表示数据的聚类过程，这种结构显示了数据点从单个点开始逐步聚合成簇的关系。

5．DBSCAN 算法依赖于数据点的________来形成簇，它通过检查每个数据点附近的密度是否超过一定阈值，将密度较高的区域归为同一个簇。

6．凝聚层次聚类是一种自底向上的方法，它从每个对象作为________开始逐步合并。

7．DIANA 算法从所有对象组成的________开始逐步分裂，通过逐步将不同的簇分裂出来，直到每个对象成为单独的簇或达到预定的簇数量。

8．单链法的簇间距离度量方法是采用两个簇间的________。

9．质心法的簇间距离度量方法是采用两个簇的________之间的距离。

10．聚类的_______用于处理与其他数据点差异较大、难以归入任何现有簇中的数据点。这些点通常被放入一个特殊的簇中，以避免影响其他簇的纯度。

11．k-均值算法通常只能有效识别________形状的簇。

12．DBSCAN 算法能够识别________形状的簇，并有效处理噪声。

13．兰德指数值_______，表示聚类结果与基准越吻合，聚类结果的准确性越高，每个簇内的纯度越高。

14．k-均值算法对________和________敏感，这些因素可能会导致算法陷入局部最优解，从而影响最终的聚类结果。

15．在基于密度的聚类方法中，________区域是指包含足够多数据点的区域。这些区域被认为是簇的核心部分，其他点如果靠近这些区域则可能被归入同一个簇。

16．k-中心点算法的稳健性比 k-均值算法________。

17．在 k-均值算法中，簇的________需要预先指定。

18．层次聚类方法不需要预先指定簇的________。

19．肘部法通过计算不同簇数时的 _______ 来确定最佳簇数目。

20．k-均值算法的计算复杂度与________的数量、簇的数目和迭代次数有关。在处理大规模数据集时，计算效率是一个需要特别关注的问题。

21．在搜索评估法中，用于确定最佳簇数目时，簇数目的搜索上限对于一个样本量为 n 的数据集通常设置为_______。

第 11 章 期望-最大化（EM）算法与高斯混合模型

11

对于获取某个学校的男生身高的分布情况的任务，例如，身高 1.71 米男生的数量占男生总数的比例，可以去测量所有男生的身高数据，然后统计计算这个身高的占比（简称身高占比统计方法）。但是，受条件所限，我们只能采集到本班男生的身高数据，且本班没有某些身高值（如 1.61 米）的男生，显然身高占比统计方法得到的分布结果会有缺失和欠准确。对于此任务，应当从系统思维的角度思考并设计求解方法。采集本班所有男生的身高数据可以看成从全校男生身高数据中抽取的具有代表性的部分数据（统计学的说法是对总体的采样），再利用本班男生的身高数据产生一个符合身高数据的概率分布模型（如正态分布模型）表达全校男生们的身高分布情况，这是对总体的系统性分析方法。利用本班男生的身高数据，该分布模型中的参数可以采用极大似然估计法求解，于是该分布模型是男生身高分布情况的近似估计。

考虑完成此任务时面临的一种求解的困难情况，身高数据是由校园中的观测设备所测量的，是许多男生和女生身高的混合数据，没有标识某个身高值属于男生还是女生。此时，对于用一个正态分布模型表达男生身高分布情况的问题，身高混合数据缺少对应的性别信息，相当于没有可用的男生身高数据；极大似然估计法不适用于求解此模型的参数。如何从身高混合数据中求解出未知的性别信息？有什么新思路可以求出男生身高的分布模型？

对于缺少性别信息的混合数据，需要采用含有隐变量（性别变量）的模型进行分析与求解。本章将介绍的高斯混合模型是一种隐变量模型，它属于无监督学习方法。隐变量模型的求解需要使用期望-最大化学习算法（expectation-maximization algorithm，EM 算法），EM 算法的具体设计利用了迭代优化思维、逆向思维和辩证思维等思维方式。EM 算法主要用于无监督学习方法，例如，高斯混合模型、*k*-均值聚类和隐马尔可夫模型等，在机器学习的问题求解中发挥着重要作用。

11.1 极大似然估计法

在获得一个班级所有男生的身高数据后，可以使用正态分布的概率模型表达这些男生们的身高分布情况，该分布模型中的未知参数可以采用下文介绍的极大似然估计法求解。

设给定一组样本数据 $\{x_i\}$（i=1,2,3,⋯,n），已知描述这些样本数据的一个概率模型 $M(\theta)$，但该模型的参数 θ 是未知的。这里的任务是利用样本数据求解未知的参数 θ。

极大似然估计法（maximum likelihood estimation，MLE）就是利用样本数据来估计一个概率模型的未知参数的一种经典方法。极大似然估计法求解参数的思路是：给定样本数据和一个参数待定的模型，寻找模型的适合参数，使得这个参数确定后的模型在所有不同参数的模型中产生给定数据的概率最大。

极大似然估计法对应上述求解思路的求解方法是：对于具有未知参数 θ 的概率模型 $M(\theta)$，建立关于 $M(\theta)$产生数据的联合概率的似然函数 $L(\theta)$；令 $L(\theta)$对参数 θ 的导数为 0，求得 θ 的解析式；利用样本数据计算 θ 的值，获得符合样本数据的概率模型 $M(\theta)$。极大似然法的求解步骤如下：

① 写出似然函数 $L(\theta)$；

② 对似然函数取对数 $\ln[L(\theta)]$，并整理；

③ 对 $\ln[L(\theta)]$求导数，令导数为 0，得到似然方程；

④ 求解似然方程，获得参数 θ 的解析式；

⑤ 将样本数据代入 θ 的解析式，得到 θ 的估计值。

极大似然估计法的特点是：多数情况下我们是根据已知条件来推算结果，而极大似然估计法是已经知道了结果（例如，身高数据），然后寻求使该结果出现的可能性最大的条件（例如，产生身高数据的概率模型的参数），这样求出的条件值（例如，对应的参数值）作为估计值。

例 11-1（身高分布问题）通过随机抽样方式调查学校里男生和女生的身高情况，假设是少量抽样，在校园里随机找 10 个男生和 10 个女生，测量他们的身高。请建立符合身高数据的身高分布模型，以表达男生和女生的身高分布规律，并确定模型参数。男生和女生身高数据 $\{x_i\}$（i=1,2,3,⋯,10）如表 11-1 所示。

表 11-1　身高数据

男生编号	1	2	3	4	5	6	7	8	9	10
男生身高/m	1.65	1.69	1.71	1.71	1.72	1.72	1.73	1.73	1.75	1.80
女生编号	1	2	3	4	5	6	7	8	9	10
女生身高/m	1.55	1.57	1.60	1.61	1.62	1.62	1.63	1.64	1.64	1.68

解：这里对解题原理与计算过程进行示例。

（1）设计关于身高数据的概率模型

这里使用模型假设的思维方式，选取高斯分布模型描述身高数据$\{x_i\}$的分布规律；根据我们所了解的周围人群的身高情况，这个模型假设是合理且符合实际的。连续型随机变量 x 的概率分布密度函数（高斯分布模型）如下：

$$P(x|\mu,\sigma^2)=\frac{1}{\sqrt{2\pi\sigma^2}}\mathrm{e}^{-\frac{(x-\mu)^2}{2\sigma^2}} \tag{11-1}$$

其中的参数是均值 μ 和方差 σ^2；也称随机变量 x 服从高斯分布，简记为 $x\sim N(\mu,\sigma^2)$。

设男生的身高服从一个高斯分布：$x\sim N(\mu_1,\sigma_1^{\ 2})$。

设女生身高服从另一个高斯分布：$x\sim N(\mu_2,\sigma_2^{\ 2})$。

（2）设计样本的联合概率与似然函数

设对每个学生身高的抽样采集是独立的，抽到男生的某个身高值的概率是 $P(x|\mu_1,\sigma_1^{\ 2})$，

抽到女生的某个身高值的概率是 $P(x|\mu_2, \sigma_2^2)$。

同时抽到 n 个男生身高样本（本例 n=10）的联合概率（似然函数）为

$$L(\theta_1) = L(x_1, x_2, \cdots, x_n | \mu_1, \sigma_1^2) = \prod_{i=1}^{n} P(x_i | \mu_1, \sigma_1^2) \tag{11-2}$$

同时抽到 n 个女生身高样本（本例 n=10）的联合概率（似然函数）为

$$L(\theta_2) = L(x_1, x_2, \cdots, x_n | \mu_2, \sigma_2^2) = \prod_{i=1}^{n} P(x_i | \mu_2, \sigma_2^2) \tag{11-3}$$

（3）代入高斯分布公式推导对数似然函数

$$\begin{aligned} l(\theta) &= \ln L(\theta) = \sum_{i=1}^{n} \ln\left(P(x_i|\theta)\right) \\ &= \sum_{i=1}^{n} \ln\left[\frac{1}{\sqrt{2\pi\sigma^2}} \mathrm{e}^{-\frac{(x_i-\mu)^2}{2\sigma^2}}\right] \\ &= -\frac{1}{2\sigma^2}\sum_{i=1}^{n}(x_i-\mu)^2 - \frac{n}{2}\ln\sigma^2 - \frac{n}{2}\ln(2\pi) \end{aligned} \tag{11-4}$$

（4）求对数似然函数 $l(\theta)$的导数，令该导数为 0，求得参数 θ 的解析式

求对数似然函数 $l(\theta)$关于每个参数的偏导，令偏导数等于 0：

$$\frac{\partial}{\partial\mu}\left[-\frac{1}{2\sigma^2}\sum_{i=1}^{n}(x_i-\mu)^2 - \frac{n}{2}\ln\sigma^2 - \frac{n}{2}\ln(2\pi)\right]$$
$$= \frac{1}{\sigma^2}\sum_{i=1}^{n}(x_i-\mu) = 0$$
$$\frac{\partial}{\partial(\sigma^2)}\left[-\frac{1}{2\sigma^2}\sum_{i=1}^{n}(x_i-\mu)^2 - \frac{n}{2}\ln\sigma^2 - \frac{n}{2}\ln(2\pi)\right]$$
$$= \frac{1}{2\sigma^4}\sum_{i=1}^{n}(x_i-\mu)^2 - \frac{n}{2\sigma^2} = 0$$

从上面公式中解出未知参数的解析式：

$$\mu = \frac{1}{n}\sum_{i=1}^{n} x_i \tag{11-5}$$

$$\sigma^2 = \frac{1}{n}\sum_{i=1}^{n}(x_i-\mu)^2 \tag{11-6}$$

（5）将样本数据$\{x_i\}$代入未知参数的解析式，得到参数的估计值

使用男生身高数据计算参数，获得反映男生们身高规律的高斯分布模型：

$$\mu_1 = \frac{1}{10}\sum_{i=1}^{10} x_i = 1.721$$

$$\sigma_1^2 = \frac{1}{10}\sum_{i=1}^{10}(x_i - 1.721)^2 = 0.001349$$

$$P_1(x) = \frac{1}{\sqrt{2\pi\sigma_1^2}} \mathrm{e}^{-\frac{(x-1.721)^2}{2\sigma_1^2}} = 10.8619\,\mathrm{e}^{-\frac{(x-1.721)^2}{0.002698}}$$

使用女生身高数据计算参数，获得反映女生们身高规律的高斯分布模型：

$$\mu_2 = \frac{1}{10}\sum_{i=1}^{10} x_i = 1.616$$

$$\sigma_2^2 = \frac{1}{10}\sum_{i=1}^{10}(x_i - 1.616)^2 = 0.001224$$

$$P_2(x) = \frac{1}{\sqrt{2\pi\sigma_2^2}} e^{-\frac{(x-1.616)^2}{2\sigma_2^2}} = 11.403 e^{-\frac{(x-1.616)^2}{0.002448}}$$

（6）可视化男生身高和女生身高的高斯分布模型（密度函数）

从图 11-1 中可以看到，男生们身高在其均值附近的密度最大（对应着数量最多），女生们身高在其均值附近的密度最大（对应着数量最多）。

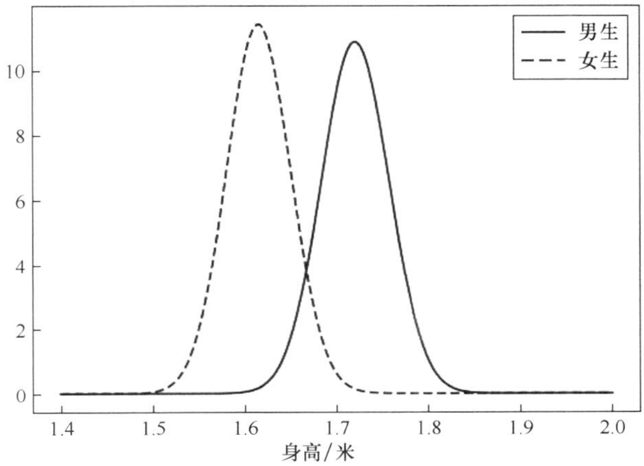

图 11-1　男生和女生身高的概率密度曲线（曲线下面积为 1）

11.2　EM 算法

采用观测设备记录路过学生的身高，所获得的数据是关于男生们和女生们身高的数据，但每个身高值缺少对应的性别信息，这被视为“不完整”的数据（称为**不完全数据**）。此时身高分布问题出现复杂特点：男生们和女生们的身高数据混在一起，不知道某个身高值属于男生还是女生，性别被看成隐变量，其性别信息未知。

我们的目标是建立身高分布模型描述这种不完全数据。对于男生身高分布模型 $M(\theta)$，需要使用男生身高数据求解模型中的未知参数 θ，而男生身高数据没有从混合数据中区分出来，即没有男生身高数据，于是无法使用极大似然估计法求解参数 θ；对于女生情况也类似。这也说明，不完全数据没有满足极大似然估计法求解模型参数的适用条件，即模型中男生身高变量对应的男生身高数据为已知。因此，前文讨论的方法不适用不完全数据。

1. EM 算法的原理

对于不完全数据，缺少对应隐变量（latent variable）的数据（身高值的性别标签），需要采用含有隐变量的模型进行分析。包含隐变量的模型的参数求解问题表述如下：已知随机变量 x（如身高变量）的独立同分布的样本/数据集$\{x_i\}$（i=1,2,3,$\cdots$,n），随机隐变量 z（如性别

变量，取值为 1 或 0）的数据集$\{z_i\}$（i=1,2,3,⋯,n）是不可观测的，数据集$\{x_i, z_i\}$称为**完全数据集**，数据集$\{x_i\}$称为不完全数据集。将隐变量 z 加入模型，则 x 的概率分布模型为 $p(x|z, \theta)$，其中参数 θ 待求。

包含隐变量的模型求解问题是个复杂问题。对于复杂问题，中国的《孙子兵法》有运用问题分解的思维解决复杂问题，例如，在“谋攻篇”中将分析敌我双方情况分解为“道、天、地、将、法”这几方面来评估。这里同样采用问题分解的思维，将复杂问题分解为两个相对简单的子问题——求解隐变量子问题和求解模型参数子问题，以降低求解难度。

上节的极大似然估计法是使用 x 的数据求出模型 $p(x|\theta)$的参数 θ；以逆向思维思考：让参数 θ 已知，就可以用模型 $p(z|\theta)$求出隐变量 z 的值。于是，对于求解隐变量子问题，给模型参数 θ 赋临时值，则模型已知，可用于计算隐变量的临时值。对于求解模型参数子问题，用样本和隐变量临时值，可求出模型参数 θ。从辩证思维角度看，这两个子问题之间是互相联系和互相影响的，需要进行相互配合求解。此外，通过迭代优化能让参数 θ 更准确。

EM 算法是综合以上的求解思路产生的，用于求解隐变量模型。已知不完全数据集$\{x_i\}$（i=1,2,3,⋯,n)和产生数据集$\{x_i\}$的隐变量模型 $p(x|z,\theta)$，EM 算法求解模型参数 θ 的思路如下。

首先，建立目标函数。设每个样本的概率 $P(x_i)$由 $p(x_i|\theta)$计算，再采用合适的方法引入隐变量 z，则有 $p(x_i, z|\theta)$；独立同分布数据集$\{x_i\}$的联合概率是 $P(x_i)$的连乘；为易于计算，对联合概率取对数，形成对数似然函数（目标函数）：

$$l(\theta) = \log\prod_{i=1}^{n} p(x_i|\theta) = \sum_{i=1}^{n}\log\left[\sum_{z} p(x_i,z|\theta)\right] \tag{11-7}$$

然后，通过如下迭代过程求隐变量模型中的参数 θ。

① 初始化参数 θ，得到模型 $p(x|z,\theta)$；

② E 步（期望步）：利用当前模型 $p(x|z,\theta)$和 x_i 求隐变量 z 的概率分布值 $p(z_i|x_i, \theta)$；

③ M 步（最大化步）：利用数据集$\{x_i\}$和概率分布$\{p(z_i|x_i,\theta)\}$，通过极大化目标函数，求出参数 θ，更新模型 $p(x|z,\theta)$；

④ 若算法收敛（θ 值无变化），则停止；否则，转到步骤②，继续迭代。

2．设计包含隐变量的目标函数与参数求解方法

考虑求解隐变量模型参数的子问题，它涉及隐变量，则需要将隐变量 z 引入目标函数。期望的目标是独立同分布数据集$\{x_i\}$的联合概率最大，这个联合概率是每个样本数据概率 $p(x_i|\theta)$的连乘；利用全概率公式，可以将隐变量 z 引入这个联合概率；为易于计算，对联合概率取对数，获得包含隐变量的目标函数：

$$l(\theta) = \sum_{i=1}^{n}\log[p(x_i|\theta)] = \sum_{i=1}^{n}\log\left[\sum_{z} p(x_i,z|\theta)\right] \tag{11-8}$$

上面目标函数有两个未知量 θ 和 z，求解有难度。需要采用一些技巧来解决这个难题。

第一个技巧是将上面目标函数公式变换一下，即给公式的分子与分母同乘一个隐变量 z 的概率分布函数 $Q(z)$，且 $\sum_z Q(z) = 1$，则目标函数变为

$$l(\theta) = \sum_{i=1}^{n}\log\left[\sum_{z} Q(z)\frac{p(x_i,z|\theta)}{Q(z)}\right] \tag{11-9}$$

由于此目标函数仍然难求解，第二个技巧是给目标函数建立不等式关系，这个不等式的右边公式是容易求解的。借助 Jensen 不等式，可以建立目标函数的下界不等式（具体推导过

程见后文的参考阅读）：

$$l(\theta) \geqslant \sum_{i=1}^{n}\sum_{z} Q(z)\log\left[\frac{p(x_i,z|\theta)}{Q(z)}\right] \tag{11-10}$$

求解该不等式的右边项比较容易，将该右边项记为 $l(\theta)$的下界 $J(z, \theta)$，即

$$J(z,\theta) = \sum_{i=1}^{n}\sum_{z} Q(z)\log\left[\frac{p(x_i,z|\theta)}{Q(z)}\right] \tag{11-11}$$

接着使用第三个技巧，即通过不断地寻找合适的 θ 值，追求下界 $J(z, \theta)$的值不断增大（即 $J(z, \theta)$最大化的过程）；对应地，不等式左边的 $l(\theta)$值不断增大，直至获得 $l(\theta)$的最大值。这是间接实现目标函数 $l(\theta)$的极大化，$l(\theta)$最大值对应的 θ^*就是求解结果（即最佳参数）。当然，达到 $l(\theta)$的最大值的过程应当由迭代过程执行。

3．设计某轮迭代中的 E 步与 M 步工作

设 EM 算法的迭代过程在经过 t 轮迭代之后，参数的估计值为 θ_t。在 t+1 轮迭代中，EM 算法的 E 步工作如下：

用当前模型 $p(x, z|\theta_t)$计算隐变量的分布函数 $Q(z)$，即计算样本 x_i 对应的 $p(z_i|x_i)$：

$$Q_i(z_i) = p(z_i \mid x_i,\theta_t) = \frac{p(x_i,z_i \mid \theta_t)}{p(x_i \mid \theta_t)} = \frac{p(x_i,z_i \mid \theta_t)}{\sum_{z_i} p(x_i,z_i \mid \theta_t)} \tag{11-12}$$

上式可求得变量 z_i 的概率分布。例如，当 z_i 的值域为{1, 0}时，分别计算 $Q(z_i=1)$和 $Q(z_i=0)$。

再建立对应样本 x_i 的下界函数 $J(z, \theta)$：

$$J(z,\theta) = \sum_{i=1}^{n}\sum_{z_i} Q_i(z_i)\log\left[\frac{p(x_i,z_i|\theta)}{Q_i(z_i)}\right] \tag{11-13}$$

在 t+1 轮迭代中，EM 算法的 M 步工作是，通过调整 θ 的值，极大化 $J(z, \theta)$求出模型参数 θ_{t+1}：

$$\theta_{t+1} = \arg\max_{\theta} J(z,\theta) \tag{11-14}$$

上式可以进一步简化，将 $J(z, \theta)$展开：

$$J(z,\theta) = \sum_{i=1}^{n}\sum_{z_i} Q_i(z_i)\log[p(x_i,z_i|\theta)] + \sum_{i=1}^{n}\sum_{z_i} Q_i(z_i)\log\left[\frac{1}{Q_i(z_i)}\right]$$

可以看出上式的后一项与 θ 无关，可省略，于是求解参数 θ_{t+1} 的公式如下：

$$\theta_{t+1} = \arg\max_{\theta} \sum_{i=1}^{n}\sum_{z_i} Q_i(z_i)\log[p(x_i,z_i|\theta)] \tag{11-15}$$

4．EM 算法的算法形式

归纳以上求解过程，有如下算法形式的 EM 算法。

EM 算法

输入：样本数据$\{x_1, x_2, \cdots, x_n\}$，模型 $p(x, z|\theta)$，隐变量分布函数 $Q(z)$

1．初始化参数 θ_1，得到当前模型 $p(x, z|\theta_1)$；

2．for $t \leftarrow 1$ to T :

　E 步：利用当前模型 $p(x, z|\theta_t)$计算函数 $Q(z)$，建立 $J(z, \theta)$函数；

$$Q_i(z_i)=\frac{p(x_i,z_i\mid\theta_t)}{p(x_i\mid\theta_t)}=\frac{p(x_i,z_i\mid\theta_t)}{\sum_{z_i}p(x_i,z_i\mid\theta_t)}$$

$$J(z,\theta_t)=\sum_{i=1}^{n}\sum_{z_i}Q_i(z_i)\log\left(p(x_i,z_i|\theta_t)\right)$$

M 步：极大化 $J(z,\theta)$函数，求出参数 θ_{t+1}；

$$\theta_{t+1}=\arg\max_{\theta}\sum_{i=1}^{n}\sum_{z_i}Q_i(z_i)\log(p(x_i,z_i|\theta))$$

判别：若 θ_{t+1} 收敛，最佳参数 $\theta^*=\theta_{t+1}$，停止；否则，继续迭代。

输出：最佳模型参数 θ^*

EM 算法相比于其他算法的优势是其求解框架可以加入求解目标的额外约束，例如，在后文高斯混合模型的例子中，EM 算法在求解协方差时可以确保每次迭代的结果都是正定矩阵。

EM 算法的不足在于其会陷入局部最优，在高维数据的问题中，局部最优和全局最优可能有很大差异。

下文简介借助 Jensen 不等式推导下界不等式的过程，供感兴趣的读者**阅读参考**。

Jensen 不等式的定义：设 x 是一个随机变量，f 是作用于随机变量 x 上的下凸函数，则有如下 Jensen 不等式：

$$E[f(x)]\geqslant f(E[x])$$

当 f 是（严格）凹函数当且仅当 $-f$ 是（严格）凸函数，上式的不等号反向：

$$E[f(x)]\leqslant f(E[x])$$

现在推导目标函数 $J(z,\theta)$的关系不等式。$J(z,\theta)$中一个样本 x_i 的公式可以改写为

$$f\left[\sum_{z}Q(z)\frac{p(x_i,z|\theta)}{Q(z)}\right]=f\left\{E\left[\frac{p(x_i,z|\theta)}{Q(z)}\right]\right\}$$

其中 $f(y)=\log(y)$为凹函数，因其二次导数 $-1/y^2<0$；$\sum_z Q(z)$ 被 $E[\bullet]$代换。利用 Jensen 不等式，可推出如下关系式：

$$f\left\{E\left[\frac{p(x_i,z|\theta)}{Q(z)}\right]\right\}\geqslant E\left\{f\left[\frac{p(x_i,z|\theta)}{Q(z)}\right]\right\}$$

将上式中的 $f(\bullet)$代换为 $\log(\bullet)$，$E[\bullet]$代换为 $\sum_z Q(z)$，则有如下关系式：

$$\log\left[\sum_{z}Q(z)\frac{p(x_i,z|\theta)}{Q(z)}\right]\geqslant\sum_{z}Q(z)\log\left[\frac{p(x_i,z|\theta)}{Q(z)}\right]$$

上式两边同时对所有样本求和，获得如下不等式，即下界不等式：

$$\sum_{i=1}^{n}\log\left[\sum_{z}Q(z)\frac{p(x_i,z|\theta)}{Q(z)}\right]\geqslant\sum_{i=1}^{n}\sum_{z}Q(z)\log\left[\frac{p(x_i,z|\theta)}{Q(z)}\right]$$

11.3　高斯混合模型

高斯混合模型（Gaussian mixture model，GMM）是一种概率模型，它假设所有数据点都是由有限个高斯分布混合生成的；每个高斯分布（称为组件或子模型）都有自己的均值、方差和混合权重。

1．高斯混合模型及其求解原理

高斯混合模型是 K 个高斯分布的加权和，其模型如下：

$$P(x|\theta)=\sum_{j=1}^{K}\alpha_j f(x|\theta_j) \tag{11-16}$$

其中，$\alpha_j\geqslant 0$ 为第 j 个子模型的混合权重（也称为混合系数），θ_j 为第 j 个子模型的参数，$f(x|\theta)$ 是如下高斯分布公式：

$$f(x|\theta)=\frac{1}{\sqrt{2\pi\sigma^2}}\mathrm{e}^{-\frac{(x-\mu)^2}{2\sigma^2}} \tag{11-17}$$

当 x 的分布服从一个高斯分布时，简记为 $p(x)\sim N(\mu,\sigma^2)$。

高斯混合模型的参数求解用到了 EM 算法。下面通过例题说明在使用高斯混合模型时如何运用 EM 算法求解模型参数。

例 11-2（混合数据问题）在某校园，观测设备记录了路过学生的身高情况，记录了 20 个学生的身高，但没有标识某个身高值属于男生还是女生。请建立符合身高数据的概率分布模型，以表达男生和女生的身高分布规律，并求出模型参数。记录的身高数据 $\{x_i\}$ 如表 11-2 所示。

表 11-2　身高数据

学生编号	1	2	3	4	5	6	7	8	9	10
学生身高/m	1.66	1.60	1.69	1.55	1.70	1.63	1.71	1.59	1.72	1.66
学生编号	11	12	13	14	15	16	17	18	19	20
学生身高/m	1.65	1.76	1.73	1.58	1.74	1.64	1.61	1.75	1.62	1.80

解： 采用高斯混合模型求解混合数据问题。先推导利用混合数据求解高斯混合模型的过程，再计算模型参数。

（1）混合数据用高斯混合模型表达。

身高数据是男生和女生身高的混合，而男生和女生的身高分属两个类别，根据大数定律可以设计如下的模型来描述身高混合数据。

男生的身高服从一个高斯分布：$x\sim N(\mu_1,\sigma_1^2)$；女生身高服从另一个高斯分布：$x\sim N(\mu_2,\sigma_2^2)$；这两个高斯分布的加权和作为混合模型：

$$\begin{aligned}P(x|\theta)&=\alpha_1 f(x|\theta_1)+\alpha_2 f(x|\theta_2)\\&=\alpha_1 N(x|\mu_1,\sigma_1^2)+\alpha_2 N(x|\mu_2,\sigma_2^2)\end{aligned} \tag{11-18}$$

其中，混合系数 $\alpha_1\geqslant 0$ 和 $\alpha_2\geqslant 0$，且 $\alpha_1+\alpha_2=1$。该混合模型用以描述身高混合数据的分布情况。

上式有 3 种未知参数$(\mu,\ \sigma,\ \alpha)$，还包含未观测到的性别信息；可认为这是隐变量模型。于是，模型参数的求解应采用 EM 算法。

（2）确定隐变量并求解隐变量的后验概率（即分布函数 $Q(z)$）。

设隐变量 z 表示样本 x 对应的性别信息，当 z_i 取值 1（代表男生类别）表明样本 x_i 来自于第 1 个子模型 $f(x|\theta_1)$，$P(z_i=1)$表示 x_i 来自 $f(x|\theta_1)$的概率；当 z_i 取值 2（代表女生类别）表明样本 x_i 来自于第两个子模型 $f(x|\theta_2)$，$P(z_i=2)$表示 x_i 来自 $f(x|\theta_2)$的概率。

根据贝叶斯定理，有如下关于 z 的条件概率：

$$P(z\mid x)=\frac{P(z,x)}{P(x)}=\frac{P(z)P(x\mid z)}{P(x)}$$

混合系数 α_1 可以看成样本 x_i 以概率 α_1 选择子模型 $f(x|\theta_1)$，于是可以等同为样本 x_i 来自于子模型 $f(x|\theta_1)$的概率 $P(z_i=1)$，α_2 也类似。将 x_i 和 z_i 代入上式，可得 z_i 的后验概率 $P(z_i|x_i)$：

$$P(z_i=1\mid x_i)=\frac{P(z_i=1)P(x_i\mid z_i=1)}{\sum_{k=1}^{2}P(z_i=k)P(x_i\mid z_i=k)}$$

$$=\frac{\alpha_1 f(x_i\mid\theta_1)}{\alpha_1 f(x_i|\theta_1)+\alpha_2 f(x_i|\theta_2)}$$

$$P(z_i=2\mid x_i)=\frac{\alpha_2 f(x_i\mid\theta_2)}{\alpha_1 f(x_i|\theta_1)+\alpha_2 f(x_i|\theta_2)}$$

（3）EM 算法的 E 步：计算隐变量后验概率值与建立下界函数。

在第 t 次迭代时，使用当前参数值 $\theta_1^{\,t}=(\mu_1,\sigma_1^{\,2})^t$、$\theta_2^{\,t}=(\mu_2,\sigma_2^{\,2})^t$、$\alpha_1^{\,t}$ 和 $\alpha_2^{\,t}$，代入上面 $P(z_i|x_i)$ 公式，计算 z_i 的后验概率值：

$$r_{i1}^t=P(z_i=1\mid x_i)\text{，}\quad r_{i2}^t=P(z_i=2\mid x_i)$$

于是，可建立参数均已知的下界函数 $J(z,\theta^{\,t})$：

$$J(z,\theta^t)=\sum_{i=1}^{n}\sum_{k=1}^{2}P(z_i=k\mid x_i)\log[P(x_i,z_i=k|\theta^t)]$$

$$=\sum_{i=1}^{n}\sum_{k=1}^{2}r_{ik}^t\log[\alpha_k^t f(x_i|\theta_k^t)]$$

（4）EM 算法的 M 步：计算参数值 $\theta^{\,t+1}$ 和 $\alpha_k^{\,t+1}$。

在第 t 次迭代时，极大化下界函数 $J(z,\theta)$，通过 $J(z,\theta)$对 μ_k 和 $\sigma_k^{\,2}$ 的偏导为 0，获得参数的计算公式，计算参数值 $\theta_k^{\,t+1}=(\mu_k,\sigma_k^{\,2})^{t+1}$：

$$\mu_k^{t+1}=\left(\sum_{i=1}^{n}r_{ik}^t\right)^{-1}\sum_{i=1}^{n}r_{ik}^t x_i$$

$$(\sigma_k^2)^{t+1}=\left(\sum_{i=1}^{n}r_{ik}^t\right)^{-1}\sum_{i=1}^{n}r_{ik}^t(x_i-\mu_k^{t+1})^2$$

在 $\alpha_1+\alpha_2=1$ 且 $\alpha_k\geqslant 0$ 条件下，通过极大化函数 $J(z,\theta)$可求解混合系数 α_k；这是有约束条件的最优化问题，可用拉格朗日乘子法求解。

首先，构造拉格朗日函数：

$$J(\alpha)=J(z,\theta^t)+\lambda\left(\sum_{k=1}^{2}\alpha_k-1\right)$$

$$J(\alpha)=\sum_{i=1}^{n}\sum_{k=1}^{2}r_{ik}^{t}\log(\alpha_k f(x_i\mid\theta_k^t))+\lambda\left(\sum_{k=1}^{2}\alpha_k-1\right)$$

令拉格朗日函数 $J(\alpha)$对 α_k 的导数为 0：

$$\frac{\partial J}{\partial \alpha_k}=\sum_{i=1}^{n}\frac{r_{ik}^{t}f(x_i\mid\theta_k^t)}{\alpha_k f(x_i\mid\theta_k^t)}+\lambda=0$$

化简可得 α_k 的计算式：

$$\lambda\alpha_k=-\sum_{i=1}^{n}r_{ik}^{t}$$

对上式两边同时求和，有：

$$\sum_{k=1}^{2}\lambda\alpha_k=-\sum_{k=1}^{2}\sum_{i=1}^{n}r_{ik}^{t}$$

其次，利用 $r_{i1}{}^{t}+r_{i2}{}^{t}=1$，对等式右边化简，可得：

$$-\sum_{k=1}^{2}\sum_{i=1}^{n}r_{ik}^{t}=-\sum_{i=1}^{n}\sum_{k=1}^{2}r_{ik}^{t}=-\sum_{i=1}^{n}1=-n$$

再利用 $\alpha_1+\alpha_2=1$，对等式左边化简，可得：

$$\sum_{k=1}^{2}\lambda\alpha_k=\lambda\sum_{k=1}^{2}\alpha_k=\lambda$$

最后，结合上面两个公式，有

$$\lambda=-n$$

将上式代入 α_k 的计算式可求出：

$$\alpha_k^{t+1}=-\frac{1}{\lambda}\sum_{i=1}^{n}r_{ik}^{t}=\frac{1}{n}\sum_{i=1}^{n}r_{ik}^{t}$$

可以看到，本步骤求出了高斯混合模型的参数 $\theta_k{}^{t+1}=(\mu_k,\sigma_k{}^2)^{t+1}$ 和混合权重 $\alpha_k{}^{t+1}$。当迭代过程停止时，即获得了最终的参数和混合权重。

（5）EM 算法求解高斯混合模型的小结。

上面推导过程求得高斯混合模型所有参数的解析式。总结 EM 算法利用混合数据求解高斯混合模型（两个子模型）的求解算法如下。

高斯混合模型的 EM 求解算法

输入：混合数据$\{x_i\}$（i=1,2,3,$\cdots$,n），混合模型 $\alpha_k f(x|\theta_k)$，k=1,2

1．初始化参数 $\theta_1{}^t=(\mu_1,\sigma_1{}^2)^t$、$\theta_2{}^t=(\mu_2,\sigma_2{}^2)^t$、$\alpha_1{}^t$ 和 $\alpha_2{}^t$，其中 t=1；

2．for $t\leftarrow$ 1 to T :

E 步：用当前参数模型计算隐变量 z_i 的后验概率 $r_{ik}{}^t$，建立下界函数 $J(z,\theta)$；

$$r_{ik}^{t}=p(z_i=k\mid x_i)=\frac{\alpha_k^t f(x_i\mid\theta_k^t)}{\alpha_1^t f(x_i|\theta_1^t)+\alpha_2^t f(x_i|\theta_2^t)}$$

其中，$f(x|\theta)=(2\pi\sigma^2)^{-1/2}\,\mathrm{e}^{-(x-\mu)^2/2\sigma^2}$

$$J(z,\theta^t)=\sum_{i=1}^{n}\sum_{k=1}^{2}r_{ik}^t\log(\alpha_k^t f(x_i|\theta_k^t))$$

M 步：基于极大化 $J(z, \theta)$，计算参数 α_k^{t+1} 和 $\theta_k^{t+1}=(\mu_k, \sigma_k^2)^{t+1}$；

$$\mu_k^{t+1}=\left(\sum_{i=1}^{n}r_{ik}^t\right)^{-1}\sum_{i=1}^{n}r_{ik}^t x_i$$

$$(\sigma_k^2)^{t+1}=\left(\sum_{i=1}^{n}r_{ik}^t\right)^{-1}\sum_{i=1}^{n}r_{ik}^t(x_i-\mu_k^{t+1})^2$$

$$\alpha_k^{t+1}=\frac{1}{n}\sum_{i=1}^{n}r_{ik}^t$$

判别：若 α_k^{t+1} 和 θ_k^{t+1} 收敛，获得最佳参数 $\theta^*=(\theta_k^{t+1}, \alpha_k^{t+1})$，停止；否则，继续迭代。

输出：最佳模型参数 θ^*

（6）利用数据和 EM 算法求解高斯混合模型 $\sum\alpha_k f(x|\theta_k)$。

① 依据对男生和女生身高的大致了解，赋初值：$\theta_1^t=(\mu_1, \sigma_1^2)^t=(1.7, 0.05^2)^t$，$\theta_2^t=(\mu_2, \sigma_2^2)^t=(1.6, 0.05^2)^t$，$\alpha_1^t=0.5$，$\alpha_2^t=0.5$，其中 $t=1$。

② 执行迭代 for $t\leftarrow 1$ to 100。

E 步：计算隐变量 z_i 的后验概率 r_{ik}^t；

$$f(x|\theta_1^t)=\frac{1}{(2\pi\times 0.05^2)^{1/2}}\mathrm{e}^{-\frac{(x-1.7)^2}{2\times 0.05^2}}$$

$$f(x|\theta_2^t)=\frac{1}{(2\pi\times 0.05^2)^{1/2}}\mathrm{e}^{-\frac{(x-1.6)^2}{2\times 0.05^2}}$$

$$r_{ik}^t=\frac{\alpha_k^t f(x_i|\theta_k^t)}{\alpha_1^t f(x_i|\theta_1^t)+\alpha_2^t f(x_i|\theta_2^t)}=\frac{0.5f(x_i|\theta_k^t)}{0.5f(x_i|\theta_1^t)+0.5f(x_i|\theta_2^t)}$$

$t=1$ 时，按上式计算得 r_1^t={0.599, 0.119, 0.832, 0.018, 0.881, 0.31 , 0.917, 0.083, 0.943, 0.599, 0.5, 0.988, 0.961, 0.057, 0.973, 0.401, 0.168, 0.982, 0.231, 0.998}

r_2^t={0.401, 0.881, 0.168, 0.982, 0.119, 0.69 , 0.083, 0.917, 0.057, 0.401, 0.5, 0.012, 0.039, 0.943, 0.027, 0.599, 0.832, 0.018, 0.769, 0.002}

M 步：计算参数 α_k^{t+1} 和 $\theta_k^{t+1}=(\mu_k, \sigma_k^2)^{t+1}$；

$$\mu_k^{t+1}=\left(\sum_{i=1}^{n}r_{ik}^t\right)^{-1}\sum_{i=1}^{n}r_{ik}^t x_i$$

$t=1$ 时，按上式计算得：$\mu_1^{t+1}=1.710$，$\mu_2^{t+1}=1.614$；

$$(\sigma_k^2)^{t+1}=\left(\sum_{i=1}^{n}r_{ik}^t\right)^{-1}\sum_{i=1}^{n}r_{ik}^t(x_i-\mu_k^{t+1})^2$$

$t=1$ 时，按上式计算得：$(\sigma_1^2)^{t+1}=0.00262$，$(\sigma_2^2)^{t+1}=0.00162$；

$$\alpha_k^{t+1}=\frac{1}{n}\sum_{i=1}^{n}r_{ik}^t$$

t=1 时，按上式计算得：α_1^{t+1}=0.578，α_2^{t+1}=0.422。

③ 依据条件结束迭代，获得最佳模型参数。

设计迭代停止条件：模型的均值参数同时满足 $|\mu_k^{t+1}-\mu_k^t|\leqslant 0.001$，其中 k=1,2。

迭代结束时，获得的参数为 μ_1=1.717，σ_1^2=0.00206，μ_2=1.611，σ_2^2=0.00116，α_1=0.551，α_2=0.449。

高斯混合模型$\sum\alpha_k f(x|\theta_k)$揭示出了数据中身高的分布规律，且与我们的常识相符合：

男生身高分布的子模型为 $x\sim N(1.717, 0.00206)$；

女生身高分布的子模型为 $x\sim N(1.611, 0.00116)$。

2．高斯混合模型的组件数量

在实际应用中，高斯混合模型的组件数量一般需要根据数据的特性和应用需求来设定。当将高斯混合模型方法看成一种聚类方法时，其组件数量的确定可以采用聚类分析中聚类数的确定方法。

对于确定适用于数据集的最优组件数量问题，一种方法是引入衡量模型拟合优度的准则进行分析，例如，赤池信息准则（AIC）和贝叶斯信息准则（BIC），计算不同组件数量下的 AIC 或 BIC 值，然后选择最小 AIC 或 BIC 值对应的组件数量。

另一种方法是使用交叉验证方法确定最优组件数量，将数据集分为训练集和测试集，在训练集上训练不同组件数量的高斯混合模型，然后在测试集上评估它们的性能，选择在测试集上表现最好模型的组件数量。

11.4　EM 算法和高斯混合模型的特点

EM 算法主要用于处理含有隐变量的概率模型的参数估计问题，它的优点如下。

（1）简单有效：通过迭代的方式逐步逼近参数的最优解，易于理解与实现。

（2）收敛性：每次迭代后似然函数的值不会减少，总是向着全局最大值的方向前进，有助于稳定收敛。

（3）最优性：提供了一种有效的迭代求解方法，能够在一定条件下找到参数的最优估计。

（4）使用范围广：可以用于各种含有隐变量的模型，例如，混合高斯模型、隐马尔可夫模型。

但是，EM 算法也有一些缺点。

（1）对初始值敏感：算法的收敛速度和是否收敛很大程度上取决于初始参数的选择；可以通过多次运行 EM 算法，每次使用不同的初始参数值，以找到最优解。

（2）可能陷入局部最优解：当所需要优化的函数不是凸函数时，算法容易给出局部最佳解。

（3）计算量大：对于大规模数据和多维高斯分布等复杂模型，迭代计算量较大。

高斯混合模型是一种统计模型，由多个高斯分布组合而成，它的优点如下。

（1）拟合复杂数据分布的能力：能够用多个高斯分布来近似描述复杂的数据分布，例如，多峰或多峰之间边界复杂的数据分布。

（2）灵活性好：可以通过协方差矩阵调整每个高斯分布的形状，以适应不同的数据分布。

（3）软分类能力：能输出数据点属于每个簇的概率，可适用于不确定性或模糊性的应用。

（4）生成新数据的能力：通过对高斯分布采样可以生成新的数据；新数据可用于数据增强、模拟实验等场景。

（5）鲁棒性：对异常值的敏感度不高。

高斯混合模型的缺点如下。

（1）参数设置的敏感性：如果设置不当组件数量或协方差矩阵类型等参数，可能导致模型过拟合或欠拟合。

（2）计算成本较高：对于数据量较大或维度较高的数据集，消耗计算资源较多。

（3）局部最优解问题：用于求解高斯混合模型的 EM 算法容易陷入局部最优解。

（4）对初始化值的依赖：不同的初始化方法可能导致不同的结果。

（5）对噪声和异常值的敏感性：在噪声较大或异常值较多的数据集中，噪声或异常值可能对结果带来不利影响。

在实际应用中，需要根据具体的数据集和任务需求选择合适的模型参数和使用方法，以发挥其优势并避免其缺点。高斯混合模型可以应用于许多任务，例如，聚类分析、异常检测、模式识别和生物医学等。

11.5 实例与编程求解

例 11-3 数据分组任务：采用高斯混合模型，将鸢尾花数据集划分为指定数量的分组（聚类），并评估聚类的效果。

数据集：机器学习库 sklearn 自带的鸢尾花（Iris）数据集包含三种鸢尾花（类别）的样本，每个类别有 50 个样本，每个样本有 4 个特征（sepal length、sepal width、petal length、petal width）。

解：为对应 3 个类别组成的数据集，采用由 3 个高斯分布组件构成的高斯混合模型进行求解；其中使用 EM 算法求解高斯混合模型的参数；考虑每个类别的数量相同，采用容易理解的纯度（聚类的准确率）评估聚类效果；选择样本的两个特征将数据集可视化。编写 Python 代码，调用机器学习库 sklearn 中相关模型和方法进行实现。对应的求解步骤如下：

（1）导入所需的库和方法；

（2）加载数据集；

（3）建立高斯混合模型；

（4）使用数据集求解模型参数；

（5）使用获得的模型预测测试样本的分组（聚类）；

（6）对分组结果评估其聚类效果。

代码清单　高斯混合模型的求解与效果评价

```
#使用 EM 算法的高斯混合模型示例，导入相关的库和方法
import numpy as np
from sklearn.mixture import GaussianMixture as GMM
import matplotlib.pyplot as plt
```

```
from sklearn.datasets import load_iris

def purity(labels_true, labels_pred):
    #纯度（Purity），即聚类的准确率
    labels_number = np.unique(labels_pred)
    labels_true = np.reshape(labels_true,-1)
    labels_pred = np.reshape(labels_pred, -1)
    lab_size = len(labels_true)
    count = 0
    for c in labels_number:
        id = labels_pred == c
        label_pair = labels_true[id]
        n_most = np.bincount(label_pair).max()
        count = count + n_most
    purity_val = count / lab_size
    return purity_val


if __name__ == '__main__':
    #加载数据集
    adata = load_iris()
    X = adata.data  #样本
    y = adata.target  #类标

    #创建高斯混合模型对象，模型由 n_components 个高斯分布（组件）组成
    model = GMM(n_components=3)
    #将数据拟合为高斯混合模型，由 EM 算法计算模型参数
    model.fit(X)

    #使用模型，将样本输入模型，模型输出样本归属哪个组件的组件号
    y_pred = model.predict(X)
    #计算每个组件（聚类）中样本的真实类标的纯度，再获得总纯度
    purity_test = purity(y, y_pred)
    print(f"高斯混合模型划分的聚类的纯度：{purity_test:.4f}")

    #高斯混合模型划分聚类的可视化
    _, axes = plt.subplots(1, 2)
    plt.rcParams['font.sans-serif'] = ['SimHei']
    axes[0].set_title("真实的样本分组")
    axes[1].set_title("聚类结果")
    mk = ['.', '^', '*', '']
    lab = ['簇 1', '簇 2', '簇 3', '']
    for i in range(3):
        id = y == i
        axes[0].scatter(X[id, 0], X[id, 2], c='k', marker=mk[i], label=lab[i])
        #选择第 1、3 维数据
        id = y_pred == i
        axes[1].scatter(X[id, 0], X[id, 2], c='k', marker=mk[i], label=lab[i])
    axes[0].legend(fontsize=12)
    axes[1].legend(fontsize=12)
    plt.show()
```

执行代码获得结果：高斯混合模型划分的聚类的纯度：0.9667，这个聚类效果还是不错的。图 11-2 展示了执行代码获得的聚类结果。

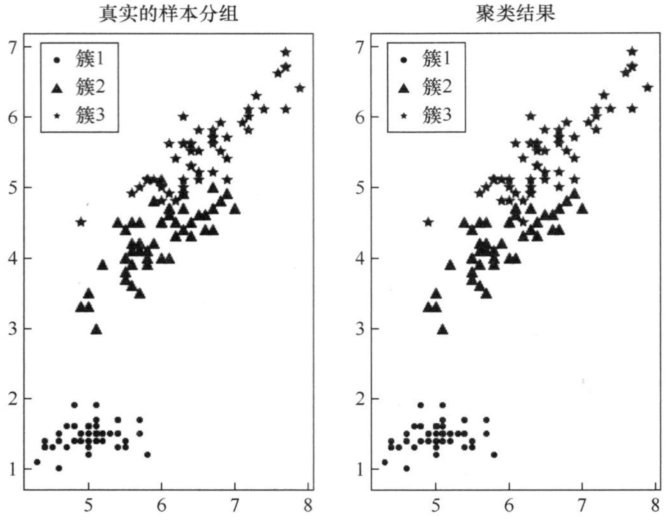

图 11-2　数据真实分组与聚类结果的散点图

11.6　习题

一、简答题

1．对于概率模型 $p(x|\theta)$，其中 θ 是模型参数，（对应变量 x 的）样本的似然函数是什么？

2．极大似然估计法求解概率模型参数的思路是什么？

3．极大似然估计法求解概率模型 $M(\theta)$参数 θ 的步骤有哪些？

4．设隐变量 z 的模型为 $p(x|z,\theta)$，已建立关于样本数据$\{x_i\}$对数似然函数，由 EM 算法求对数似然函数中参数，请写出算法中 E 步的工作。

5．设隐变量 z 的模型为 $p(x|z,\theta)$，已建立关于样本数据$\{x_i\}$对数似然函数，由 EM 算法求对数似然函数中参数，请写出算法中 M 步的工作。

6．以 100 位学生的身高数据（未知身高值是对应男生还是女生）为例，叙述什么是高斯混合模型？

二、填空题

1．________估计法是已经知道了结果，然后寻求使该结果出现的可能性最大的条件，这样求出的条件值作为估计值。

2．利用不完全数据求解隐变量模型的参数，可以采用________算法进行求解。

3．EM 算法的缺点是其求解过程可能会陷入________最优解。

4．EM 算法主要用于处理含有________的概率模型的参数估计问题。

5．EM 算法通过迭代的方式逐步逼近参数的________。

6．高斯混合模型通常使用________算法求解模型参数。

7．当获得一批学生的身高数据，但数据没有身高属于男生或女生的标签；此时，可以用________模型表达男生和女生的身高规律。

8．当数据的分布规律受不可观测的随机变量的影响时，所获得的数据是不完全数据，可以采用________模型分析这种不完全数据。

9．高斯混合模型能够用多个________来近似描述复杂的数据分布。

10．如果设置不当高斯混合模型的组件数量，可能导致模型过拟合或________。

第 12 章 神经网络

世界上的事物在相互联系中发展变化，一些事物组成一个相互连接的系统，在这个系统的内部各个组件之间相互作用和相互影响，这个系统可以在内部和对外界呈现出某种功能、作用和特性。一个大的系统可以包含一些子系统，从而具有更加复杂的功能和特性。人体就是一个大系统，中国古代医学典籍《黄帝内经》把人体视为一个整体系统，认为各个器官和功能之间存在着密切的联系；中国古人皇甫谧关于针灸疗法的《针灸甲乙经》也是将人体的经络作为整体系统进行详尽的描述。对于这样具有系统性的事物，我们需要从系统观念角度对其进行分析和研究。

人类的大脑正是这样具有许多复杂功能的大系统，并呈现着人类的智能。人脑中神经系统主导了人的感官和信息处理的工作，即通过眼、耳等感觉器官接收外界信息，对这些信息在大脑的特定区域进行加工处理，然后通过肢体、发音器官等向外界输出处理结果。人类的学习能力是通过人脑的神经系统来实现的，或者说人类的生物神经系统具有学习功能。

通过模仿生物神经系统创新出仿神经系统的机器学习模型和方法，也是一种创新的思路。于是，模仿生物神经系统的科学研究带来了人工神经网络的诞生和发展；我们期待这种仿神经系统的模型和方法具有更好的学习能力。

12.1 神经元与感知机

人工神经网络（artificial neural network，ANN）是模仿生物神经系统设计的机器学习模型和方法。从分析生物神经系统的角度进行讨论，有助于理解人工神经网络模型及其设计原理。

1. 生物神经元与结构

大脑皮层中神经细胞构成了人脑神经系统，这些神经细胞也称为神经元，是神经系统结构和功能的最基本单位，具有感受刺激和传导神经冲动的功能。大量神经元及它们错综复杂的连接构成了生物神经网络系统（参见图 12-1），构成人类高级智能活动的核心部分。

生物神经系统中单个神经元（参见图 12-2）的结构组成及其对应功能如下：

（1）细胞体，其功能是加工信息；

（2）轴突，其功能是输出信息；

（3）树突，其功能是输入信息；

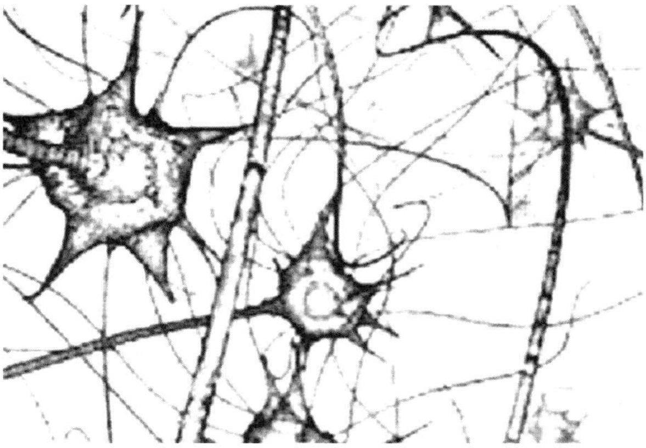

图 12-1　生物神经元构成的网络示意图

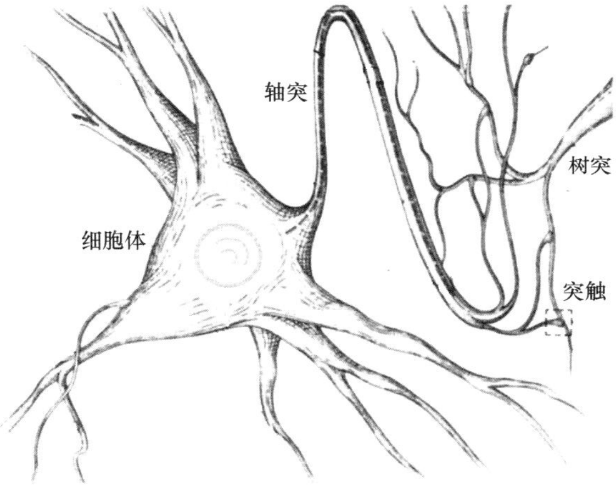

图 12-2　生物神经系统中单个神经元的示意图

（4）突触，其功能是传递信息。

单个神经元在信息传递方面的特征包括：多输入且单输出，一个神经元平均与 10^3~10^5 个其他神经元连接并接收它们的输入；总输入是所有输入信号的叠加，所有输入信号在时间和空间上均以叠加方式在神经元中起作用。

神经元结构中的突触是两个神经元之间相互接触、传递信息的部位，信息由前一个神经元传递到突触，突触可以调节连接强度，再将信息传入后一个神经元；若传入信息超过某个阈值，后一个神经元变得兴奋，由轴突传出信息。

2．人工神经元与感知机模型

心理学家罗森布拉特（Frank Rosenblatt）于 1958 年设计了一个人工神经元计算模型，称为**感知机**或**感知器**（perceptron）。感知机模型模仿了生物神经元的特征和功能，包括：多输入、单输出、所有输入信号累加、累加信号超过阈值时神经元兴奋、连接强度可以调节。具有上述特征的感知机模型如图 12-3 所示。

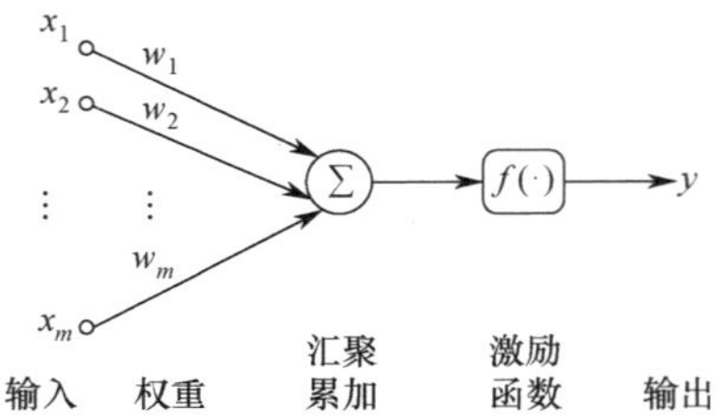

图 12-3　感知机模型

感知机模型具有多个输入（$x_1, x_2,\cdots, x_m$），多个输入按叠加方式汇聚后计算累加和，这种累加和是输入的加权和（$\sum w_jx_j$），加权所用的权重（w_j）反映连接的强度，累加和超过阈值（θ）才产生作用，发生作用时由激励函数［$f(\bullet)$］给出输出值（y）。

感知机的上述工作过程将多输入转换为单输出。感知机是用如下数学公式表示的人工神经元计算模型：

$$s=\sum_{j=1}^{m} w_j x_j-\theta,\ \ y=f(s) \tag{12-1}$$

其中，激励函数 $f(\bullet)$决定或控制在何种情况下感知机输出信号，或者说决定如何激活输入信号。一个简单的激励函数是符号（sign）函数，它按自变量的条件给出正负号：

$$f(s)=\begin{cases}+1, & s\geqslant 0\\ -1, & s<0\end{cases} \tag{12-2}$$

另一个简单的激励函数是阈值（threshold）函数，也称为阶跃函数：

$$f(s)=\begin{cases}1, & s\geqslant 0\\ 0, & s<0\end{cases} \tag{12-3}$$

感知机模型的核心内容主要包括如下三个要素。

（1）连接权重：每个输入所关联的 w_j 为连接权重；

（2）信号累加器：对所有输入进行加权和的计算；

（3）激励函数（激活函数）：激励函数 $f(\bullet)$给出输出值。

3．感知机的应用举例

例 12-1　（布尔运算）设两个逻辑变量 x_1 和 x_2 的逻辑值及其布尔运算“或”的结果（y 值）列于表 12-1，试用感知机方法实现布尔运算。

表 12-1　布尔运算“或”

逻辑变量 x_1	逻辑变量 x_2	运算结果 y	感知机运算 x_1+x_2-1	感知机的输出
0（假）	0（假）	0（假）	−1	−1（假）
0（假）	1（真）	1（真）	0	+1（真）
1（真）	0（假）	1（真）	0	+1（真）
1（真）	1（真）	1（真）	1	+1（真）

设两个逻辑变量 x_1 和 x_2 的逻辑值及其布尔运算“与”的结果（y 值）列于表 12-2，试用感知机方法实现布尔运算。

表 12-2　布尔运算“与”

逻辑变量 x_1	逻辑变量 x_2	运算结果 y	感知机运算 x_1+x_2-2	感知机的输出
0（假）	0（假）	0（假）	−2	−1（假）
0（假）	1（真）	0（假）	−1	−1（假）
1（真）	0（假）	0（假）	−1	−1（假）
1（真）	1（真）	1（真）	0	+1（真）

解：使用具有两个输入和单输出的感知机模型，实现计算两个逻辑值的布尔运算，其输出+1 代表“真”，输出−1 代表“假”。

对于逻辑“或”运算，感知机的输入 x_1 和 x_2 是表中所示的逻辑值，采用符号函数设计如下的感知机运算公式：

$$y = f(x_1+x_2-1),\ f(s)=\begin{cases}+1, & s\geqslant 0\\ -1, & s<0\end{cases}$$

将表中所列第一行的 $x_1=0$ 和 $x_2=0$ 值代入上面的公式，有 $s=x_1+x_2-1=-1$，$f(-1)=-1$，即布尔运算结果是“假”。其他行的计算也类似。

对于逻辑“与”运算，感知机的输入 x_1 和 x_2 是表中所示的逻辑值，采用符号函数设计如下的感知机运算公式：

$$y = f(x_1+x_2-2),\ f(s)=\begin{cases}+1, & s\geqslant 0\\ -1, & s<0\end{cases}$$

将表中所列第四行的 $x_1=1$ 和 $x_2=1$ 值代入上面的公式，有 $s=x_1+x_2-2=0$，$f(0)=+1$，即布尔运算结果是“真”。其他行的计算也类似。

表中所列的 x_1 和 x_2 值代入这个感知机公式，可输出 y 值（逻辑值），实现了布尔运算。

例 12-2　（分类任务）设两个变量 x_1 和 x_2 的值及其对应的类别（y 值）列于表 12-3，试用感知机方法实现类别的运算（分类功能）。

表 12-3　分类数据

x_1	x_2	y
0	0	−1
0	1	+1
1	0	+1
1	1	+1

解：使用具有两个输入和单输出的感知机模型可实现分类功能，即判别给定的两个输入值所归属的类别。

感知机的输入 x_1 和 x_2 是表中所示的值，采用符号函数设计如下的感知机运算公式：

$$y = f(x_1+x_2-1),\ f(s)=\begin{cases}+1, & s\geqslant 0\\ -1, & s<0\end{cases}$$

将表中的 x_1 和 x_2 值代入上式，可输出与表中数据一致的 y 值，实现了对输入数据的分类任务。

12.2 BP 神经网络

1．人工神经网络的形成

单个感知机（或神经元）可以实现两个逻辑值的布尔运算功能，也可以实现简单的分类功能。将多个神经元按一定的方式连接起来，就构成了网络，这个网络称为人工神经网络，简称神经网络。人工神经网络可以实现更复杂的计算功能。

最基础的神经网络是前馈型人工神经网络（feedforward neural network，FNN），简称前馈神经网络，如图 12-4 所示。前馈神经网络的**模型结构**由输入层（由接收数据且无计算功能的节点组成）、隐藏层（或称隐含层，由一些神经元组成）、输出层（由一些神经元组成）和连接（由连线和权重组成）组成，其信息是从输入层向输出层方向的单向传播。图 12-4 所示的由 2 层神经元组成的前馈神经网络也称为多层感知器（multilayer perceptron，MLP）。

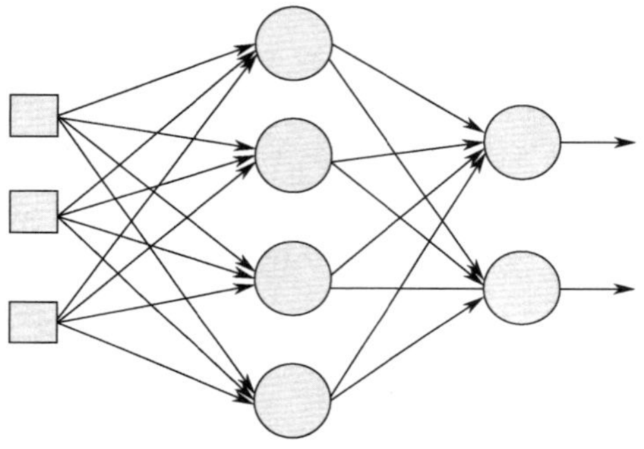

图 12-4　三层的人工神经网络示意图

前馈神经网络模型的神经元之间的连接权重可以由不同的方法确定，常见的方法是利用给定数据求出权重和其他模型参数，这个过程称为训练或学习过程。首先，选定一个损失函数，用于衡量模型的预测值与实际目标值之间的差异，例如，均方误差损失函数。然后，通过最小化损失函数求解出权重等模型参数，求解中可以采用随机梯度下降等优化算法。

前馈神经网络在解决模式识别和分类问题方面有好的适用性，例如，手写数字识别、文本分类、给定动物特征的猫狗识别。与单个感知机相比，由多层感知机组成的人工神经网络，在求解复杂非线性问题时具有不错的优势，在许多领域得到了广泛的应用。

随着人工神经网络的发展，研究者对网络的架构、连接的更新以及权重的计算展开了深入的研究。目前，关于人工神经网络的研究包含五个原则。

（1）信息流向原则：根据神经网络中的信息流向，设计前馈和反馈型信息传播的网络模型；

（2）学习方式原则：根据神经网络中的权重学习方式，设计有监督学习型网络模型和无监督学习型网络模型；

（3）连接方式原则：根据神经网络中各个神经元的连接方式，设计线性关联型网络模型和非线性关联型网络模型；

（4）信息形态原则：根据神经网络中存储的信息形态，设计连续性、离散型、确定型和随机型网络模型；

（5）神经元模拟原则：根据神经网络模拟神经元的层次，设计神经元层、神经网络层、神经系统层以及组合型网络模型。

下面介绍在神经网络模型中常用的三种激励函数。sigmoid 函数（也称为 logistic 函数）具有连续、可导、有界的性质；函数严格单调递增，函数的输入增大时，输出趋近于 1，函数的输入减小时，输出趋近于 0；将该函数在平面上展示，它是一条关于点(0,0.5)对称的 S 形平滑曲线；函数的值范围为(0,1)，可以将一个实数映射到(0,1)的区间，于是，它适用于二分类问题和需要输出预测概率的模型。sigmoid 函数的公式如下：

$$f(x)=\frac{1}{1+\mathrm{e}^{-x}} \tag{12-4}$$

双曲正切（hyperbolic tangent，tanh）函数是关于原点对称的增函数，具有连续、可导、有界的性质；函数的值范围为(−1,1)，可以将一个实数映射到(−1,1)的区间。tanh 函数的公式如下：

$$f(x)=\frac{2}{1+\mathrm{e}^{-2x}}-1 \tag{12-5}$$

修正线性单元（rectified linear unit，ReLU）函数是一种分段线性函数；它弥补了 sigmoid 函数和 tanh 函数的梯度消失问题，更多地被用于深度神经网络。ReLU 函数的公式如下：

$$f(x)=\begin{cases}\max(0,x), & x \geqslant 0\\ 0, & x<0\end{cases} \tag{12-6}$$

现在将感知机的神经元计算公式中阈值的负数作为偏置 b，并重写为适合神经网络的神经元计算公式：

$$y=f\left(\sum_{j=1}^{n} w_j x_j + b\right) \tag{12-7}$$

2．BP 神经网络模型

若前馈神经网络模型的参数求解方法（或者说模型的训练方法）采用误差反向传播（back propagation, BP）学习算法，则此时的前馈神经网络称为反向传播神经网络（back propagation neural network，BPNN），简称 BP 神经网络。因此，BP 神经网络与前馈神经网络的网络结构相同，它是一种通过误差反向传播算法训练的多层前馈神经网络。

图 12-5 给出了最简单的 3 层 BP 神经网络模型。设 x_1、x_2 和 x_3 为输入，y_1 和 y_2 为输出，BP 神经网络采用误差反向传播算法，可以实现输入与输出之间的线性或非线性映射关系。例如，输入猫和狗的特征数据，输出猫或狗的类别预测结果。

BP 神经网络模型的建立和使用包括模型训练和模型使用两个阶段，其中训练阶段的主要工作是利用数据自适应地学习连接权重等模型参数，使得网络中所有神经元对数据拥有不错的拟合度；使用阶段则固定已经训练好的模型参数，给模型输入新的数据并通过模型的前向传播过程输出结果。一般的工作流程包括：将给定数据集划分为训练集和测试集，使用训练集训练 BP 神经网络的连接权重等模型参数，再通过测试集验证 BP 神经网络的效果。从利用神经网络方法探索数据内含知识的角度讲，BP 神经网络自动从数据中学习有意义的知识，并通过连接权重存储这些知识，或者说以神经网络模型的形式呈现学习到的知识。

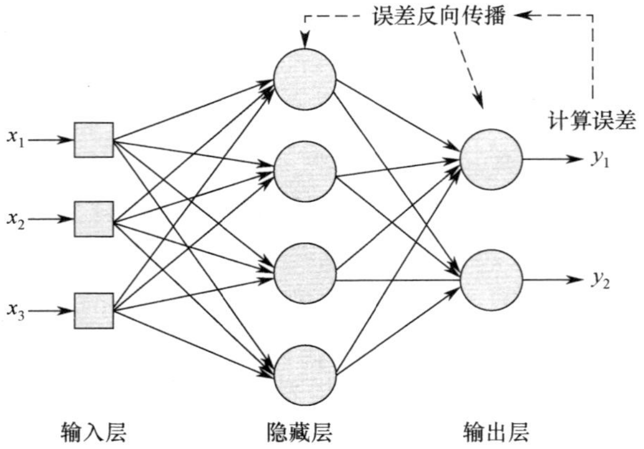

图 12-5　BP 神经网络模型

3．前向传播过程

对于已经训练或设计好的前馈型神经网络或 BP 神经网络，给定输入，从输入层向输出层计算每个神经元的输出，计算最终的输出，即完成了前向传播过程。

例 12-3　如图 12-6 所示的 BP 神经网络模型包括模型结构（3 个神经元、2 个输入节点和连接）和模型参数（6 个连接权重和 3 个偏置）；模型的输入是两个维度 x_1 和 x_2，输出是一个维度 y。设模型参数中的连接权重分别为 w_1=0, w_2=0, w_3=1, w_4=1, w_5=0, w_6=1，神经元的激活函数 f 采用 sigmoid 函数，其激活阈值（偏置）分别为 b_1=0, b_2=0, b_3=0。当输入数据为 x_1=1 和 x_2=2 时，请给出该神经网络的前向传播过程的具体计算。

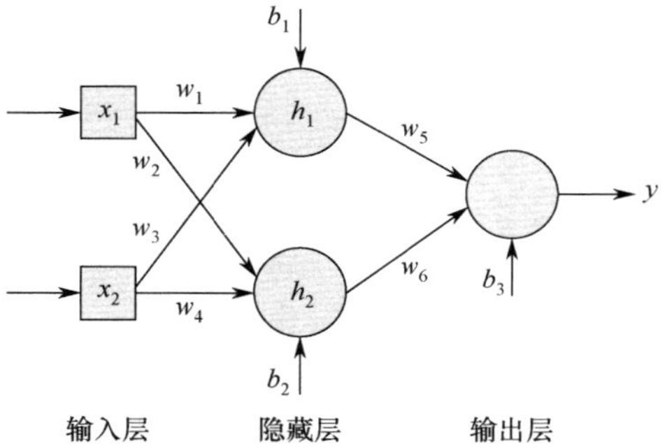

图 12-6　简单的 BP 神经网络模型

解：依据已知的该神经网络的模型参数，按照从输入层到输出层的方向计算前向传播过程。

先利用 x_1 和 x_2 计算隐藏层神经元 h_1 和 h_2 的输入，再根据 h_1 和 h_2 的激活函数 f 计算输出层的输出 y。

（1）计算隐藏层的输出（前向传播）：

$$\begin{aligned}h_1 &= f(w\times x+b) = f[(w_1\times x_1)+(w_3\times x_2)+b_1] = f(2) = 0.8808\\ h_2 &= f(w\times x+b) = f[(w_2\times x_1)+(w_4\times x_2)+b_2] = f(2) = 0.8808\end{aligned} \tag{12-8}$$

（2）计算输出层的输出（前向传播）：

$$y = f(w\times h+b) = f[(w_5\times h_1)+(w_6\times h_2)+b_3] = f(0.8808) = 0.7070 \tag{12-9}$$

对于具有多个隐藏层的神经网络，从输入层向输出层方向逐步地重复上述前向传播的计算过程，可获得模型的输出。

4．BP 学习算法

反馈学习过程，或称为 BP 学习算法，是 BP 神经网络模型确定最优连接权重（模型参数）的一种自学习算法。BP 学习算法根据前向传播输出的模型预测结果与真实结果之间的误差（简称预测误差），通过链式法则，不断地计算该误差关于每个连接权重的梯度，并朝着梯度下降的方向调整连接权重（即误差反向传播过程），使得误差不断下降。经过反复的前向传播和误差反向传播的计算，BP 神经网络可以学习出以误差最小化为目标的连接权重等模型参数，从而保证前向传播输出的误差逐步下降，或者说神经网络的输出（目标预测值）逐步逼近目标值。

例 12-4 设待学习的数据集为某教室的温度和湿度的变化值，以及变化的温湿度对应的上课教室是否“合格”的判断结论。表 12-4 给出了 4 间教室的温湿度变化值和判断结论，使用上题的 BP 神经网络模型拟合表 12-4 的数据，并给出模型的 BP 学习过程。

表 12-4 教室的温湿度数据

教室编号	温度变化	湿度变化	是否合格
101	−6	−5	是
201	4	3	否
301	6	4	否
401	−2	2	是

解： 采用上题的 BP 神经网络模型，本题的求解任务是利用给定数据集求出 BP 神经网络模型的模型参数，这可以看成从数据中学习出模型参数。

在数据匹配模型方面，将教室的“温度变化”和“湿度变化”分别对应为模型的输入 x_1 和 x_2，将教室的类别“是否合格”对应为模型的输出 y。为了计算模型的输出与真实类别的误差（数值），分别将两个类别标签数字化，即用 1 代表“是”，用 0 代表“否”。

求出的模型应当更好地符合数据集，即模型的预测误差应尽可能地小，对应的求解任务就是在预测误差最小化的目标下利用数据学习出（或确定）模型参数。为易于理解，这里以使用 1 个样本——教室 101 的数据（样本 101）为例，设计简化的预测误差公式。

现在启动一轮模型参数的学习过程。设样本 101 的两个分量−6 和−5 作为模型的输入，该样本的类标为 y=1，对应的模型输出为 y'，以平均误差计算该样本的预测误差：

$$L=(y-y')^2=(1-y')^2 \tag{12-10}$$

在 BP 学习过程中，误差 L 被反向传播到每个非输出层的神经元，以修正相关的连接权重，并且它可以与所有的模型参数建立关联。

这里采用梯度下降法来实施预测误差最小化的目标。以连接权重 w_1 为例，如何调整 w_1 可以让误差 L 下降呢？梯度下降法的做法是朝着 L 的梯度（即偏导数 $\partial L/\partial w_1$）下降的方向（称为负梯度方向）调整 w_1。依据式（12-9），模型输出 y' 并不与 w_1 直接相关，需要通过上一步的式（12-8）建立与 w_1 的联系。具体地，采用链式求导法则，引入模型输出 y'，对偏导数进行拓展：

$$\frac{\partial L}{\partial w_1}=\frac{\partial L}{\partial y'}\times\frac{\partial y'}{\partial w_1} \tag{12-11}$$

其中，偏导数 $\partial L/\partial y'$ 可直接计算：

$$\frac{\partial L}{\partial y'}=\frac{\partial(1-y')^2}{\partial y'}=-2(1-y') \tag{12-12}$$

对于模型输出 y'，其前向传播过程为

$$y'=f(w_5h_1+w_6h_2+b_3) \tag{12-13}$$

上式中 h_1 与 w_1 的联系有关系式(12-8)，于是，再次使用链式求导法则，引入 h_1 以建立 y' 与 w_1 的联系，拓展偏导数 $\partial y'/\partial w_1$：

$$\frac{\partial y'}{\partial w_1}=\frac{\partial y'}{\partial h_1}\times\frac{\partial h_1}{\partial w_1} \tag{12-14}$$

其中，偏导数 $\partial y'/\partial h_1$ 可直接计算：

$$\frac{\partial y'}{\partial h_1}=w_5\times f'(w_5h_1+w_6h_2+b_3) \tag{12-15}$$

依据式（12-8），偏导数 $\partial h_1/\partial w_1$ 也可直接计算：

$$\frac{\partial h_1}{\partial w_1}=x_1\times f'(w_1x_1+w_2x_2+b_1) \tag{12-16}$$

以上公式中的函数 f 采用 sigmoid 函数，其导数通过 $f'(x)=f(x)(1-f(x))$ 进行计算。于是，误差 L 关于权重 w_1 的梯度 $\partial L/\partial w_1$ 可以被计算。

一般采用随机赋值的方式对模型参数进行初始化；这里为简化计算，假设模型参数为 w_1=1, w_2=0, w_3=0, w_4=1, w_5=1, w_6=1, b_1=0, b_2=0, b_3=0。再将教室 101 的数据对应为 x_1=−6 和 x_2=−5，代入前向传播过程的式（12-8）和式（12-9），可计算前向传播的输出结果：h_1=0.0025, h_2=0.0067, $y'=0.5023$。

将这些计算结果分别代入式（12-12）、式（12-14）和式（12-15），可得：

$$\begin{aligned}&\frac{\partial L}{\partial y'}=\frac{\partial(1-y')^2}{\partial y'}=-2(1-y')=-0.9954\\&\frac{\partial y'}{\partial h_1}=w_5\times f'(w_5h_1+w_6h_2+b_3)=1\times f'(0.0092)=0.25\\&\frac{\partial h_1}{\partial w_1}=x_1\times f'(w_1x_1+w_2x_2+b_1)=-6\times f'(-6)=-0.015\end{aligned} \tag{12-17}$$

将上式结果代入式（12-10），计算出梯度 $\partial L/\partial w_1$ 为 0.0037，其含义是：权重 w_1 增大 1 个单位，误差 L 增大 0.0037。

于是，向负梯度方向（梯度的相反方向）调整 w_1，即减小 w_1，可以降低误差 L。具体地，权重 w_1 的调整公式为

$$w_1\leftarrow w_1-\eta\frac{\partial L}{\partial w_1} \tag{12-18}$$

其中，学习率 η 是控制调整幅度的参数；学习率过大，则学习速度很快，但误差 L 的变化易陷入振荡或发散，通常将 η 设置为较小的数，例如 0.01，以使 L 下降缓慢一些，从而提高算法的收敛性。

依据上式将权重 w_1 的值更新一次：w_1=1−0.01×0.0037=0.999963。到此，执行了一次误差 L 的反向传播过程，调整了连接权重 w_1。

类似地执行误差 L 的反向传播过程，更新其他的模型参数，从而完成一轮模型参数的学习过程。

随后，再将教室 101 的数据输入参数更新的模型，计算模型的输出值 y'；进行下一轮的模型参数学习过程。通过多次的迭代计算，可以学习出更优的模型参数，获得更优的 BP 神经网络模型与更小的预测误差。

对于使用 4 间教室的数据求解 BP 神经网络模型，需要采用非简化的预测误差公式以替代式（12-9），其他计算过程相类似。对具有 n=4 个样本的数据集，将 4 个样本分别输入模型，获得模型输出的 4 个预测值，则以均方误差计算模型的预测误差：

$$L=\frac{1}{n}\sum_{i=1}^{n}(y_i-y_i')^2 \tag{12-19}$$

这个例题主要讨论了 BP 学习算法求解模型参数的过程，下面给出 BP 学习算法的流程。

BP 学习算法

输入：训练集 $D_{\text{train}}=\{(\boldsymbol{x}_i, y_i)\}_{i=1:n}$，学习率 η，训练轮数 K，精度

1．确定神经网络模型的结构 BP，其输入节点数量与样本维度相同；确定激活函数；

2．随机初始化连接权重 w 和偏置 b；

for k in 1:K

　　for $\boldsymbol{x}_i$ in D_{train}

　　　将样本 $\boldsymbol{x}_i$ 输入模型，通过前向传播算法计算模型输出 y_i'；

　　end

　　计算 n 个训练样本的均方误差 L：

$$L=\frac{1}{n}\sum_{i=1}^{n}(y_i-y_i')^2$$

　　for w_i , b_i in BP

　　　由式(12-11)和类似公式计算误差 L 对参数 w_i 和 b_i 的梯度；

　　　更新模型参数：

$$w_i \leftarrow w_i-\eta\frac{\partial L}{\partial w_i},\quad b_i \leftarrow b_i-\eta\frac{\partial L}{\partial b_i}$$

　　end

　　若 L 满足精度，则停止；

end

输出：模型参数 w 和 b

当设计或选定一个 BP 神经网络模型及其结构之后，利用数据和 BP 学习算法求出符合数据的模型参数。与学过的分类与回归模型类似，可以采用模型性能的评估方法，评估所设计的 BP 神经网络模型的泛化性能。

12.3 神经网络模型的特点

前馈神经网络是一种最基础的神经网络模型；BP 神经网络是一种特殊的多层前馈神经网络，其特殊之处是通过误差反向传播学习算法计算和更新连接权重等模型参数。这种神经网络的特点包括：

（1）神经网络中神经元是信息处理单元，具有计算功能；

（2）神经网络的输入输出结构可以是多输入与单输出，也可以是多输入与多输出；

（3）神经网络的典型学习方式是有监督学习，即利用训练数据学习出模型参数；

（4）能够学习输入输出的线性或非线性的映射关系；

（5）具有并行处理性，神经网络的各个神经元可以同时进行计算；

（6）具有分布式的存储方式，信息在神经网络中分布存储于多个神经元中；

（7）具有自适应性和自组织性，神经网络通过学习可以自组织其神经元之间的连接。

变动神经网络的结构会对其性能产生影响，可能的影响包括：

（1）具有一个隐藏层的神经网络可以在闭区间上一致逼近任意连续函数；

（2）增加神经网络隐藏层的神经元个数，能够提高对预测目标的逼近精度；

（3）增加神经网络的层数能够增强其预测能力，但可能出现过拟合现象。

神经网络的主要优点包括：

（1）非线性映射能力强，可以模拟非线性函数，更好地进行预测；

（2）非线性建模能力强，可以处理复杂的模式识别和分类问题；

（3）能够通过自学习和训练，从原始数据中自动提取数据中的特征；

（4）泛化能力强，能够从训练数据中学习到一些规律，并应用于新数据；

（5）模型结构具有适应性，可以根据不同的任务和数据类型调整模型结构；

（6）神经网络对噪声和输入数据的微小变化具有一定的鲁棒性；

（7）适用的数据类型广，包括图像、声音、文本等，调整网络结构和参数可适应不同的任务。

神经网络也存在如下一些缺点。

（1）计算成本高：训练神经网络需要大量的计算资源和时间，特别是对于大规模的数据集；

（2）可解释性差：神经网络模型难以理解和解释；

（3）数据要求高：为获得性能好的模型，对数据的质量和数量都有较高的要求；

（4）对超参数敏感：神经网络的性能在很大程度上取决于其超参数（如学习率、网络层数、每层神经元数量等）的设置；

（5）容易陷入局部最优：在训练过程中，神经网络可能会陷入局部最优解，导致性能降低。

由以上讨论可以看出，神经网络具有学习能力强和泛化能力强等众多优点，使其获得了广泛的应用。但是，神经网络也存在一些明显的缺点，需要在实际应用中根据具体问题选择合适的神经网络模型和训练方法，以减弱其缺点。

12.4　实例与编程求解

例 12-5　分类任务：对乳腺癌数据集，采用神经网络方法，建立分类模型判别样本的类别，并评估所设计的分类模型的预测性能。

数据集：机器学习库 sklearn 自带的乳腺癌（breast cancer）数据集包含两个类型的样本，分别有 357 个良性（benign）肿瘤样本和 21 个恶性（malignant）肿瘤样本，其 30 个特征（属性）包括肿瘤的半径、纹理、周长、面积等。

解：采用前馈神经网络（多层感知器）方法进行求解；激活函数选用 sigmoid 函数，选择两个隐藏层的神经网络，有利于获得更好的性能；模型参数的更新选用随机梯度下降法；编写 Python 代码，调用机器学习库 sklearn 中相关模型和方法进行实现。对应的求解步骤如下：

（1）导入所需的库和方法；

（2）加载数据集；

（3）采用 *K*-折交叉验证法将数据集划分为训练集和测试集；

（4）使用训练集训练或构建分类模型；

（5）使用测试集评估分类模型的泛化性能；

（6）计算 *K* 次评估结果的平均泛化性能。

代码清单　神经网络分类模型的训练、使用与性能评估

```
#多层感知器（神经网络）分类算法示例，导入相关的库和方法
import numpy as np
from sklearn.model_selection import KFold
from sklearn.naive_bayes import GaussianNB
from sklearn.neural_network import MLPClassifier
from sklearn.metrics import accuracy_score, f1_score
from sklearn.datasets import load_breast_cancer

#加载数据集
adata = load_breast_cancer()
X = adata['data']
y = adata['target']  #类标

#创建模型对象，选择两个隐层的神经元数量
n_dim = X.shape[1]  #特征的数量
model1 = MLPClassifier(hidden_layer_sizes=(2*n_dim, n_dim), activation='logistic', 
max_iter=1000, solver='sgd', random_state=0)
#创建高斯朴素贝叶斯模型对象，采用默认参数
model2 = GaussianNB()
#创建 K-折交叉验证对象
n_kfold = 5
obj_fold = KFold(n_splits=n_kfold, shuffle=True, random_state=0)

#存放性能指标的数组，存放 Accuracy 和 F1 Score
sc = np.zeros((n_kfold, 4))
i = 0
#循环执行 K-折交叉验证
for id_train, id_test in obj_fold.split(X):
```

```
        X_train, X_test = X[id_train, :], X[id_test, :]
        y_train, y_test = y[id_train], y[id_test]
        #使用训练集训练分类模型
        model1.fit(X_train, y_train)
        model2.fit(X_train, y_train)
        #计算模型在测试集上的性能指标
        y_pred_test = model1.predict(X_test)
        sc[i,0] = accuracy_score(y_test, y_pred_test)
        sc[i,1] = f1_score(y_test, y_pred_test)
        y_pred_test = model2.predict(X_test)
        sc[i,2] = accuracy_score(y_test, y_pred_test)
        sc[i,3] = f1_score(y_test, y_pred_test)
        i = i + 1

    #计算模型在测试集上 K 次结果的平均性能
    score_mean = np.mean(sc, axis=0)
    print("模型在测试集上的平均准确率、平均 F1 分数：", score_mean[0:2])
    print("对比模型在测试集上的平均准确率、平均 F1 分数：", score_mean[2:4])
```

执行代码获得结果：神经网络模型在测试集上的平均准确率、平均 F1 分数为[0.9209, 0.9393]，对比方法的模型在测试集上的平均准确率、平均 F1 分数为[0.9385, 0.9516]。这样的性能指标值说明所建立的分类模型具有较高的泛化性能。可以看到，这个简单神经网络模型的泛化性能不如对比模型的泛化性能。神经网络的性能与其参数设置有关，如何找到其最优参数来获得更好的性能是值得探讨的问题。

例 12-6 回归预测任务：采用神经网络方法，对体脂数据进行多元回归分析，并评估回归模型的回归效果。

数据集：StatLib 男性体脂（bodyfat）数据集有关于 252 名男性水下称重等测量的 252 个样本，每个样本有身高、体重和胸围等 14 个特征，以及回归目标——体脂率。数据集可在互联网上获取或在本书配套资源包中获取。将数据复制后保存在本地文本或文件中。

解：采用神经网络方法进行求解；选择两个隐层的神经网络，循环次数选大一些，有利于获得更好的性能；编写 Python 代码，调用机器学习库 sklearn 中相关模型和方法进行实现。对应的求解步骤如下：

（1）导入所需的库和方法；

（2）加载数据集，数据预处理；

（3）采用 *K*-折交叉验证法将数据集划分为训练集和测试集；

（4）使用训练集训练或构建回归模型；

（5）使用获得的回归模型预测测试集的目标值；

（6）使用测试集评估回归模型的回归效果。

代码清单　神经网络回归模型的训练、使用与性能评估

```
#多层感知器（神经网络）回归算法示例，导入相关的库和方法
import pandas as pd
import numpy as np
from sklearn.model_selection import KFold
from sklearn.neural_network import MLPRegressor
from sklearn.svm import LinearSVR
from sklearn.metrics import r2_score
from sklearn.preprocessing import StandardScaler
```

```
#加载数据集，数据文件中数据由连续的空格分隔
adata = pd.read_table('bodyfat.txt', header=None, sep='\s+')
idx = adata.columns != 1
X = adata.values[:, idx]  #由特征构成的样本
y = adata.values[:, 1]  #回归目标
#数据被标准化处理为零均值且单位方差
scaler = StandardScaler()
X = scaler.fit_transform(X)

#创建模型对象，选择两个隐层的神经元数量，循环次数选大一些
n_dim = X.shape[1]  #特征的数量
model1   =    MLPRegressor(hidden_layer_sizes=(2*n_dim,    n_dim),    max_iter=10000,
random_state=0)
#创建支持向量回归模型对象，采用默认参数
model2 = LinearSVR(random_state=0, tol=0.001)

#创建 K-折交叉验证对象
n_kfold = 5
obj_fold = KFold(n_splits=n_kfold, shuffle=True, random_state=0)

#存放性能指标的数组
sc = np.zeros((n_kfold, 2))
i = 0
#循环执行 K-折交叉验证
for id_train, id_test in obj_fold.split(X):
    X_train, X_test = X[id_train, :], X[id_test, :]
    y_train, y_test = y[id_train], y[id_test]
    #使用训练集构造回归模型
    model1.fit(X_train, y_train)
    model2.fit(X_train, y_train)
    #计算模型在测试集上的性能指标
    y_pred_test = model1.predict(X_test)
    sc[i,0] = r2_score(y_test, y_pred_test)
    y_pred_test = model2.predict(X_test)
    sc[i,1] = r2_score(y_test, y_pred_test)
    i = i + 1

#计算模型在测试集上 K 次结果的平均性能
score_mean = np.mean(sc, axis=0)
print("模型在测试集上的平均决定系数：", score_mean[0])
print("对比模型在训练集上的平均决定系数：", score_mean[1])
```

执行代码获得结果：神经网络模型在测试集上的决定系数为 0.9209，对比模型在测试集上的决定系数为 0.9730。这样的性能指标值说明神经网络模型的回归效果较好。可以看到，对比模型的回归效果好于这个简单神经网络模型。神经网络的性能与其参数设置有关，如何找到其最优参数来获得更好的性能是值得探讨的问题。

12.5 习题

一、简答题

1. 简述感知机模型的计算过程，并举例说明感知机模型的缺点。

2. 简述几种经典的神经网络结构。

3. 简述 BP 学习算法中使用预测误差调整权重梯度的原理。

4. 什么是前馈神经网络？

5. 什么是 BP 神经网络？

6. 简述 BP 学习算法的流程。

二、填空题

1. 生物神经元包含细胞体、________、________和________四个重要组成部分。

2. 神经元结构中的突触承担________和________信息的功能。

3. 感知机模型模仿了生物神经元的特征和功能，包括：多输入、________、________、________和连接强度可调五个主要的特性。

4. 单个生物神经元在信息传递方面拥有________、单输出的特征，每个神经元平均与 10^3～10^5 个其他神经元连接并接收它们的输入；所有输入信号在________和空间上均以叠加方式在神经元中起作用。

5. 感知机有三个要素，分别是________、________和________。

6. 感知机中常用的激励函数为________和________。

7. 感知机可以有效应对________和________逻辑操作，但是难以应对________逻辑操作。

8. 关于人工神经网络的研究包含五个原则分别是________、________、________、________和________。

9. BP 学习算法是 BP 神经网络确定最优________和________的自学习算法之一。

10. BP 神经网络的________阶段完成的工作是基于数据自适应地调整连接权重，使其对数据拥有最优的________。

11. BP 神经网络的使用或测试阶段完成的工作是固定已经训练好的连接权重，通过________过程输出预测结果。

第 13 章 深度学习

13

人工神经网络的发展推动了机器学习的创新与应用，其中经典的 BP 神经网络拥有从数据中进行自主学习的能力，学习出数据内含的事物规律的模型，并能对未知事物进行预测，从而获得了广泛的应用。在上个世纪，人们研究的神经网络模型都是浅层网络（例如，3～5 层的网络结构）。虽然实验研究发现，增加隐藏层数量有利于神经网络模型对更复杂数据的学习；但是，如何训练众多的权重、如何设计众多神经元的网络结构、如何解决梯度消失等难题，制约了 BP 神经网络模型的发展。从创新驱动科技发展的历史看，这些难题正是创新工作的目标和着力点。

进入 21 世纪，人们对图像识别、语音识别和自然语言处理等复杂任务的需求日益增多，如何从这些任务对应的复杂数据中提取出数据的内在特征，是技术发展的关键；但是浅层神经网络处理这种复杂数据的效果并不佳。从逆向思维的角度思考浅层神经网络的问题，相反的多层神经网络会不会有更强的能力和更好的性能？这正是开展技术创新和突破的一种研究思路。随着 2006 年开始对深层神经网络的技术难题的逐步解决，深度学习的研究迎来其蓬勃发展期，对十几层、几十层和上百层神经网络的研究不断取得好的成果，深层神经网络在对复杂数据的特征抽象和表示方面不断展现出强大的学习能力。当前，深度学习方法对层数更多（也称为“更深”）的 BP 神经网络模型的研究已成为机器学习的研究热点之一。本章将介绍深度学习中最常见的几个模型：卷积神经网络、循环神经网络以及生成式对抗网络。

13.1 卷积神经网络

在 BP 神经网络模型中，各层之间的神经元采用两两相连的方式，通常也称为“全连接方式”。全连接方式将产生大量的连接权重和偏置，每个权重和偏置都需要进行 BP 学习过程，造成了极大的计算量。例如，假设输入数据的维度为 10^4，那么输入层与第一个隐藏层之间将产生 10^8 个连接权重和偏置。随着层数增多，将产生海量待学习的权重和偏置，无法在多项式时间复杂度内完成对每个权重和偏置的学习，严重制约了模型的 BP 学习能力。

模仿生物的行为和功能是中国古人创新工作的一种途径，例如，耕田的犁模仿了动物爪子挖掘地面的动作，形成高效工作的犁头形状；中国古代的纺纱织布起源于模仿蚕吐丝的过程，更复杂的丝绸生产工艺也是参考蚕茧设计的。面对 BP 神经网络解决图像领域问题中出现的连接权重与偏置数量过多的难题，我们采用这种模仿创新的工作路径，即模仿动物视觉皮层的功能产生解决方法。这种模仿创新引导诞生了卷积神经网络（convolutional neural network，CNN）模型，它模仿的功能有两种：一是在哺乳动物视觉皮层中，神经元只响应特定区域（感受野）的刺激；二是在视觉皮层中，相同的特征检测器可以在不同位置重复使用。这对应降低连接权重与偏置数量的两种方式。

（1）局部感知策略：隐藏层中的神经元仅与部分输入数据相连，与全连接方式相比可以极大地降低权重及偏置的数量，其主要原因是图像数据具有局部特性；

（2）权重共享策略：通过多个卷积核计算一组具有多样性的权重，并在所有数据上共享这组连接权重，于是学习过程仅需处理这一组连接权重。

在这两种方式基础上，CNN 模型可以构建多个隐藏层，实现较“深”的深度学习模型。具体地，该模型主要包含卷积层、池化层和全连接层。

1. 卷积层

卷积层中最重要的操作为卷积操作，以二维卷积操作为例，其操作的对象为二维图像样本，其中每个数值为像素点。卷积操作定义：对输入样本的不同窗口数据与卷积核做内积操作，其中，内积操作即为样本数据与卷积核权重逐个元素相乘后求和。如图 13-1 所示，为实现卷积核的权重共享，对于较大的输入图像，通常采用与卷积核大小相同的滑动窗口提取样本数据。在做卷积操作时，将滑动窗口（图 13-1 左图中圈住 9 个元素的实线框）设置为与卷积核（图 13-1 中间图的虚线框）相同大小，实现逐个元素相乘后求和内积操作。每个卷积操作完成后，滑动窗口则向右滑动（图 13-1 左图中圈住 9 个元素的虚线框）进行下一次的卷积操作。当第一行卷积操作计算完成后，滑动窗口移动到第二行，并继续进行下一轮的卷积操作。对于边界像素点，通常通过扩展的方式，扩展区域可补零或补全与边界相同的像素值，使其窗口数据与卷积核大小相同。在图 13-1 的左图已实施区域扩展和补零操作，即最左侧增加一列零元素，顶部增加一行零元素；图中实线所示的卷积操作计算为

$$0\times4+0\times0+0\times2+0\times0+1\times0+1\times0+0\times1+1\times0+2\times(-4)=-8 \tag{13-1}$$

图中虚线所示的卷积操作计算为

$$0\times4+0\times0+0\times2+1\times0+1\times0+1\times0+1\times1+2\times0+2\times(-4)=-7 \tag{13-2}$$

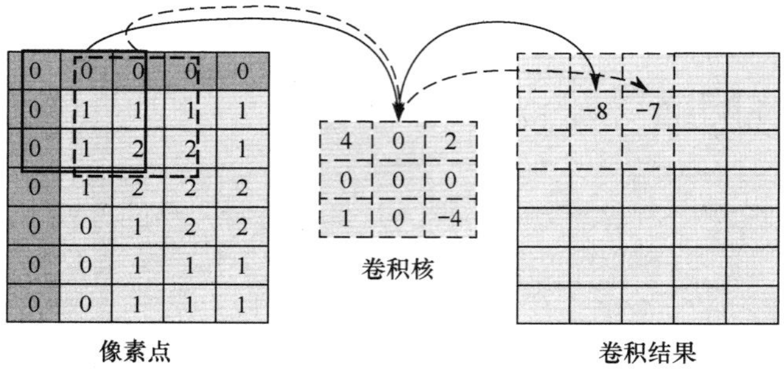

图 13-1　图像数据卷积操作示意图

值得注意的是，卷积层的操作最早出现在图像数据类型上，因其构建的局部感知策略与权重共享策略非常符合图像数据类型，所以取得了巨大成功。在原理上，任何符合局部感知策略与权重共享策略的数据类型，都可以使用卷积层的操作。例如，对于时间序列数据类型，其前后时刻点之间符合局部感知与权重共享，可以引入卷积操作提取时间序列数据的特征。

随着卷积神经网络的发展，卷积层的形式出现了各种各样的变化，以适应不同的应用场景。

2．池化层

在卷积神经网络中，输入数据经过多个卷积核进行卷积层操作后，将产生大量的特征图（feature maps）（图 13-1 的右图）。若经过多轮卷积层后，特征图的累积依然会造成庞大的连接权重数，从而造成过拟合问题。经过研究发现，在两个卷积层之间添加池化层，能够有效抑制特征图大小进而缓解过拟合。池化层中进行的池化操作，主要对特征图进行下采样（即减少特征图的维度）操作，减少其中的冗余信息，并进一步降低连接权重和偏置的数量。如图 13-2 所示，常见的池化方式有最大池化（最大值池化）和平均池化（均值池化）。前者选择区域中的最大值作为下采样数值，后者计算区域中的平均值作为下采样数值。

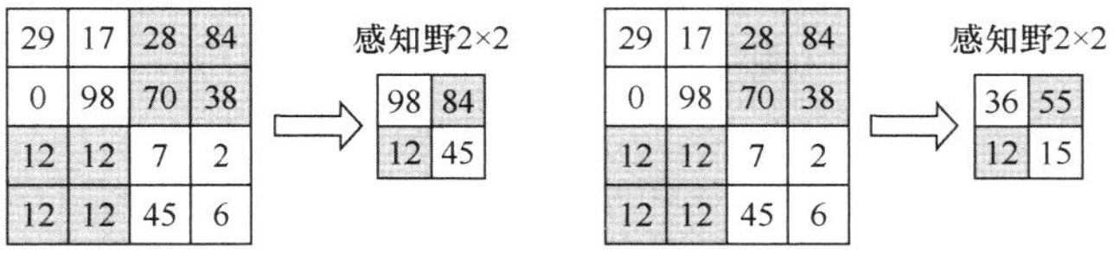

(a) 最大池化　　(b) 平均池化

图 13-2　最大池化与平均池化示意图

根据图中的池化操作流程可知，池化层的加入有利于扩大 CNN 模型对于特征图的感知野（perception field），即扩大对更广泛区域的特征提取，而忽视相邻区域细节的特征提取。图中池化前对于特征图的感知野为 4×4，经过池化对于特征图的感知野为 2×2。因此，经过池化层的下采样操作后，后续的卷积操作能够更关注数据的全局特征。同时，池化层的下采样操作还能够保证对特征图的平移和尺度不变性。

3．全连接层

CNN 模型的最终目的是服务于分类和回归任务，经过卷积层与池化层提取有效特征后，还需要将提取到的特征映射至分类和回归任务的标签空间。全连接层的目的是建立特征空间与标签空间的映射，与 BP 神经网络相同，通过全连接的方式建立二者之间的映射，可包含多个全连接层的操作。如图 13-3 所示，首先，通过向量化操作，将特征图转换为一维特征向量，然后通过多个全连接层映射至标签空间。在实际应用中，卷积层的激活通常可采用 ReLU 激活函数，选择经过卷积操作后获得显著特征。全连接层则需要根据实际情况选择合适的激活函数。以分类任务为例，对于二分类问题，全连接层一般采用 sigmoid 激活函数，将特征值输出为两个类别值 0 和 1；对于多分类问题，全连接层则采用 softmax 激活函数，激活特征值在每个类别上的概率，从而实现最终的多类别分类。针对回归问题，也需根据所求解问题的输出范围选择合适的激活函数。

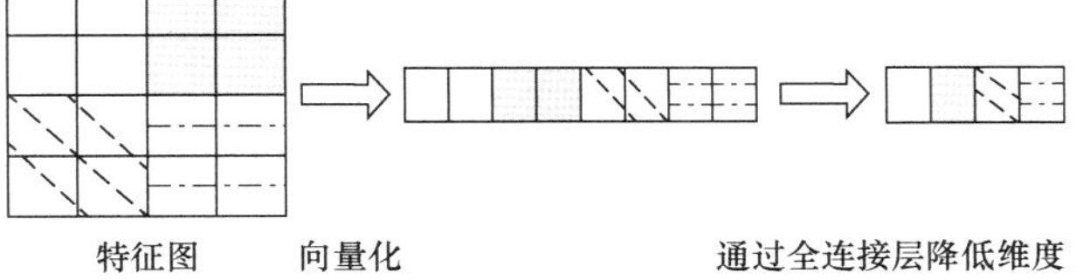

图 13-3　全连接层操作过程

4. 经典的卷积神经网络模型——LeNet 模型

1998 年，LeCun 等人提出了 LeNet-5 模型用于识别 MNIST 手写字符数据集。该数据集收集了 70000 张 0～9 的阿拉伯数字手写样本，每个样本大小为 32×32，将其中 60000 张图像用于训练机器学习模型，余下的 10000 张图像用于测试机器学习模型。LeNet-5 是一个较为简单的卷积神经网络模型，包含了深度学习的基本模块：卷积层、池化层和全连接层。该模型一共包含 6 层，习惯上不将输入层和输出层算成神经网络模型的层数。如图 13-4 所示，LeNet-5 模型具体各层的描述如下：

（1）输入层（input）将所有图像尺寸统一归一化为 32×32；

（2）第一个卷积层（C1）的卷积核大小为 5×5，卷积核数量为 6，经过卷积计算后，将产生 6 个特征图，其大小为(32−5+1)×(32−5+1)=28×28；

（3）第一个池化层（S2）采用最大值池化，按照 2×2 的步长分组池化，池化后的特征图大小为(28/2)×(28/2)=14×14；

（4）第二个卷积层（C3）的卷积核大小为 5×5，卷积核数量为 16，经过卷积计算后，将产生 16 个特征图，其大小为(14−5+1)×(14−5+1)=10×10；

（5）第二个池化层（S4)采用最大值池化，按照 2×2 的步长分组池化，池化后的特征图大小为(10/2)×(10/2)=5×5；

（6）第一个全连接层（C5）将 16 个 5×5 大小的特征图展平为 400 维特征向量，并构建 120 个神经元的全连接层，将 400 维特征向量降维至 120 维特征向量；

（7）第二个全连接层（F6）构建 84 个神经元的全连接层，将 120 维特征向量降维至 84 维特征向量；

（8）输出层（output）构建 10 个神经元的全连接层，将 84 维特征向量降维至 10 维特征向量，并通过 softmax 激活函数产生 10 个类别的输出，即手写字符 0～9 一共 10 个类别。

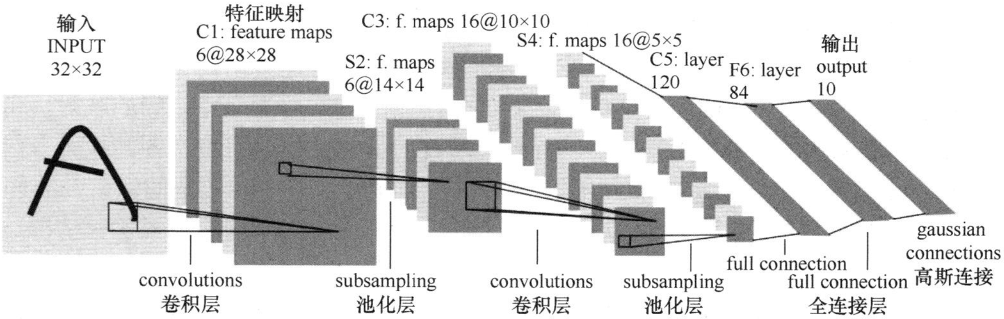

图 13-4　LeNet-5 卷积神经网络模型

5. 经典的卷积神经网络模型——AlexNet 模型

2012 年，Alex 等人首次提出了深度卷积神经网络模型 AlexNet，并赢得了 ImageNet 竞赛冠军。ImageNet 是一个拥有超过 1500 万张标注的高分辨率图像数据集，包含约 22000 个图像类别，在竞赛中要求完成其中 1000 个常用图像类别的识别任务。数据集中的图像从网络中收集并通过人工标注，AlexNet 模型将该数据集上的图像识别错误率降低约 10%，获得了极大的提升，也推广了卷积神经网络模型在图像识别领域的应用。图 13-5 给出了 AlexNet 模型的运算过程。输入图像大小为 227×227×3（包含 RGB 三个通道，每个通道的图像长宽均为 227），经过 5 个卷积层、3 个池化层和 2 个全连接层，将提取到的特征映射为 1000 维特征向量，并通过 softmax 激活函数实现 1000 个图像类别的识别。

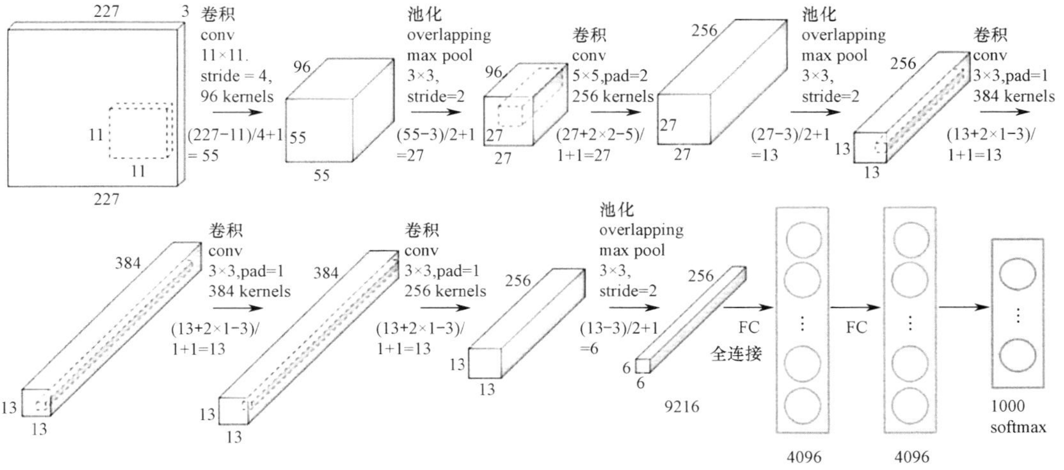

图 13-5　AlexNet 卷积神经网络模型

AlexNet 模型大约包含 6000 万个神经元参数，若在两个 GPU 上训练该模型，则每个 GPU 负责一半的计算量，使得模型训练速度得到了极大的提升。AlexNet 模型首次使用 ReLU 激活函数，训练时能保证模型的梯度更快收敛。同时，还采用局部响应归一化形成特征图的横向抑制，进一步提升模型的泛化能力。另外，AlexNet 模型的池化采用重叠池化方式，即池化窗口大于步长，使得每次池化包含重叠区域，可有效避免经典池化造成的模糊化效果，通过具有重叠的池化方式不容易产生过拟合问题。为进一步防止过拟合，AlexNet 模型还在训练时添加了 dropout 策略，在 BP 学习过程中于全连接层随机丢弃一些神经元，进一步降低参数量，另外通过对原始 ImageNet 图像样本的变换，增强了输入神经网络模型的数据，有效抑制过拟合问题。

13.2　循环神经网络

循环神经网络（recurrent neural networks，RNN）是用于处理序列数据的一类神经网络模型，其特点是保留以前的输入信息，并影响后续的处理结果。RNN 的产生启发自人类大脑处理时间序列数据的能力（可视为模仿启发式创新），即能够记住过去的信息，并将这些信息与新接收的信息结合起来。

这个特点使得 RNN 模型适用于存在序列前后关联关系的数据及应用。例如，在自然语言处理任务中，文本是字母和词汇组成的序列样本，语音是不同音节组成的序列样本；在计算机视觉任务中，视频则是不同图像帧组成的序列样本。此外，日常生活中遇到的绝大多数序列数据均可通过 RNN 建模，如气象观测数据、股票交易数据等。

1．循环神经网络的发展

随着 BP 神经网络的发展，研究者也想利用神经网络的特性构建合适的结构处理时序数据。图 13-6 给出了基于神经网络的时序数据类型建模的发展过程。1990 年以前，关于时序数据计算的研究还处于模型设计阶段，先后涌现出了 Hopfield network、Jordan network 以及 Elman network 等一系列针对特定任务的神经网络模型。1990 年，人们开始研究 BP 学习算法在时序上的运用，并提出了基于时序的 BP 学习算法（BP through time，BPTT），实现了面向时序数据类型的 BP 学习过程，并对应地开展对 RNN 模型的研究和探索。随着研究的不断进展，研究者发现典型的 RNN 模型对于较长时间依赖的时序数据，在通过 BPTT 算法学习时，容易出现梯度消失或梯度爆炸问题，这制约了 RNN 模型的应用。

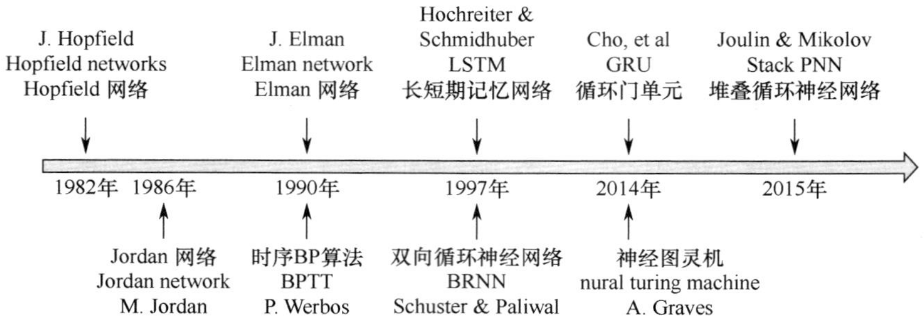

图 13-6　基于神经网络的时序数据类型建模的发展史

解决该问题的两个代表性的方法是 1997 年提出的长短期记忆（long short-term memory，LSTM）网络结构和 2014 年提出的门控循环单元或循环门单元（gated recurrent unit，GRU）。随着研究的深入，RNN 模型及其变体在语音处理、视频建模、机器翻译以及用户意图预测等任务中取得了更多的进展。

2．循环神经网络的结构与原理

循环神经网络模型的基本结构由输入层、隐藏层和输出层构成，层与层之间由某种映射函数相连，不同时刻的隐藏层之间相互连接。这里的时刻也对应着序列数据中的次序。按照时间序列展开 3 个相邻时刻的具有单个隐含节点的 RNN 结构如图 13-7 所示，不仅有从输入层到隐藏层的连接和从隐藏层到输出层的连接，还有不同时刻的隐藏层节点之间的连接（称为**循环连接**）；其中 X 表示输入、O 表示输出、S 表示隐含节点的状态、W 表示转换参数。

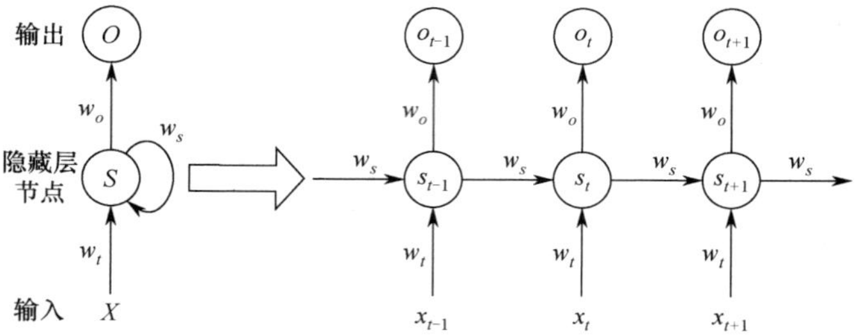

图 13-7　按时间序列展开的 RNN 结构示意图

循环神经网络模型的计算包括：从输入层到隐藏层再到输出层的前向传播计算过程，以及隐藏层节点之间的传播计算过程。考虑图 13-7 中隐藏层节点的计算，设在时刻 t 输入层的输入为 x_t，隐含节点的输出为 h_t，连接权重为 w，偏置为 b；当前隐含节点的输入包括输入层的输入 x_t 和前一时刻隐含节点的输出 h_{t-1}，则当前隐含节点的输出可以用时序上的递推函数 $F(\cdot)$表达：

$$h_t = F(h_{t-1}, x_t | w, b) \tag{13-3}$$

循环神经网络模型的计算还包括模型训练（模型参数的求解），采用 BPTT 算法在展开的时间维度上实施训练过程。在模型训练中，RNN 模型中的循环连接使得隐藏层的状态可以在不同的时间步之间传递，可看成“记住”先前的信息（记忆功能），其中不同时间步之间共享参数。

在模型训练时，求解模型参数需要计算每个时刻关于参数的梯度（即导数），在时刻 t 的梯度计算公式包含之前所有时刻的激活函数导数与参数的连续乘积，若这些乘积项都小于 1，随着在更长时间步上的计算，则梯度的计算结果会趋向于 0，出现梯度消失现象；若这些乘积项都比较大，则梯度的计算结果会趋向于无穷，出现梯度爆炸现象。经多年研究，长短期记忆结构和门控循环单元成为 RNN 模型在缓解长时间依赖建模中梯度消失的两种重要方法（或结构）。

3．解决梯度消失问题的 LSTM 结构

1997 年提出的长短期记忆（LSTM）结构是解决 RNN 模型在 BPTT 学习长时间依赖关系时梯度消失问题的方法之一。LSTM 结构的设计灵感来自计算机逻辑门，该结构引入了存储单元或记忆细胞（memory cell）。存储单元的主要作用是存储和更新序列中的信息，它设计有门控机制（三个门结构）来控制信息的流入和流出，可保证在长时间依赖关系下，梯度计算不会出现爆炸或消失问题。图 13-8 给出了 LSTM 结构示意图，⊗ 表示逐点乘法操作，σ 表示 sigmoid 激活函数，tanh 表示 tanh 激活函数。

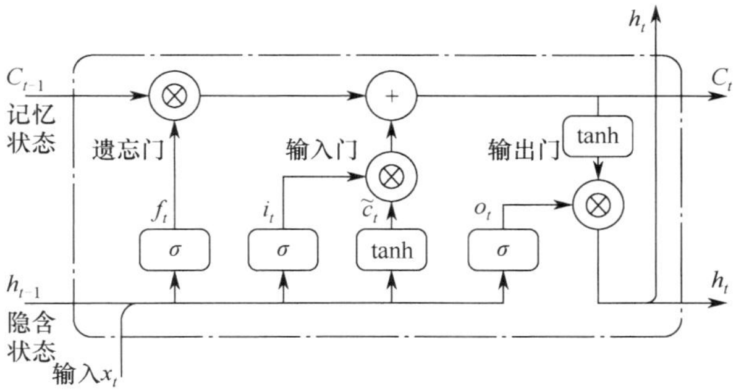

图 13-8　LSTM 结构示意图

在 LSTM 结构中，将当前时刻 t 的输入 x_t 和前一时刻 t-1 的隐藏状态 h_{t-1} 作为输入。三个门结构是输入门、遗忘门和输出门，用于控制流入存储单元的信息。

（1）遗忘门的计算过程为

$$f_t = \sigma(w_{\mathrm{f}} \cdot [h_{t-1}, x_t] + b_{\mathrm{f}}) \tag{13-4}$$

其中，w_{f} 是权重，b_{f} 是偏置。遗忘门接收 x_t 和 h_{t-1} 的输入，并通过 sigmoid 激活函数 σ 输出介于 0 与 1 之间的值，其中“0”说明“完全遗忘”，“1”说明“完全记住”。

（2）输入门的计算过程为

$$\begin{aligned} \tilde{c}_t &= \tanh(w_{\mathrm{c}} \cdot [h_{t-1}, x_t] + b_{\mathrm{c}}) \\ i_t &= \sigma(w_{\mathrm{i}} \cdot [h_{t-1}, x_t] + b_{\mathrm{i}}) \end{aligned} \tag{13-5}$$

其中，w_{c} 和 w_{i} 是权重，b_{c} 和 b_{i} 是偏置。输入门接收 x_t 和 h_{t-1} 的输入，通过 tanh 激活函数构

建一个新的状态 $\tilde{c}_t$；同时，通过 sigmoid 函数 σ 输出介于 0 到 1 之间的值，控制更新程度。更新过程包括前一时刻的信息和当前信息：

$$c_t = f_t \times c_{t-1} + i_t \times \tilde{c}_t \tag{13-6}$$

其中，c_{t-1} 表示 $t-1$ 时刻的记忆状态，它乘以遗忘门的输出 f_t，表示控制遗忘部分信息。

（3）输出门的计算过程为

$$\begin{aligned} o_t &= \sigma(w_{\text{o}} \cdot [h_{t-1}, x_t] + b_{\text{o}}) \\ h_t &= o_t \times \tanh(c_t) \end{aligned} \tag{13-7}$$

其中，w_{o} 是权重，b_{o} 是偏置。输出门接收 x_t 和 h_{t-1} 的输入，并通过 sigmoid 激活函数 σ 输出介于 0 与 1 之间的值，其中“0”表示“完全不输出”，“1”表示“完全输出”。最终的输出是 h_t。

4. 解决梯度爆炸和消失问题的 GRU 结构

另一个解决梯度爆炸或梯度消失问题的结构为循环门单元（GRU）结构，它可以看成 LSTM 结构的简化版变体，拥有更少的“门”结构，计算的效率更高。GRU 结构通过设计专门的“门”机制确定何时更新隐藏层状态，以及确定何时重置隐藏层状态。GRU 结构在训练过程中，利用“门”机制有效缓解 BPTT 算法更新权重时的梯度消失和梯度爆炸问题。图 13-9 给出了 GRU 结构示意图，其中⊗表示逐点乘法操作。

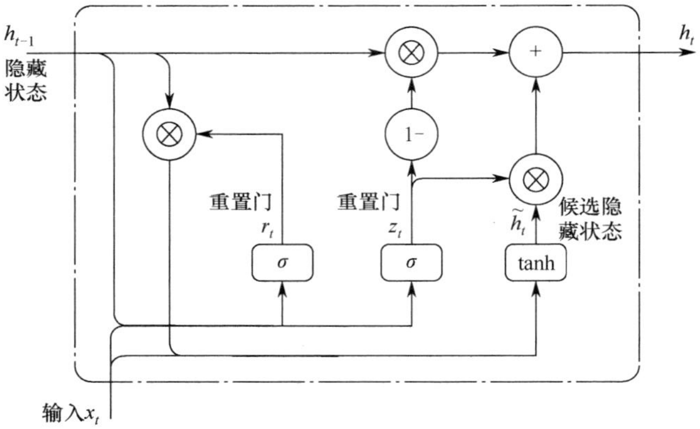

图 13-9　GRU 结构示意图

在 GRU 结构中，将当前时刻 t 的输入 x_t 和前一时刻 $t-1$ 的隐藏状态 h_{t-1} 作为输入。“门”由两个具有 sigmoid 激活函数的全连接层处理，包括更新门和重置门。GRU 结构由如下 4 部分组成：

1）更新门

更新门的作用是控制有多少过去的记忆被保留到当前时刻 t，其计算公式为

$$z_t = \sigma(w_{\text{z}} \cdot [h_{t-1}, x_t] + b_{\text{z}}) \tag{13-8}$$

其中，w_{z} 是权重，b_{z} 是偏置。更新门接收 x_t 和 h_{t-1} 作为输入，并通过 sigmoid 激活 σ 输出介于 0 和 1 之间的值，其中“0”表示“完全不保留”过去的信息，“1”则表示“完全保留”过去的信息。

2）重置门

重置门的作用是控制在当前时刻 t 记忆多少先前的状态，其计算公式为

$$r_t = \sigma(w_{\mathrm{r}} \cdot [h_{t-1}, x_t] + b_{\mathrm{r}}) \tag{13-9}$$

其中，w_{r} 是权重，b_{r} 是偏置。重置门接收 x_t 和 h_{t-1} 的输入，并通过 sigmoid 激活 σ 输出介于 0 和 1 之间的值。“0”表示“完全忘记”先前的状态，即先前的状态被重置，“1”表示“完全记忆”先前的状态。

3）候选隐藏状态

根据当前输入和经过重置门处理后的记忆计算当前时刻 t 的候选隐藏状态：

$$\tilde{h}_t = \tanh(w_{\mathrm{h}} \cdot [r_t \times h_{t-1}, x_t] + b_{\mathrm{h}}) \tag{13-10}$$

其中，w_{h} 表示权重，b_{h} 是偏置，r_t 是重置门的输出。候选隐藏状态 $\tilde{h}_t$ 的计算使用了 tanh 激活函数。

4）当前隐藏状态

GRU 结构输出的当前隐藏状态 h_t 是利用更新门输出 z_t 对之前隐藏状态 h_{t-1} 与候选隐藏状态进行加权计算，使得学习到的“更新”和“重置”比例被用于控制当前隐藏状态的值：

$$h_t = (1 - z_t) \times h_{t-1} + z_t \times \tilde{h}_t \tag{13-11}$$

由上式可以看出，当更新比例 z_t 高（接近 1）时，先前的信息 h_{t-1} 很少被保留到当前信息 h_t 中，而更新比例 z_t 低（接近 0）时，大部分先前信息 h_{t-1} 被保留到当前信息 h_t 中。

需注意，无论是 LSTM 结构中的三个“门”结构，还是 GRU 结构中的两个“门”结构，其中涉及的连接权重 w 和偏置 b，都能够在 BPTT 算法中自主学习，即该两个结构通过对这些权重和偏置的学习，自主完成对时序前后关系的记忆与遗忘，实现更长时间依赖关系的建模。

5. 循环神经网络结构及应用

随着研究的深入，为了应对不同背景、不同场景以及不同类型的时序数据建模，基于经典 RNN 模型及其 BPTT 算法逐渐衍生出了各类重要的循环神经网络模型。本节将介绍五类主流的 RNN 模型及其应用。

1）双向 RNN 模型

在经典 RNN 模型中，一般根据时序由前向后的方向完成建模。然而，有许多应用场景则要求当前输出与前后时间节点均相关。例如，在气象预测中，当前时间点的预测结果，应该与前几天和后几天的气象数据均相关。这时，如果仅由历史气象数据预测当前结果，将会造成预测不准确。为解决这类问题，研究者提出了双向 RNN 模型，该模型不仅可以利用由前向后的时间顺序为数据建模，同时还可以利用由后向前的时间顺序为数据建模。

2）多层 RNN 模型

无论是单向 RNN 模型还是双向 RNN 模型，其中对时间建模的 RNN 模块仅在时序维度上进行变换。无论时间维度多长，都仅采用一个 RNN 模块，即只有一组权重须通过 BPTT 算法学习。因此，经典 RNN 模型对于时序数据的非线性能力表达不够。实际上，在许多应用场景中，时间序列具有非常复杂的时序变化，仅靠单层 RNN 模型通常无法获得稳定的计算结果。例如，在对脑电图、心电图的检测中，受病人自发的呼吸、肌肉运动影响，所记录的时序数据具有较低的信噪比，其中包含大量的非线性、非平稳特性，难以通过单层 RNN

模型提取有效特征。为解决这类问题，研究者提出了堆叠多个 RNN 结构，构建多层 RNN 模型，这类模型由多个单层 RNN 模块级联而成，同时各层的权重也都由 BPTT 算法完成自主学习。

3）多对一 RNN 模型

在上述的三种经典 RNN 模型中，我们假设每个时刻 t 存在输入 x_t，同时也存在相应时刻的输出 y_t。然而，在一些实际应用中，通常并不是每个时刻均需要 RNN 模型给予相应时刻的输出。例如，在文本分类或情感分析中，通常需要将所有文本输入 RNN 模型，经过计算后，再输出该文本对应的类别或情感即可。为了解决该问题，通常将经典 RNN 模型修改为多对一 RNN 模型，该模型需要在前 t_n 个时刻输入许多样本数据，经过隐藏层的编码计算后，最终输出第 t_{n+1} 时刻的一个结果即可。

4）一对多 RNN 模型

除了多对一 RNN 模型，另有一些场景需实现一对多 RNN 模型的功能。例如，在文本生成的任务中，通常仅输入一个关键字，要求 RNN 模型能够根据提供的关键字，不断生成与其相关的文本，还需保证生成文本的前后顺序。为了解决该问题，通常将经典 RNN 模型修改为一对多 RNN 模型，该模型仅需输入 t 时刻的一个样本数据，然后经过隐藏层后不断输出 t+1 直至 t_{n+1} 的结果，直到达到结束条件为止。

5）多对多 RNN 模型

多对多是最复杂的 RNN 模型之一，在多数任务中，将输入层到隐藏层视为编码器（encoder），将隐藏层到输出层视为解码器（decoder）。将 encoder 和 decoder 作用于相同模块的多对多 RNN 模型，一般用于命名实体标记等任务。即输入一个样本即可输出对该样本的标记，同时后续样本的标记与当前输入和前序输入样本均有关；将 encoder 和 decoder 作用于不同模块的多对多 RNN 模型，一般用于机器翻译、自动回答等任务。即需输入一定数量样本后，才能够获得上下文的关系，从而进行语言翻译或问题回答，同时输出的结果存在前后时序关系（通常输出的时序关系与输入时序关系不同）。

13.3 生成式对抗网络

2014 年 Ian J. Goodfellow 基于博弈理论提出了生成式对抗网络（generative adversarial network，GAN），其创新思路来源于博弈论中的最小最大博弈（minimax game）。在 GAN 中，这种博弈体现在生成器（generator）和判别器（discriminator）之间的对抗过程中：生成器的目标是创建看起来真实的样本以欺骗判别器，而判别器的目标则是正确地区分真实数据与生成器产生的伪数据；它们相互对抗，生成器试图提高其伪造数据的质量，而判别器则试图更准确地识别出这些伪造的数据。

GAN 属于一种新型的深度神经网络自主学习框架，是一种生成式模型。相比于其他生成式模型，GAN 模型具有如下的特点：

（1）不依赖于任何的分布假设。在经典的生成式模型中，一般都需要假设样本服从某个已知的分布，再通过神经网络的学习逼近该分布。例如，变分自编码模型一般假设样本分布符合高斯分布，再通过极大似然估计构建误差损失。GAN 模型则采用对抗学习的思路，无须先验地给出样本分布，由神经网络自主地从样本中学习分布。

（2）生成拟真（real-like）样本的方式简单。GAN 模型在生成拟真的样本过程中，直接采用生成器的前向传播方式，能够快速且高效地完成噪声与样本之间的生成过程。传统生成式模型则大多数构建了复杂采样方式用于新样本的生成，时间复杂度较高。

（3）GAN 模型无须输入样本的标签，仅需输入样本自监督地进行生成式模型训练。经典 GAN 模型的生成器 G 和判别器 D 均采用全连接的神经网络模型。对抗学习（adversarial learning）如图 13-10 所示，生成器 G 输入随机噪声向量 z，并通过前馈传播生成拟真样本 $G(z)$；接下来，从数据集中采样真实样本，并通过将真实样本和 $G(z)$输入至判别器 D，通过交替训练 G 和 D 使得判别器无法判断真实样本和拟真样本，即可保证生成器 G 具有生成相同分布数据集样本的能力。对输入的真实样本 x_{real} 和拟真样本 x_{fake}，训练判别器 D 无法判断二者的真实性，并将判别概率传递至生成器 G，不断更新生成的拟真样本 x_{fake}。这里，判别器的本质为进行真伪二分类的神经网络模型。

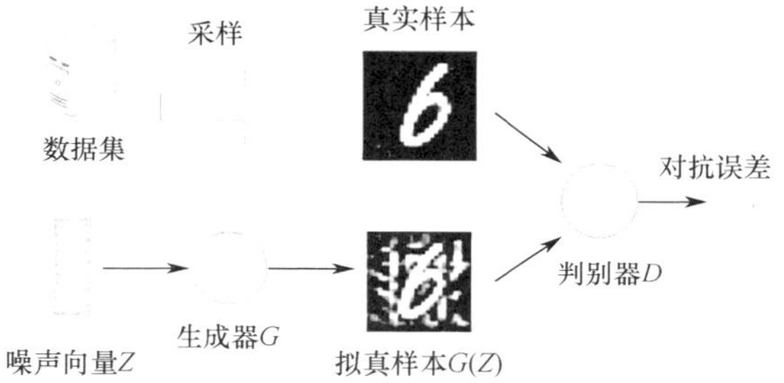

图 13-10 生成式对抗网络的基本结构示意图

GAN 模型中的对抗学习包含两部分：一是判别器 D 的目标函数 $D(x):\mathbb{R}^n \to [0,1]$，输出样本是否真实的概率 $D(x)$；二是生成器 G 的目标函数 $G:\mathbb{R}^d \to \mathbb{R}^n$，输出拟真样本 $G(z)$，其中 z 是噪声样本。二者之间进行极大极小博弈。

对于判别器 D，希望 D 分辨真实样本 x 和拟真样本 $G(z)$的能力强，应当最大化 $D(x)$，最小化 $D[G(z)]$，即增大 $D(x)$与 $D[G(z)]$的差异。将最小化 $D[G(z)]$的目标等价为最大化 $1-D(G(z))$，然后将它们组合为代价函数 $V(D,G)$，具有统一的最大化 $V(D,G)$的目标，这样的代价函数设计如下：

$$V(D,G)=\mathbb{E}_{x\sim p_{\text{data}}(x)}[\log D(x)]+\mathbb{E}_{z\sim p_z(z)}\{\log(1-D[G(z)])\} \tag{13-12}$$

上式中的第 1 项表示对输入的真实样本分布的采样，并计算函数 $\log(D(x))$的期望；第 2 项表示从噪声分布（如高斯分布）中进行采样，并计算函数 $\log(D(x))$的期望。

对于生成器 G，希望最大化 $D[G(z)]$来欺骗判别器 D，即最小化 $1-D[G(z)]$；于是，应最小化代价函数 $V(D,G)$中含 G 的项（即 $1-D[G(z)]$）。

依据上述讨论的目标求解 GAN 模型，包括两部分：以 $V(D,G)$最大化，求判别器 D；以 $V(D,G)$最小化，求生成器 G。将这二部分设计为统一的目标函数，就是对抗学习的目标函数或优化问题：

$$\min_G \max_D V(D,G) \tag{13-13}$$

这个优化问题需要进行交替迭代的优化过程：先固定生成器 G，训练判别器 D，使得代价函数 $V(D,G)$最大化；再固定判别器 D，训练生成器 G，使得代价函数 $V(D,G)$最小化；重复这两个过程，直至达到全局最优解。下面给出 GAN 模型的训练流程。

GAN 模型的训练流程

输入：样本集 $S=\{(\boldsymbol{x}_i)\}_{i=1:n}$，噪声分布 P_z，学习率 η，G 和 D 的训练轮数分别为 N 和 K

1．随机初始化生成器 G 和判别器 D 的模型参数；

2．交替训练生成器 G 和判别器 D：

for j in 1:N

  for k in 1:K

   反向传播算法训练判别器 D：

    从 S 中采样 m 个样本 x，从 P_z 中采样 m 个样本 z；

    对 D 的参数 θ_{D} 求导，并更新参数：

$$\theta_{\mathrm{D}}=\theta_{\mathrm{D}}+\eta\nabla_{\theta_{\mathrm{D}}}\frac{1}{m}\sum_{i=1}^{m}[\log D(x_i)+\log(1-D(G(z_i)))]$$

  end

  反向传播算法训练生成器 G：

   从噪声分布 P_z 中采样 m 个噪声样本 z；

   对 G 的参数 θ_{G} 求导，并更新参数：

$$\theta_{\mathrm{G}}=\theta_{\mathrm{G}}-\eta\nabla_{\theta_{\mathrm{G}}}\frac{1}{m}\sum_{i=1}^{m}[\log(1-D(G(z_i)))]$$

end

输出：训练好的生成器 G 和判别器 D

下面将给出几种常用的 GAN 模型的介绍。

1．深度卷积 GAN 模型

在经典的 GAN 模型中，无论是生成器 G 还是判别器 D，均采用全连接的神经网络模型。当神经网络深度增加时，神经元数量将会出现指数增长，同样造成了 BP 学习过程的训练困难。由于卷积神经网络已解决了此问题，可以引入 CNN 模型来改善这种训练难题。深度卷积 GAN（deep convolutional GAN，DCGAN）的生成器 G 和判别器 D 都使用 CNN 模型代替全连接结构的模型，图 13-11 给出了 DCGAN 模型中生成器 G 的基本结构，其主要的改进部分如下：

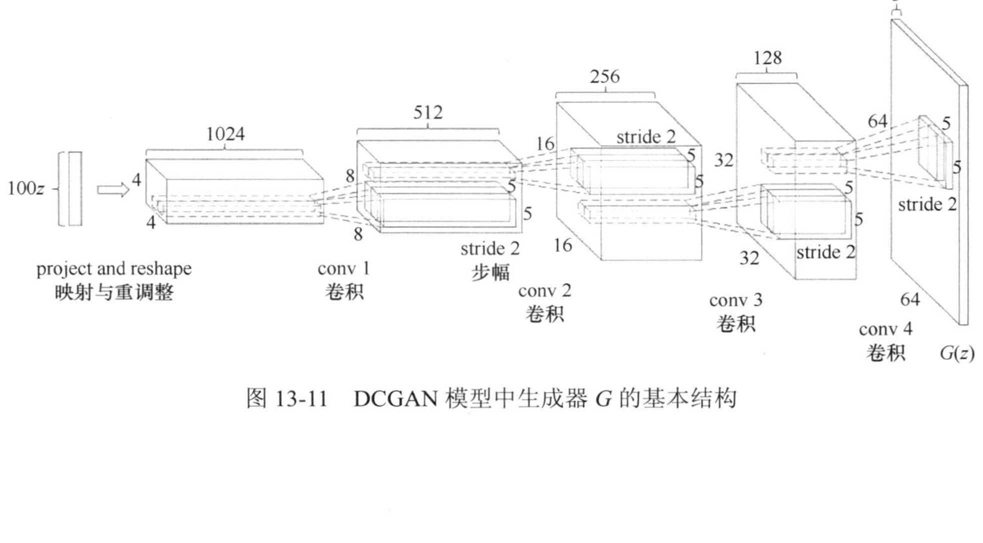

图 13-11　DCGAN 模型中生成器 G 的基本结构

（1）生成器 G 和判别器 D 舍弃池化层，判别器 D 保留 CNN 模型的主体架构，生成器 G 将卷积层（conv）替换为反卷积层（convtranspose）；

（2）生成器 G 和判别器 D 中均使用批归一化层，可加速模型的训练，并保证极大极小交替训练时的稳定性，其中输入层不使用批归一化层，容易造成训练时的梯度震荡；

（3）生成器 G 中的各层网络采用 ReLU 激活函数，最后一层采用 tanh 激活函数；判别器 D 的各层网络采用 LeakyReLU 激活函数。采用有界的激活函数能够迫使 GAN 模型更快速地学习，可以饱和并覆盖输入样本集的数据分布空间。

同时，为了进一步降低 DCGAN 的训练难度，研究者给出了模型训练时的一些建议，主要包括：神经网络所有权重的初始化采用均值为 0 且标准差为 0.02 的正态分布；采用小批量的随机梯度下降法更新所有权重，将每次训练的采样数设置为 128，判别器 D 的 LeakyReLU 激活函数斜率设置为 0.2；模型训练时采用 Adam 优化器，学习率降低为 0.0002，其中的动量衰减系数设置为 0.5，太高将会导致 GAN 模型训练不稳定。

2. 条件 GAN 模型

经典的 GAN 模型是典型的自监督生成式模型，仅输入样本而无须标签，导致生成的图像具有随机性，无法指定想要生成的目标。为了解决该问题，研究者在经典的 GAN 模型训练时考虑添加条件信息，如样本的标签，或对所生成样本的描述等，能够指导 GAN 所生成的样本朝着所需的方向进行，即为条件 GAN（conditional GAN，CGAN）模型。

图 13-12 给出了 CGAN 模型的基本原理。针对生成器 G，输入噪声分布 P_z 采样的噪声向量 z，同时还添加限制条件 c。假设图中添加的限制条件为标签“火车”，那么要求生成的样本需包含“火车”；针对判别器 D，除了输入生成的拟真样本 $x = G(c, z)$，还需输入与生成器 G 相同的条件 c，判别器 D 的输出则是判别真伪和是否符合条件（即样本中是否存在“火车”）的综合打分。若所生成的样本接近真实样本并且符合限制条件，则判别器 D 的输出接近于 1，否则若生成的样本质量较差且不符合限制条件，则输出接近于 0。此时，CGAN 模型的代价函数为

$$V(D,G) = \mathbb{E}_{x\sim p_{\text{data}}(x)}[\log D(x\mid c)] + \mathbb{E}_{z\sim p_z(z)}[\log(1-D(G(z\mid c)))] \tag{13-14}$$

CGAN 模型的极大极小博弈优化目标函数为

$$\min_G \max_D V(D,G) \tag{13-15}$$

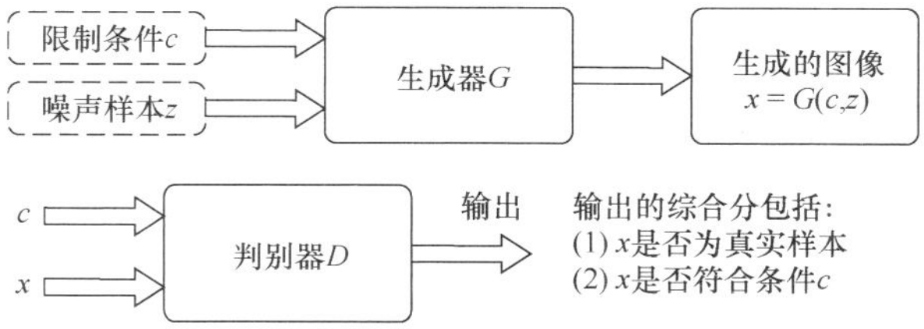

图 13-12 具有限制条件 c 的条件 GAN 模型的示意图

同经典 GAN 模型一样，CGAN 模型的训练也采用固定 D 和 G 的交替训练方式。不同之处在于判别器 D 包含三个判别：一是限制条件和与限制条件相符的真实样本的判别，期望输出为 1；二是限制条件和与限制条件不相符的真实样本的判别，期望输出为 0；三是限制条件和生成器 G 生成的拟真样本的判别，期望输出为 0。

CGAN 模型引入了限制条件，因而具有广泛的应用场景。经典的任务包括：图像转换（image-to-image）任务，将指导性的图像作为限制条件，使得由噪声分布生成的图像具有指导性图像中的语义信息；语音增强（speech enhancement）任务，将噪声的频谱图像作为 CGAN 模型的限制条件，输入带噪声的语音频谱图像，即可输出无噪声的语音频谱图像，再将其转换成语音信号，实现语音增强；视频生成（video generation）任务，将视频流的前几帧图像作为限制条件，使得 CGAN 生成的样本符合该图像帧序列的要求，即可输出后续视频流相应的帧，实现视频流的生成。

3. 周期循环 GAN 模型

前文介绍的 GAN、DCGAN 和 CGAN 模型，主要用于生成与输入数据分布类似的样本。然而，在自监督的生成式模型中，另有一类图像风格迁移（style transfer）的任务。例如，在图像领域，输入普通的风景图像，输出具有中国山水画风格的图像，以及将游戏画面转换为正常画面等。

为了完成此类工作，经典模型采用配对样本，实现一对一的图像风格迁移。此类模型的瓶颈在于想要进行风格迁移的样本必须成对出现。如图 13-13 所示，想要进行“皮鞋”图像的风格迁移，就必须给予配对的“皮鞋”图像，而想要进行“靴子”图像的风格迁移，也需要进行样本的配对。实际上，灵活的图像风格迁移模型不能受配对图像影响，只需要在某个类别范畴下就能够进行风格迁移。此外，在日常生活中，针对想要进行风格迁移的图像，通常很难找到一一配对的图像样本。

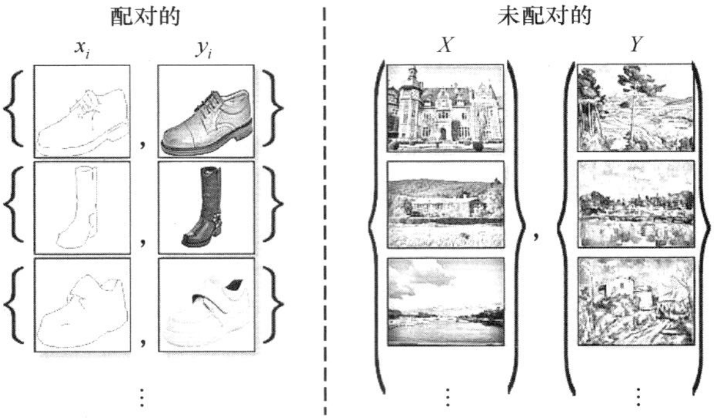

图 13-13 样本配对和样本未配对示意图

为了解决此问题，研究者开发了周期循环 GAN（cycle GAN，CycleGAN）模型，该模型仅需两个风格领域中一定数量的图像样本，而不需要严格的一一对应关系，使其在图像风格迁移中的应用更为广泛。

以真实照片与梵高油画的风格迁移为例，假设油画图像样本集为 X，真实图像样本集为 Y，CycleGAN 模型希望分别为二者训练生成器。对于生成器 G_x，输入一张油画图像，输出一张真实图像，即 $G_x(x)=y', x\in X$；同时，对于生成器 G_y，输入一张真实图像，输出一张油画图像，即 $G_y(y)=x', y\in Y$。为了鉴别所生成的图像，还需要训练两个判别器 D_x 和 D_y，分别判断生成器 G_x 和 G_y 所生成的图像质量。若 G_x 生成的图像 y' 与真实图像样本 y 差异较大，此时 D_y 的得分为 0，否则 D_y 的得分为 1；若 G_y 生成的图像 x' 与真实图像样本 x 差异较大，此时 D_x 的得分为 0，否则 D_x 的得分为 1。

与前文介绍的 GAN 和 CGAN 模型类似，CycleGAN 模型的训练也遵循固定 D 和 G 的交替训练方式。然而，CycleGAN 中包含两套生成器 G 和对抗器 D，同时模型输出的目标是进行图像风格迁移，因此 CycleGAN 模型的目标函数需要在 GAN 模型基础进行修改。CycleGAN 提出使用周期性持续损失（cycle consistency loss）函数，将由 G_x 和 D_x 生成的图像 y' 再次放入 G_y 和 D_y 中生成图像 x'，并保证 $G_y[G_x(x)]=x$，同理需保证 $G_x[G_y(y)]=y$。在这样约束下，周期性持续损失包含两部分：

（1）Loss_{GAN}：保证生成器 G 和判别器 D 相互博弈生成更真实的图像，它是两套 GAN 模型损失之和，即

$$\text{Loss}_{\text{GAN}} = \text{Loss}(G_x, D_x, X) + \text{Loss}(G_y, D_y, Y) \tag{13-16}$$

其中两个 Loss 为式（13-14）给出的代价函数。

（2）$\text{Loss}_{\text{Cycle}}$：保证生成器输出的图像与输入图像仅风格不同，但是语义内容相同，它的计算过程为

$$\text{Loss}_{\text{Cycle}} = \mathbb{E}_{x\sim p_{\text{data}}(x)}[\| G_y(G_x(x)) - x\|_1] + \mathbb{E}_{y\sim p_{\text{data}}(y)}[\| G_x(G_y(y)) - y\|_1] \tag{13-17}$$

其中，通过 L_1 范数保证生成图像与原图像的语义内容相同。通过优化上述两个误差函数，周期性持续损失即可保证图像的风格迁移，而无须使用配对的输入样本。

13.4　几种深度学习方法的特点

卷积神经网络是由卷积层、池化层和全连接层组成的多层神经网络，通过卷积和池化操作逐层提取图像的特征，最终由全连接层完成分类等功能。卷积神经网络广泛应用于图像分类、景物检测与识别、图像分割等领域。卷积神经网络的优点如下。

（1）局部感受野和权值共享带来效率：通过局部感受野和权值共享机制，大幅降低了模型参数的数量，提高了计算效率；

（2）特征提取能力强：能够自动学习并提取图像中的局部特征；

（3）鲁棒性较强：对于图像的平移、旋转、缩放等变换有一定的鲁棒性，于是在处理复杂图像任务时表现出色。

循环神经网络擅长处理序列数据中的时间依赖性和时序信息，它通过隐藏层之间的节点连接，能够保存和传递过去时间步的信息给当前时间步。循环神经网络广泛应用于自然语言处理（例如，机器翻译、文本生成、情感分析）、语音识别、时间序列预测等领域。循环神经网络的主要优点如下。

（1）记忆能力：通过隐藏层之间的循环连接，能够记住之前的信息，并将其用于当前输入的处理中，这使得它特别适合于处理序列数据。

（2）灵活性好：可以处理任意长度的序列数据，通过调整网络结构和参数可以适应不同的任务。

生成式对抗网络是一种生成模型，由生成器和判别器两部分组成；生成器负责生成与真实数据相似的伪数据，而判别器负责区分真实数据和伪数据；两部分通过相互对抗，不断调整模型参数，最终生成高质量和多样性的仿真（假）数据。生成式对抗网络在图像生成、文

本生成、语音生成等领域有广泛的应用。生成式对抗网络的主要优点如下。

（1）生成能力强：能够生成高质量、多样性的仿真数据；

（2）对抗性训练机制优：通过生成器和判别器之间的对抗性训练，能够学习到数据的真实分布，生成更加逼真的数据。

卷积神经网络、循环神经网络和生成式对抗网络的特点对比列于表 13-1。

表 13-1　几种深度学习方法的特点

项目	卷积神经网络	循环神经网络	生成式对抗网络
主要特点 1	局部感知：通过卷积操作提取局部特征	循环连接：通过接收当前输入和前一时间步的状态，具有记忆能力、捕捉依赖关系	对抗训练：生成器和判别器通过对抗训练，提高生成数据的质量和多样性
主要特点 2	参数共享：减少模型参数数量，提高运算效率	参数共享：各个时间步之间共享参数，减少了参数数量	模型设计自由度高：可以调整神经网络架构和损失函数，优化算法效果
主要特点 3	下采样：池化层减少特征数量，减少过拟合，提高泛化能力	处理序列数据	生成数据自然：生成的数据更加自然和逼真
应用场景	图像识别、视频处理、音频分析	自然语言处理、语音识别、时间序列分析	图像生成、风格迁移、数据增强等需要生成新样本的任务

13.5　实例与编程求解

例 13-1　分类任务：对 MNIST 数据集，采用卷积神经网络方法，建立分类模型判别手写数字图片的类别（0 到 9 的数字），并评估所设计的分类模型的预测性能。

数据集：手写数字 MNIST 数据集包含 60000 个训练样本，10000 个测试样本；每个样本是一个 28×28 像素的灰度图片，对应一个手写数字（0～9），0 到 9 的数字作为 10 个类别。数据文件可以搜索互联网下载，然后（示例代码需要）在当前工作目录下建立文件夹 "data/MNIST/raw/"，存放解压缩后的 4 个数据文件，其文件名分别是 train-images-idx3-ubyte、train-labels-idx1-ubyte、t10k-images-idx3-ubyte、t10k-labels-idx1-ubyte。

解：由卷积神经网络方法进行求解，采用 LeNet-5 的卷积神经网络的结构设计（参见图 13-4），神经网络隐层包括两个卷积层、两个池化层和两个全连接层；激励函数采用 ReLU 函数；编写 Python 代码，调用深度学习库 PyTorch 中相关模型和方法进行实现。对应的求解步骤如下：

（1）导入所需的库和方法；

（2）加载数据集，将数据集划分为训练集和测试集；

（3）依据数据集设置模型的结构和参数；

（4）使用训练集训练或构建分类模型；

（5）使用测试集评估分类模型的泛化性能；

（6）可视化展示数据。

代码清单　卷积神经网络分类模型的训练、使用与性能评估

```
#卷积神经网络分类算法示例，导入相关的库和方法
import torch
import torch.nn as nn
import torch.nn.functional as F
import torch.optim as optim
from torch.utils.data import DataLoader
from torchvision import datasets, transforms

class cnn_model(nn.Module):
    #卷积神经网络模型的设计
    def __init__(self):
        super(cnn_model, self).__init__()
        self.conv1 = nn.Conv2d(in_channels=1, out_channels=10, kernel_size=5)
        self.conv2 = nn.Conv2d(10, 20, 5)
        self.fc1 = nn.Linear(in_features=320, out_features=50)
        self.fc2 = nn.Linear(50, 10) #对应 10 个类别

    def forward(self, x):
        #输入的灰度图像 batch_size * 1*28*28
        n_batch = x.size(0)
        x = F.relu(self.conv1(x))    #卷积层 1
        x = F.max_pool2d(x, 2)    #池化层 1
        x = F.relu(self.conv2(x))
        x = F.max_pool2d(x, 2)
        x = x.view(n_batch, -1) #张量重排(n_batch, 20*4*4)
        x = F.relu(self.fc1(x)) #全连接层 1
        y = F.relu(self.fc2(x))
        return y

def train_cnn(model, data_train, optimizer, loss_fun, k):
    #卷积神经网络的训练过程
    model.train()
    loss_sum = 0.0
    n = len(data_train)
    n1 = n - 1
    for id, (data_x, data_y) in enumerate(data_train):
        optimizer.zero_grad()
        y_pred = model(data_x)
        loss = loss_fun(y_pred, data_y)
        loss_sum += loss.item()
        loss.backward()
        optimizer.step()
        if id % 100 == 0 or id >= n1:
            m = 1 + id
            print('第{}轮 进度{:.2f}% 平均损失{:.6f}'.format(k, 100.0*m/n, loss_sum/m))
            loss_sum = 0.0

def test_cnn(model, data_test, loss_fun):
#卷积神经网络的测试过程
```

```
    model.eval()
    loss_total = 0.0
    n_correct = 0
    n = len(data_test.dataset)
    with torch.no_grad():  #关闭梯度计算
        for data_x, data_y in data_test:
            y_pred = model(data_x)
            loss_total += loss_fun(y_pred, data_y).item()
            _, y_idx = torch.max(y_pred.data, dim=1)  #找出最大值对应的类标
            #判断二者的类标是否相同，并累加
            n_correct += torch.eq(y_idx, data_y.view_as(y_idx)).sum().item()

    loss_total /= n
    print('\n 测试集的平均损失 {:.4f}, 准确率 {:.2f}%\n'.format(loss_total, 100.0 *
n_correct / n))

    if __name__ == '__main__':
        torch.manual_seed(1)
        atreat = transforms.Compose([transforms.ToTensor(),
            #图像标准化，使用数据集统计的均值和方差
            transforms.Normalize((0.1307,), (0.3081,))])

        #加载"data/MNIST/raw/"目录下的数据集，并将图像转换为张量
        data_train = datasets.MNIST(root='./data', train=True, transform=atreat)
        data_test = datasets.MNIST(root='./data', train=False, transform=atreat)
        #数据设置与处理（分成批次 batch_size、批量加载、随机洗牌等）
        data_train = DataLoader(data_train, batch_size=64, shuffle=True)
        data_test = DataLoader(data_test, batch_size=64)

        #建立模型，指定损失函数，设立梯度下降优化方法
        model = cnn_model()
        loss_fun = nn.CrossEntropyLoss()
        optimizer = optim.SGD(model.parameters(), lr=0.01, momentum=0.5)

        #用训练集训练模型，用测试集计算泛化性能
        for k in range(1, 4):
            train_cnn(model, data_train, optimizer, loss_fun, k)
            test_cnn(model, data_test, loss_fun)

        #显示前 100 张图片
        images, labels = data_test.dataset._load_data()
        for i in range(100):
            plt.subplot(10, 10, i+1)
            plt.imshow(images[i].reshape((28,28)), cmap="gray")
            plt.axis('off')
```

执行代码获得结果：经 3 轮训练建立了卷积神经网络模型，其在测试集上的准确率为 0.9779，平均损失为 0.0010。这样的性能指标值说明所建立的分类模型具有很高的泛化性能，反映出深度学习方法的学习能力强。图 13-14 展示了部分手写数字图片。

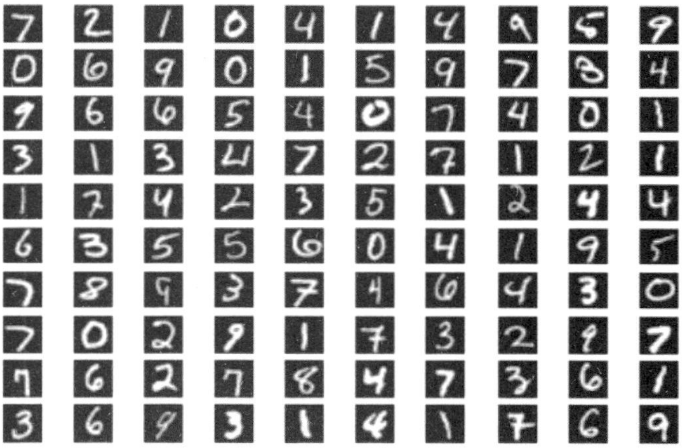

图 13-14　部分手写数字的图片

13.6　习题

一、简答题

1. 简述 CNN 模型中三个重要的部分以及功能。
2. 简述卷积操作如何降低各层之间的连接权重数量。
3. 简述 RNN 模型的两个重要结构 LSTM 和 GRU 的工作原理。
4. 简述生成式对抗网络的模型原理，阐述其如何进行对抗学习。
5. 简述常见的 GAN 模型变种及其工作方式。

二、填空题

1. CNN 模型包含________、________和________三个重要组成部分，分别用于提取数据的________、降低________和映射输出空间。

2. CNN 模型的池化层包含________和________两种计算方式。

3. CNN 模型的全连接层旨在进行特征空间与输出空间的映射，对于二分类问题，全连接层最终使用________激活函数，而对于多分类问题则使用________激活函数。

4. RNN 是关于________数据类型的建模，通常用于此类数据的________和________任务，其参数学习算法称为 BPTT。

5. 为了解决 RNN 模型对于长时间依赖关系的建模，________和________是两种重要的结构，其解决的是梯度________和________问题。

6. LSTM 结构通过________、________和输出门这三种门结构记忆长时间依赖，GRU 结构则通过________和________两种门结构记忆长时间依赖。

7. GAN 模型包含________和________两种结构，二者之间基于________理论进行对抗学习。

8．在 GAN 中生成器 G 的目的是从________中生成________，而判别器 D 则是对________和________的判别。

9. 条件 GAN 在经典 GAN 基础上添加________信息，并通过对判别器 D 施加________、________和________的限制实现对所需样本的生成。

10．CycleGAN 包含________套的生成器 G 和判别器 D，对于样本风格迁移________配对。

参考文献

[1] 吕云翔，王渌汀，袁琪，等．机器学习原理及应用[M]．北京：机械工业出版社，2021.

[2] 卢官明．机器学习导论[M]．北京：机械工业出版社，2021.

[3] 黄海广，徐震，张笑钦．机器学习入门基础（微课版）[M]．北京：清华大学出版社，2023.

[4] 周志华．机器学习[M]．北京：清华大学出版社，2016.

[5] 李航．统计学习方法[M]．2 版．北京：清华大学出版社，2019.

[6] 丁兆云，周鋆，杜振国．数据挖掘：原理与应用[M]．北京：机械工业出版社，2021.

[7] 李雄飞，董元方，李军．数据挖掘与知识发现[M]．3 版．北京：高等教育出版社，2020.

[8] 廖芹，赫志峰，陈志宏．数据挖掘与数学建模[M]．北京：国防工业出版社，2010.

[9] 邢梦来，王硕，孙洋洋．深度学习框架 PyTorch 快速开发与实战[M]．北京：电子工业出版社，2018.

[10] 张军，詹志辉．计算智能[M]．北京：清华大学出版社，2009.

[11] Ronald E. Walpole, Raymond H. Myers, Sharon L. Myers, Keying Ye. Probability & Statistics for Engineers & Scientists[M]. Ninth Edition. Boston: Pearson Education, Inc., 2012.

[12] Christopher J. C. Burges. A Tutorial on Support Vector Machines for Pattern Recognition[J]. Data Mining and Knowledge Discovery, 1998, 2:121-167.

[13] Alexander J. Smola, Bernhard Schölkopf. A Tutorial on Support Vector Regression[J]. Statistics and Computing, 2004, 14:199-222.

[14] Ian J. Goodfellow, Jean Pouget-Abadie, Mehdi Mirza, Bing Xu, David Warde-Farley, Sherjil Ozair, Aaron C. Courville, Yoshua Bengio. Generative adversarial networks[J]. Communications of the ACM, 2020, 63(11): 139-144.

[15] 胡淼，王开军，李海超，陈黎飞．模糊树节点的随机森林与异常点检测[J]．南京大学学报（自然科学版），2018，54（6）：1141-1151.

[16] 王开军．基于降维的聚类可视化技术[J]．福建师范大学学报（自然科学版），2011，27（4）：50-54.

[17] 王开军，李晓．基于有效性指标的聚类算法选择[J]．四川师范大学学报（自然科学版），2011，34（6）：915-918.

[18] 张大松．科学思维的艺术：科学思维的方法导论[M]．科学出版社，2008.